通用设备计量教程

主　编　温文博　黄运来　程延礼
副主编　杜　晗　陈　壮　严砚华
参　编　万云儿　赵焕兴　朱　禛
杨天顺　龚贻昊　李佳凯
徐新文　柏　航　邓浪明
刘昌雄　白江坡　吴国瑞
任　皓　马俊鹏　李健健
马江峰　吴占林

WUHAN UNIVERSITY PRESS
武汉大学出版社

图书在版编目(CIP)数据

通用设备计量教程/温文博,黄运来,程延礼主编;杜晗,陈壮,严砚华副主编.—武汉:武汉大学出版社,2023.5
ISBN 978-7-307-23317-1

Ⅰ.通… Ⅱ.①温… ②黄… ③程… ④杜… ⑤陈… ⑥严… Ⅲ.通用设备—计量—教材 Ⅳ.TB9

中国版本图书馆 CIP 数据核字(2022)第 173671 号

责任编辑:杨晓露　　责任校对:汪欣怡　　版式设计:马　佳

出版发行:**武汉大学出版社** (430072 武昌 珞珈山)
(电子邮箱:cbs22@whu.edu.cn 网址:www.wdp.com.cn)
印刷:武汉科源印刷设计有限公司
开本:787×1092 1/16 印张:21.5 字数:429 千字 插页:1
版次:2023 年 5 月第 1 版 2023 年 5 月第 1 次印刷
ISBN 978-7-307-23317-1 定价:69.00 元

前　　言

计量检定工作是一项基础性技术工作，具有一定的专业性。随着社会科技发展和制造业的蓬勃开展，计量工作的作用越来越凸显，计量对产品质量的影响也越来越大。社会上有不少关于计量检定的参考书籍，内容偏重理论，较为详尽，但对于广大基层计量工作者尤其是初期从业的计量工作者来说学习起来有一定的难度，具体实操性稍差。针对此种情况，笔者总结多年的计量工作经验和培训经历，对基础较薄弱的一线计量工作者和初期计量从业者编写本教材，包含基础理论介绍、被检件工作原理、标准设备举例、检定步骤、使用中注意事项及一般故障判断和维修，为广大计量工作者提供了“一站式”计量检定/维修技术参考。

本书主要包含计量基础知识、扭矩扳子计量、压力表计量、游标类量具计量、测微类量具计量、指示表类量具计量和数字多用表计量等 7 类分模块，基本涵盖了通用设备的种类，对计量一线工作者、基层计量工作者进行计量检定工作和计量培训具有一定的参考价值。

在本书编写过程中，专门成立了编写小组，编写组各成员积极提出书稿编写思路，提供素材，参与编写和校对，为此付出了大量的时间和精力。由于编者水平和能力有限，本书在内容取舍和表述上难免有不妥或疏漏之处，敬请读者批评指正，以便适时进行修订完善。

编　者

2021 年 11 月

目　录

第1章　计量基础知识

1.1　计量概论

1.1.1　计量概念

“计量”这个专业术语，在新中国成立之前称为“度量衡”，即指长度、容量和质量，新中国成立以后，1953年确认采用“计量”一词，取代使用了几千年的“度量衡”术语，并赋予其更广泛的内容。按JJF 1001—2011《通用计量术语及定义》，计量是指实现单位统一、量值准确可靠的活动。

计量学（有时简称计量），是关于测量的科学。计量学涵盖有关测量的理论与实践的各个方面，而不论测量的不确定度如何以及它在什么科学技术领域内进行。计量学的内容来自测量的需要，并随生产的发展、科技的发展和商贸的发展而越来越丰富。现在，其内容包括：

（1）研究计量单位及其基准、标准的建立、复制、保存和使用；

（2）研究计量方法和计量器具的计量特性；

（3）研究计量的不确定度；

（4）研究计量人员进行计量的能力；

（5）研究计量法制和管理；

（6）研究有关计量的一切理论和实际问题；

（7）基本物理常数、标准物质及材料特性等的准确测定等。

可以说，一切可测量的量的计量测试，都属于计量学的范围。

计量与科技进步、经济发展和人民生活密切相关。从人们的日常生活需要测量的长度、容量、质量到尖端的科学、高端技术，计量时时刻刻都发挥着重要的技术基础作用。任何科技进步、工农业生产、国防建设、国内外贸易、医疗诊断、环境保护以及人民生活、健康、安全等都离不开计量的支撑。

1.1.2　计量的特点

计量以单位统一、量值准确可靠为目的，具有以下四个特点。

1. 统一性

这是计量最本质的特征。计量失去了统一性，也就没有存在的意义。现在计量的统一性是世界范围的，即不限于国内，且遍及整个国际社会。国际《米制公约》（1875 年）、国际计量局（1875 年）和国际法制计量组织的使命，就是使计量工作在更广的范围实现统一。

2. 准确性

所谓准确，是指获得合理的准确度，它同测量结果可重复是共存的。准确是计量的核心，也是计量权威的象征。在任何时间、地点，利用任何方法、器具以及任何人进行的同类测量，其测量结果是可比较的，这才能体现计量保证的作用和价值。

3. 社会性

计量涉及社会生活的各个方面，国民经济的各个部门。社会生活的各个领域，国际交往以至千家万户的衣食住行等，无不与计量有着密切的关系。

4. 法制性

对一个确定的计量范围实施法制管理，是计量的另一个特征。计量的社会性取决于计量的法制性。通过立法的贯彻实施来保障计量的社会性、计量的统一性和准确性，否则就成了一句空话。

1.1.3　计量的作用与意义

1. 计量对科学技术的作用

计量是所有验证的技术基础和重要手段，历史上三次大的技术革命，充分地依靠了计量，同时也促进了计量本身的发展，而计量学的成就，又反过来促进了科技的发展。

2. 计量对工农业生产的作用

现在的社会化大生产已进入了科学阶段，这必须要求有高度的计量保证，可以说计量是科学生产的技术基础，它贯彻到生产的全过程。

3. 计量对国防的作用

计量对国防，特别是尖端技术的重要性，尤为突出。

4. 计量对日常生活的作用

计量对日常生活的意义是相当明显的，可以说，人的一切活动都与计量有关。

1.1.4 计量的分类

按计量的社会功能，计量可分为法制计量、工业计量和科学计量。

1. 法制计量

法制计量是指由政府或授权机构根据法制、技术和行政的需要进行强制管理的一种社会公用事业，其目的主要是保证与贸易结算、安全防护、医疗卫生、环境监测、资源控制、社会管理等有关的测量工作的公正性和可靠性。

2. 工业计量

工业计量工作的重点是提高质量、降低消耗和增加效益。工业计量的一个趋势是，企业自主溯源，必须溯源到国家基准和国际基准。1999 年国家质量技术监督局发布了关于企业自主管理的 1999 年第 6 号公告《关于企业使用的非强检计量器具由企业依法自主管理的公告》。

3. 科学计量

科学计量一方面属于国家需要的共性、基础性和关键性技术，另一方面科学计量贯穿于产品的研究开发、规模生产、市场交换及售后服务的全过程，是支持技术。

就计量专业特点，又可分为十大计量领域：

（1）几何量：长度、角度、工程参量等。

（2）力学：质量、密度、力、功、能、流量、振动、转速等。

（3）热工：热力学温度、热量、热容、热导率等。

（4）电磁：电流、电势、电压、电容、磁通、磁导。

（5）无线电：噪声、功率、调制、脉冲、失真、衰减、阻抗、场强等。

（6）时间频率：时间、频率、波长、振幅、阻尼系数。

（7）声学：声压、声速、声功率、声强。

（8）光学：发光强度、光通量、照度、辐射强度、辐射通量、辐射照度等。

（9）化学（标准物质）：物质的量、阿伏伽德罗常数、摩尔质量、渗透压等。

（10）电离辐射：粒子通量密度、能通量密度、活度、吸收剂量等。

1.2　计量法律法规

计量是经济建设、科技进步和社会发展中的一项重要的技术基础。目前，我国已形成了以《中华人民共和国计量法》（以下简称“《计量法》”）为基本法，若干计量行政法规、规章以及地方性计量法规、规章为配套的计量法律法规体系，见图 1-1。在我国的计量法律、计量行政法规和计量规章中，对我国计量监督管理体制、法定计量检定机构、计量基准和标准、计量检定、计量器具产品、商品量的计量监督和检验、产品质量检验机构的计量认证等计量工作的法制管理要求，以及计量法律责任都做出了明确的规定。

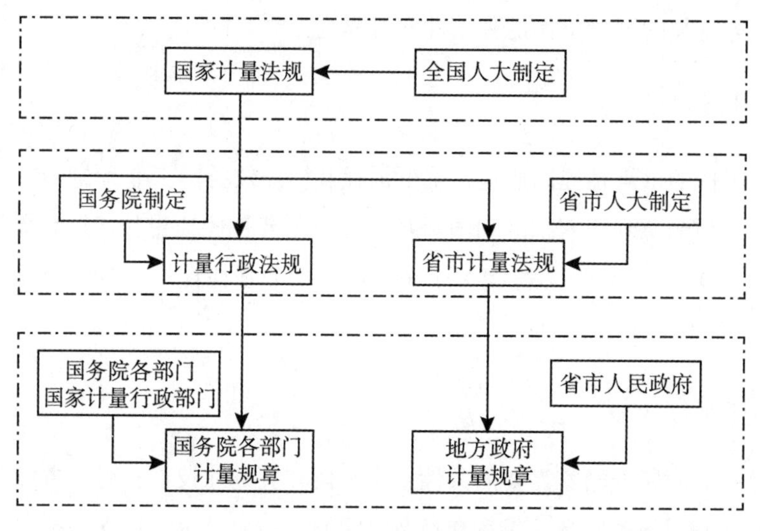

图 1-1　我国计量法规体系

《计量法》是国家管理计量工作的基本法。由于它只对计量工作中的重大原则问题做规定，因此，实施计量法还必须制定具体的计量法规和规章，以便将计量法的各项原则规定具体化，形成一个以计量法为基本法的计量法规体系。计量法规包括计量管理法规和计量技术法规两大部分。

计量管理法规是指国务院以及省、自治区、直辖市和较大市的人民代表大会及其常委会为实施计量法制定颁布的各种条例、规定或办法。计量管理规章是指国务院计量行政部门以及省、自治区、直辖市和国务院批准的较大市的人民政府制定的办法、规定、实施细则等。

计量技术法规是国家计量行政主管部门颁布的规范性法定技术文件，是全国计量工作的重要依据。

1.2.1 计量法规体系

法规体系，是由母法及从属于母法的若干子法所构成的有机联系的整体。按照审批的权限、程序和法律效力的不同，计量法规体系可分为三个层次：第一层次是法律，第二层次是行政法规，第三层次是规章。

1. 计量法

《计量法》作为国家管理计量工作的基本法，是实施计量监督管理的最高准则。制定和实施《计量法》，是国家完善计量法制、加强计量管理的需要，是我国计量工作全面纳入法制化管理轨道的标志。《计量法》的基本内容：计量立法宗旨、调整范围、计量单位制、计量基准器具、计量标准器具和计量检定、计量器具管理、计量监督、计量机构、计量人员、计量授权、计量认证、计量纠纷处理和计量法律责任等，共计六章三十四条。

2. 计量行政法规

国务院制定（或批准）的计量行政法规主要包括《中华人民共和国计量法实施细则》（以下简称“《计量法实施细则》”）（1987 年 1 月 19 日国务院批准，1987 年 2 月 1 日原国家计量局发布，根据 2022 年 3 月 29 日《国务院关于修改和废止部分行政法规的决定》第四次修订）、《国务院关于在我国统一实行法定计量单位的命令》（1984 年 2 月 27 日由国务院发布）、《全面推行我国法定计量单位的意见》（1984 年 1 月 20 日国务院第 21 次常委会通过，1984 年 3 月 9 日国家计量局发布）、《中华人民共和国强制检定的工作计量器具检定管理办法》（1987 年 4 月 15 日国务院发布）、《中华人民共和国进口计量器具监督管理办法》（1989 年 10 月 11 日国务院批准）、《国防计量监督管理条例》（1990 年 4 月 5 日国务院、中央军事委员会发布）、《关于改革全国土地面积计量单位的通知》（1990 年 12 月 18 日国务院批准）等。

3. 计量规章

国务院计量行政部门发布的有关计量规章主要包括：《中华人民共和国计量法条文解

释》《中华人民共和国依法管理的计量器具目录》《中华人民共和国强制检定的工作计量器具明细目录》《中华人民共和国依法管理的计量器具目录（型式批准部分）》《计量基准管理办法》《计量标准考核办法》《标准物质管理办法》《法定计量检定机构监督管理办法》《计量器具新产品管理办法》《中华人民共和国进口计量器具监督管理办法实施细则》《计量检定人员管理办法》《计量检定印、证管理办法》《计量违法行为处罚细则》《仲裁检定和计量调解办法》《零售商品称重计量监督管理办法》《定量包装商品计量监督管理办法》《商品量计量违法行为处罚规定》《计量授权管理办法》《计量监督员管理办法》《专业计量站管理办法》《社会公正计量行（站）监督管理办法》《制造、修理计量器具许可监督管理办法》等。

此外，按照立法的规定，省、自治区、直辖市人民代表大会和政府，以及较大城市人民代表大会也根据需要制定了一批地方性的计量法规和规章。

1.2.2　几个重要的法规条文

1.《计量法》中重要的法律条文

《计量法》第六条：

县级以上地方人民政府计量行政部门根据本地区的需要，建立社会公用计量标准器具，经上级人民政府计量行政部门主持考核合格后使用。

《计量法》第七条：

国务院有关主管部门和省、自治区、直辖市人民政府有关主管部门，根据本部门的特殊需要，可以建立本部门使用的计量标准器具，其各项最高计量标准器具经同级人民政府计量行政部门主持考核合格后使用。

《计量法》第八条：

企业、事业单位根据需要，可以建立本单位使用的计量标准器具，其各项最高计量标准器具经有关人民政府计量行政部门主持考核合格后使用。

《计量法》第九条：

县级以上人民政府计量行政部门对社会公用计量标准器具，部门和企业、事业单位使用的最高计量标准器具，以及用于贸易结算、安全防护、医疗卫生、环境监测方面的列入强制检定目录的工作计量器具，实行强制检定。未按照规定申请检定或检定不合格的，不得使用。实行强制检定的工作计量器具的目录和管理办法，由国务院制定。

对前款规定以外其他计量标准器具和工作计量器具，使用单位应当自行定期检定或者送其他计量检定机构检定，县级以上人民政府计量行政部门应当进行监督检查。

《计量法》第十条：

计量检定必须按照国家计量检定系统表进行。国家计量检定系统表由国务院计量行政部门制定。

计量检定必须执行计量检定规程。国家计量检定规程由国务院计量行政部门制定。没有国家计量检定规程的，由国务院有关主管部门和省、自治区、直辖市人民政府计量行政部门分别制定部门计量检定规程和地方计量检定规程，并向国务院计量行政部门备案。

《计量法》第十一条：

计量检定工作应当按照经济合理的原则，就地就近进行。

《计量法》第三十二条：

中国人民解放军和国防科技工业系统计量工作的监督管理办法，由国务院、中央军事委员会依据本法另行制定。

目前已发布的有《军队计量条例》(2020年12月17日，2021年1月1日实施)、《国防科技工业计量监督管理暂行规定》(2000年2月29日，中华人民共和国国防科学技术工业委员会令第4号）和《国防计量监督管理条例》。

2.《计量法实施细则》中重要的法规条文

《计量法实施细则》第七条：

计量标准器具的使用，必须具备下列条件：（1）经计量检定合格；（2）具有正常工作所需要的环境条件；（3）具有称职的保存、维护、使用人员；（4）具有完善的管理制度。

《计量法实施细则》第八条：

社会公用计量标准对社会上实施计量监督具有公证作用。县级以上地方人民政府计量行政部门建立的本行政区域内最高等级的社会公用计量标准，须向上一级人民政府计量行政部门申请考核；其他等级的，由当地人民政府计量行政部门主持考核。

经考核符合本细则第七条规定条件并取得考核合格证的，由当地县级以上人民政府计量行政部门审批颁发社会公用计量标准证书后，方可使用。

《计量法实施细则》第九条：

国务院有关主管部门和省、自治区、直辖市人民政府有关主管部门建立的本部门各项最高计量标准，经同级人民政府计量行政部门考核，符合本细则第七条规定条件并取得考核合格证的，由有关主管部门批准使用。

《计量法实施细则》第十条：

企业、事业单位建立本单位各项最高计量标准，须向与其主管部门同级的人民政府计量行政部门申请考核。乡镇企业向当地县级人民政府计量行政部门申请考核。经考核符合本细则第七条规定条件并取得考核合格证的，企业、事业单位方可使用，并向其主管部门备案。

3. 市监总局2019年第48号公告

2019年11月4日国家市场监管总局发布了《实施强制管理的计量器具目录的公告》，对依法管理的计量器具目录（型式批准部分）、进口计量器具型式审查目录、强制检定的工作计量器具目录进行了调整，制定了《实施强制管理的计量器具目录》。同时废止《中华人民共和国依法管理的计量器具目录（型式批准部分）》（质检总局公告2005年第145号）、《中华人民共和国进口计量器具型式审查目录》（质检总局公告2006年第5号）、《中华人民共和国强制检定的工作计量器具明细目录》（国家计量局〔1987〕量局法字第188号）、《关于调整〈中华人民共和国强制检定的工作计量器具目录〉的通知》（质技监局政发〔1999〕15号）、《关于调整〈中华人民共和国强制检定的工作计量器具目录〉的通知》（国质检量〔2001〕162号）、《关于将汽车里程表从〈中华人民共和国强制检定的工作计量器具目录〉取消的通知》（国质检法〔2002〕386号）、《关于颁发〈强制检定的工作计量器具实施检定的有关规定〉（试行）的通知》（技监局量发〔1991〕374号）。

1.2.3 计量技术法规

1. 计量技术法规的分类

计量技术法规包括国家计量检定系统表、计量检定规程和计量技术规范。它们是正确进行量值传递、溯源，确保计量基准、计量标准所测出的量值准确可靠，以及实施计量法制管理的重要手段和条件。

国家计量检定系统表是国家对量值传递的程序做出规定的法定性技术文件。

《计量法》第十条规定：“计量检定必须按照国家计量检定系统表进行。国家计量检定系统表由国务院计量行政部门制定。”确立了国家计量检定系统表的法律地位。国家计量检定系统表采用框图结合文字的形式，规定了国家计量基准的主要计量特性、从计量基准通过计量标准向工作计量器具进行量值传递的程序和方法、计量标准复现和保存量值的不确定度以及工作计量器具的最大允许误差等。

计量检定规程是为评定计量器具特性，规定检定项目、检定条件、检定方法、检定结果的处理、检定周期乃至使用中检验的要求，作为确定计量器具合格与否的法定性技术文件。《计量法》第十条第二款规定：“计量检定必须执行计量检定规程。国家计量检定规程由国务院计量行政部门制定。没有国家计量检定规程的，由国务院有关主管部门和省、自治区、直辖市人民政府计量行政部门分别制定部门计量检定规程和地方计量检定规程，并向国务院计量行政部门备案。”这就确立了计量检定规程的法律地位。

计量技术规范是指国家计量检定系统表、计量检定规程所不能包含的，计量工作中具有综合性、基础性并涉及计量管理的技术文件和用于计量校准的技术规范。它在科学计量发展、计量技术管理、实现溯源性等方面提供了统一的指导性的规范和方法，也是计量技术法规体系的组成部分。

2. 计量技术法规的编号

1）国家计量检定规程

国家计量检定规程用汉语拼音缩写 JJG 表示，编号为 JJG ×××× — ××××。其中“××××— ××××”为法规的“顺序号—年份号”，均用阿拉伯数字表示（年份号为批准的年份）。如 JJG 1—1999《钢直尺检定规程》、JJG 1036—2008《电子天平检定规程》。

2）国家计量检定系统表

国家计量检定系统表用汉语拼音缩写 JJG 表示，顺序号为 2000 号以上，编号为 JJG 2 ×××— ××××。如 JJG 2001—87《线纹计量器具检定系统》、JJG 2095—2012《（10 ~60）kV X 射线空气比释动能计量器具检定系统表》。

3）国家计量技术规范

国家计量技术规范用汉语拼音缩写 JJF 表示，编号为 JJF ××××— ××××。其中“××××— ××××”为法规的“顺序号—年份号”，均用阿拉伯数字表示（年份号为批准的年份）。如 JJF 1001—2011《通用计量术语及定义》、JJF 1139—2005《计量器具检定周期确定原则和方法》、JJF 1033—2016《计量标准考核规范》。

其中国家计量基准、副基准操作技术规范顺序号为 1200 号以上。

4）地方和部门计量检定规程

地方和部门计量检定规程编号为 JJG（×）×××× — ××××。其中“（×）”中的“×”用中文字，代表该检定规程的批准单位和施行范围，“××××”为顺序号，“— ××××”为批准的年份。如 JJG（京）36—2004《无纸记录仪》，代表北京市质量技术监督局 2004 年批准的顺序号为第 36 号的地方计量检定规程，在北京市范围内施行。又如 JJG（铁道）132—2005《列车测速仪》，代表铁道系统（原铁道部）2005 年批准的顺序号为第 132 号的部门计量检定规程，在铁道系统范围内施行。

需要说明的是，国防军工检定规程和校准规范需要在括号里加上军工，如 JJG（军工）18—2012《高电压耐电压测试仪检定规程》、JJF（军工）17—2012《淋雨试验设备校准规范》。军事计量检定规程和计量技术规范以 GJB 开头，如 GJB 8472—2015《野外光谱仪检定规程》。

1.2.4　法定计量机构

法定计量检定机构是“负责在法制计量领域实施法律或法规的机构”。它是由计量行政部门依法设置或授权建立的计量技术机构，是保障我国计量单位制的统一和量值的准确可靠，为计量行政部门依法实施计量监督提供技术保证的技术机构。

1. 法定计量检定机构的组成

法定计量检定机构是根据《计量法》《计量法实施细则》相关条款，《计量授权管理办法》《专业计量站管理办法》及《法定计量检定机构监督管理办法》等各级质量技术监督部门依法设置或者授权建立并经质量技术监督部门组织考核合格的计量检定机构。

各级质量技术监督部门依法设置的计量检定机构是法定计量检定机构的主体，主要承担强制检定和其他检定、测试任务。专业计量站是根据我国生产、科研需要的一种授权形式，在授权项目上，一般选定专业性强、跨部门使用、急需的专业项目。根据需要，国务院计量行政部门设立大区计量测试中心为法定计量检定机构。地方政府计量行政部门也可以根据本地区的需要，建立区域性的计量检定机构，作为法定计量检定机构，承担政府计量行政部门授权的有关项目的强制检定和其他计量检定、测试任务。这些授权的专业和区域计量检定机构是全国法定计量检定机构的一个重要组成部分，在确保全国量值的准确可靠方面发挥了积极作用。

2. 法定计量检定机构的职责

根据《法定计量检定机构监督管理办法》第十三条规定：法定计量检定机构根据质量技术监督部门授权履行下列职责：

（1）研究、建立计量基准、社会公用计量标准或者本专业项目的计量标准；

（2）承担授权范围内的量值传递，执行强制检定和法律规定的其他检定、测试任务；

（3）开展校准工作；

（4）研究起草计量检定规程、计量技术规范；

（5）承办有关计量监督中的技术性工作。

注：“承办有关计量监督中的技术性工作”一般包括政府计量行政部门授权或委托的计量标准考核、计量器具新产品型式评价、仲裁检定、计量器具产品质量监督检验，定量包装商品净含量计量监督检验等工作。

1.3 量与单位

1.3.1 量与量值

1. 量的概念

量：现象、物体或物质的可以定性区别和定量确定的一种属性。如，物体有冷热的特性，温度是一个量，它表示了物体冷热的程度。经测量得到某一杯水的温度为30℃，这个特定量的大小表示了水温的高低，它由数字“30”及一个参照对象“℃”表示。

计量学中的量，都是指可以测量的量。一般意义的量，如长度、温度、电流；特定的量，如某根木棒的长度、通过某条导线的电流。可直接相互比较并按大小排序的量称为同种量，若干同种量合在一起可称为同类量，如功、热、能；厚度、波长、周长等。表 1-1 举例说明了一般意义的量与特定量的区别，以及量的名称和符号。

表 1-1　**一般意义的量和特定量举例**

<table>
<tr><th colspan="2">一般意义的量</th><th>特 定 量</th></tr>
<tr><td rowspan="2">长度，l</td><td>半径，r</td><td>圆 A 的半径，r_A 或 $r(A)$</td></tr>
<tr><td>波长，λ</td><td>钠的 D 谱线的波长，λ 或(D；Na)</td></tr>
<tr><td rowspan="2">能量，E</td><td>动能，T</td><td>给定系统中质点 i 的动能，T_i</td></tr>
<tr><td>热量，Q</td><td>水样品 i 的蒸汽的热量，Q_i</td></tr>
<tr><td colspan="2">电荷，Q</td><td>质子电荷，e</td></tr>
<tr><td colspan="2">电阻，R</td><td>给定电路中电阻器 i 的电阻，R_i</td></tr>
<tr><td colspan="2">实体 B 的物质的量浓度，c_B</td><td>酒样品 i 中酒精的物质的量浓度，$c_i(C_2H_5OH)$</td></tr>
<tr><td colspan="2">实体 B 的数目浓度，C_B</td><td>血样品 i 中红细胞的数目浓度，$C(E_{ryB}; B_i)$</td></tr>
<tr><td colspan="2">洛氏 C 标尺硬度(150kg 负荷下)，HRC(150kg)</td><td>钢样品 i 的洛氏 C 标尺硬度，HRC(150kg)</td></tr>
</table>

计量学中的量可分为基本量和导出量。

基本量是指“在给定量制中约定选取的一组不能用其他量表示的量”。例如在国际单位制中，基本量有 7 个，即长度、质量、时间、电流、热力学温度、物质的量和发光强度。这些基本量可认为是相互独立的量，因为它们不能表示为其他基本量的幂的乘积。

导出量是指“量值中由基本量定义的量”。导出量是通过基本量相乘或相除得到的量。例如：在以长度和质量为基本量的量制中，质量密度是导出量，定义为质量除以体积（长度的三次方）所得的商。又如国际单位制中的速度是导出量，它是由基本量长度除以时间来定义的。此外，力、压力、能量、电位、电阻、摄氏温度、频率等都属于导出量。

2. 量值

量值（全称“量的值”，简称“值”）是指“用数和参照对象一起表示的量的大小”。

量值与量的关系：量是指现象、物体和物质的特性，量值是定量表示这种特性，即度量的大小。表示量值时必须同时说明其所属的特定量。量值的表示形式为：冒号前为特定量的名称，冒号后为该特定量的量值。如：

（1）给定杆的长度：5. 34m 或 534cm；

（2）给定物体的质量：0. 152kg 或 152g；

（3）给定弧的曲率：112 m^{-1}；

（4）给定玻璃样品的折射率：1. 52。

量值一般是用一个数和一个测量单位的乘积表示，量纲为一的量，其测量单位为 1，通常不表示。

3. 量的表示

1）量的名称

在 GB 3102. 1 ~ GB 3102. 13《量和单位》中，共列出 600 多个常见物理量，并规定了其名称。其中，有的有两个以上的名称，如压力、压强、应力，电压、电位、电动势等。

在使用时，一般按相应国家标准上规定的量的名称使用，不能自撰，不能使用已废弃的旧名称，如比重、比热、电流强度、电度等。

2）量的符号

量的符号应采用现行有效的国家标准《量和单位》中所规定的符号。量的符号既可以代表广义量，也可以代表特定量。有的量的符号不止一个，使用时可选择，如长度量的符号可以是 L 或 l。

一个给定的符号可以表示不同的量，如符号 Q 既表示电荷也表示热量。在某些情况下，不同量有相同的符号或对同一个量有不同的应用或要表示不同的值时，可采用下标予以区分。

量的符号必须采用斜体，符号后不附加圆点（正常语法句子结尾标点符号除外），如不能用“$p.$”表示压强的量符号，只能用“p”。

量的符号的下标一般为正体，但用物理量的符号及用表示变量、坐标和序号的字母作为下标时，下标字体用斜体字母，如表 1-2 所示。

表 1-2　**量的符号下标斜体、正体示例**

斜体下标		正体下标	
符号	下标含义说明	符号	下标含义说明
C_p	p——压力的量	C_{g}	g——气体
I_x	x——坐标 x 轴	g_{n}	n——标准
g_{ik}	i，k——连续数	u_{r}	r——相对
P_x	x——变量	V_{max}	max——最大
I_λ	λ——波长	$T_{1/2}$	1/2——一半

1.3.2 量制与量纲

量制：彼此间存在确定关系的一组量。即在特定科学领域中，约定选取的基本量和作为基本量的函数所定义的导出量的特定组合。量制中所包含的量随涉及的科学技术领域而定。一个量制可以有不同的单位制。

量纲：以给定量制中基本量的幂的乘积表示该量制中某量的表达式，其数字系数为 1。它仅表示量的属性，定性地给出导出量和基本量之间的关系，而不涉及量的大小。

量 Q 的量纲用符号表示为：

$$\dim Q$$

基本量的量纲就是它本身。SI 的 7 个基本量长度、质量、时间、电流、热力学温度、物质的量、发光强度的量纲分别用 L、M、T、I、Θ、N、J 表示。基本量和其他导出量的量纲之积称为量纲积。因此在 SI 中量 Q 的量纲一般表达式为：

$$\dim Q = \mathrm{L}^{\alpha}\mathrm{M}^{\beta}\mathrm{T}^{\gamma}\mathrm{I}^{\delta}\Theta^{\varepsilon}\mathrm{N}^{\zeta}\mathrm{J}^{\eta}$$

在实际工作中，常常利用量纲关系来检验一些物理关系是否正确。应注意，同类量的量纲必然相同，但不同类的量可能有相同的量纲，如力矩和功的量纲均为 $\mathrm{L}^2\mathrm{MT}^{-2}$，但是它们不能相加减。

1.3.3　计量单位与单位制

1. 计量单位

计量单位，也称测量单位，是根据约定定义和采用的标量，任何其他同类量可与其比较使两个量之比用一个数表示，也可以说为定量表示同种量的大小而约定的定义和采用的特定量。

计量单位一经选定，所有同种量的大小都可用纯数与计量单位之积来表示，称为该量的量值。这个纯数就是该量的数值。例如量值 5. 34m 和 534cm 的数值分别是 5. 34 和 534，显然量的大小和量值的形式无关。因为量的大小是客观存在的，不取决于知道与否，也不取决于所采用的计量单位。也就是说，量的大小与所选择的单位无关，而量值则因单位不同而形式各异，即由于计量单位选取的不同，同一量便会体现出不同形式的量值。

2. 计量单位制

计量单位制（简称单位制）是指对于给定量制的一组基本单位、导出单位、其倍数单位和分数单位及使用这些单位的规则。

同一个量制可以有不同的单位制，因基本单位选取的不同，单位制也就不一样。如力学量制中基本量是长度、质量和时间，而基本单位可选用长度为米、质量为千克、时间为秒，则称之为米·千克·秒制（MKS 制）。若长度单位用厘米、质量用克、时间用秒，则称之为厘米·克·秒制（CGS 制）。还有米·千克力·秒制（MKGFS 制）、米·吨·秒制（MTS 制）等。

《计量法》规定我国采用国际单位制。

3. 基本单位

基本单位是指对于基本量，约定采用的测量单位。在国际单位制中，共有 7 个基本单位，它们的名称分别为米、千克、秒、安培、开尔文、摩尔和坎德拉。

4. 导出单位

导出单位是指导出量的测量单位。导出单位是由基本单位按一定的物理关系相乘或相除构成的新的计量单位。如在国际单位制（SI）中，米每秒（m/s）、厘米每秒（cm/s）是速度的导出单位，千米每小时（km/h）也是速度的导出单位。

5. 一贯导出单位

一贯导出单位是指对于给定量制和选定的一组基本单位，由比例因子为1的基本单位的幂的乘积表示的导出单位。

如在米、秒、摩尔是基本单位的情况下，如果速度由 $v = \mathrm{d}r/\mathrm{d}t$ 定义，则米每秒(m/s)是速度的一贯导出单位；而千米每小时和节都不是该单位制的一贯导出单位。

在国际单位制（SI）中，全部导出单位都是一贯导出单位，如力的单位牛顿，$1\mathrm{N} = \mathrm{kg} \cdot \mathrm{m/s^2}$；功、能的单位焦耳，$1\mathrm{J} = 1\mathrm{N} \cdot \mathrm{m}$。但其倍数单位和分数单位就不是一贯单位。

6. 倍数单位和分数单位

倍数单位是指给定计量单位乘以大于1的整数得到的计量单位。如千米是米的十进倍数单位，兆赫是赫兹的十进倍数单位；其中，千、兆是倍数单位的SI词头。小时是秒的非十进倍数单位。

分数单位是指给定计量单位除以大于1的整数得到的计量单位。例如：毫米、微米是米的十进分数单位；其中，毫、微是分数单位的SI词头。对于平面角，秒是分的非十进分数单位。

7. 制外单位

制外计量单位：不属于给定单位制的测量单位。如千米每小时（km/h）是速度的SI制外导出单位，但被采纳与SI单位一起使用。

制外计量单位（又称制外测量单位，简称制外单位）是指不属于给定单位制的计量单位。

我国法定计量单位中，国家选定的非国际单位制单位，对国际单位制来讲就是制外单位，如时间单位的分（min）、时（h）、天（日）(d)，以及表示体积单位的升（L）和表示质量单位的吨（t）都是SI制外单位。

1.3.4　国际单位制

1. 国际单位制的形成

1875年17个国家在巴黎签署《米制公约》，成立国际计量委员会（CIPM），设立国际计量局（BIPM）（局址设在巴黎）。目前，米制公约正式成员国已发展到51个。我国于1977年加入《米制公约》。

目前国际单位制共有 7 个基本单位。国际单位制在科学技术的发展中产生，它继承了米制的合理部分，克服了米制的弱点，是米制的现代化形式（也有称“现代米制”），它也将随着科学技术的发展而不断发展和完善。

2. 国际单位制的特点

国际单位制具有结构合理、科学简明、方便实用的特点，适用于任何科学技术领域和各行各业，可实现世界范围内计量单位的统一。因而获得国际上广泛承认和接受，是国际计量领域和科技、经济、文教、卫生等组织的共同语言。它的主要特点有：

1）统一性

国际单位制包括了力学、热学、电磁学、光学、声学、物理化学、固体物理学、分子物理学、原子物理学等各理论学科和各科学技术领域的计量单位。国际单位制的 7 个基本单位都具有严格的科学定义，其导出单位则是通过选定的方程式用基本单位来定义的，从而使量的单位之间有直接的内在物理联系。一般一个单位只有一个名称和一个国际符号。

2）简明性

国际单位制取消了相当数量的烦琐的制外单位，简化了物理定律的表示形式和计算手续，省去了很多不同单位制之间的单位换算。如在力学和热学中采用了国际单位制后，就可省去热功当量、千克力和牛顿之间的换算，节省了人力、物力和时间，同时也减少了计算和设计上可能出现的差错。

3）实用性

国际单位制的基本单位和大多数导出单位的大小都很实用，其中大部分已经得到广泛应用，例如安培（A）、焦耳（J）、伏特（V）等。国际单位制对大量常用的量的单位并没有增添不习惯的新单位。

国际单位制还包括数值范围很广的词头，并构成十进倍数单位，可以使单位大小在很大范围内调整，以便适用于大到宇宙、小到微观粒子的领域。

4）合理性

国际单位制坚持“一个量对应一个单位”的原则，避免了多种单位制和单位的并用及换算，消除了许多不合理甚至是矛盾的现象。如力学、热学和电学中的功、能和热量这几个量，虽然测量形式不同，但它们在本质上是相同的量。在过去多种单位制并用时，它们常用的单位有千克力米、克力米、尔格、千卡、卡、电子伏特、瓦特小时、千瓦小时等很多米制单位。此外，还有磅力英尺、马力小时和英热单位等多种英制及其他单位制单位。而使用国际单位制时，只用焦耳一个单位就能代替所有这些常用单位。这不仅反映了这几个量之间的物理关系，而且也省略了很多运算，避免了同类量具有不同量纲和不是同类量却具有相同量纲的矛盾。

5）科学性

国际单位制的单位是根据科学实验所证实的物理规律严格定义的，它明确和澄清了很多物理量与单位的概念，并废弃了一些旧的不科学的习惯概念、名称和用法。例如过去长期以来，把千克（俗称公斤）既作为质量单位，又作为重力单位，而质量和重力是两个性质完全不同的物理量。在国际单位制中，明确了质量的单位是千克、重力的单位是牛顿，区分了质量和重力概念的不同。

6）继承性

在国际单位制中，对基本单位的选择，除了新增加的物质的量的单位摩尔以外，其余6个都是米制单位原来所采用的。所以国际单位制是在米制的基础上发展起来的，它克服了旧米制的缺点，同时又继承了旧米制的优点，如采用了十进制、一贯性原则，应用上保持了米制的习惯等。另外，国际单位制的许多国际基准就是原来米制的国际基准，这对原来使用米制的国家和地区，在贯彻国际单位制时较为顺利。

7）通用性

到目前为止，世界上许多国家和地区由政府以法令或条例的形式宣布采用国际单位制，并有20多个国际性的科学、政治与经济组织，也都推荐使用国际单位制。国际单位制是建立在严密的科学基础上的一个完整体系，所以它具有长期稳定性，并随着科学和社会的进步，可在现有的基础上得到进一步的补充和完善。

3. 国际单位制的构成

国际单位制是由国际计量大会（CGPM）批准采用的基于国际量制的单位制，包括单位名称和符号、词头名称和符号及其使用规则，采用符号“SI”表示。国际单位制构成见图1-2。

从图1-2中可看出，国际单位制简称SI，但不能将国际单位制单位简称为SI单位。SI单位仅指SI基本单位和SI导出单位两部分，即构成一贯制的那些单位（这些单位均不带词头，质量单位千克除外）。所以SI单位是国际单位制中有特定含义的名称，而国际单位制单位不仅包括SI单位，还包括SI单位倍数分数单位（即由SI词头与SI单位构成的单位）。

由此可见，国际单位制单位与SI单位两者的含义是不同的，前者是指全部单位，后者仅指构成SI一贯制的那些单位。SI单位又称主单位，任何一个量只有一个SI单位，其他单位都是SI单位的倍数或分数单位。如长度的SI单位是m，其他单位如nm，mm，cm，dm，km等是m的倍数或分数单位。

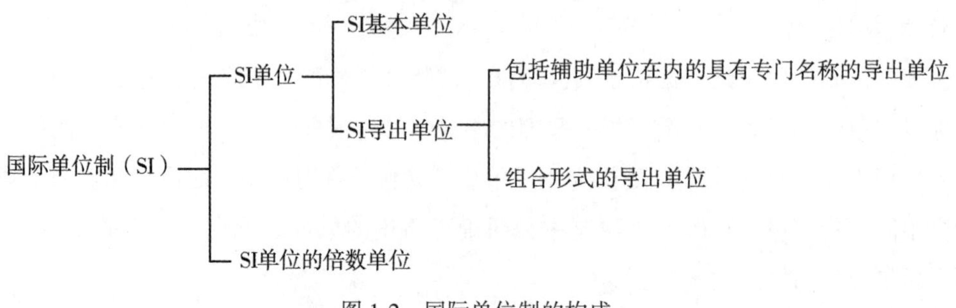

图 1-2　国际单位制的构成

4. SI 基本单位

国际单位制选择了彼此独立的 7 个量作为基本量，即长度、质量、时间、电流、热力学温度、物质的量和发光强度。对每一个量分别定义了一个单位，称为国际单位制的基本单位。SI 基本单位共 7 个，见表 1-3。

表 1-3　**SI 基本单位**

量的名称	单位名称	单位符号
长度	米	m
质量	千克（公斤）	kg
时间	秒	s
电流	安［培］	A
热力学温度	开［尔文］	K
物质的量	摩［尔］	mol
发光强度	坎［德拉］	cd

国际单位制基本量定义：

米（m）：米是光在真空中于 1/299792458 s 时间间隔内所经路径的长度。1960 年国际计量大会通过了以氪-86 原子辐射的波长来复现米的定义，使米的复现精度由 $\pm1\times10^{-7}$ 提高到 $\pm4\times10^{-9}$，后来由于激光技术的发展，1983 年国际计量大会正式通过了现行的米的新定义，从而使米的复现精度达到 $10^{-10}\sim10^{-11}$ 甚至 10^{-12} 量级，目前可到 10^{-13} 量级。

千克（kg）：千克是质量单位，等于国际千克原器的质量。

秒（s）：秒是与铯-133 原子基态的两个超精细能级间跃迁相对应的辐射的

9192631770个周期的持续时间。1967年国际计量大会决定采用现行的秒的新定义，从而使秒的复现精度由10^{-9}提高到10^{-13}～10^{-14}甚至10^{-15}量级，是目前所有的计量单位中复现精度最高的。

安培（A）：在真空中，截面积可忽略的两根相距1m的无限长平行圆直导线内通以等量恒定电流时，若导线间相互作用力在每米长度上为2×10^{-7}N，则每根导线中的电流为1A。

开尔文（K）：热力学温度单位开尔文等于水的三相点热力学温度的1/273.16。除了以开尔文（K）来表示热力学温度（T）外，也使用摄氏温度（℃）来表示摄氏温度（t）。摄氏度常用于日常生活，作为计量单位，它与开尔文相等，即1℃=1 K。但由于摄氏度是以水的冰点的热力学温度（$T=273.15$K）为零度的，故摄氏温度与热力学温度的数值关系为$t=T-273.15$。

摩尔（mol）：物质的量单位摩尔是一系统的物质的量，该系统中所包括的基本单元数与0.012kg碳-12的原子数目相等。

在使用摩尔时应指明基本单元，可以是原子、分子、离子、电子或其他粒子，也可以是这些粒子的特定组合。

坎德拉（cd）：发光强度单位坎德拉是一光源在给定方向上的发光强度，该光源发出频率为540×10^{12}Hz的单色辐射，且在此方向上的辐射强度为1/683瓦特每球面度。

5. SI导出单位

SI导出单位是按照一贯性原则，由SI基本单位与辅助单位通过选定的公式而导出的单位，导出单位大体上分为四种，第一种是有专门名称和符号的，第二种是只用基本单位表示的，第三种是由有专门名称的导出单位和基本单位组合而成的，第四种就是由辅助单位和基本单位或有专门名称的导出单位所组成的。

SI的两个辅助单位弧度和球面度是由长度单位导出的，以前SI将它们单独列为一类，现将它们归为具有专门名称的导出单位一类。这样，包括SI辅助单位在内的具有专门名称的SI导出单位共有21个，见表1-4。

表1-4　**包括SI辅助单位在内的具有专门名称的SI导出单位**

量的名称	单位名称	单位符号	其他表示示例
平面角	弧度	rad	
立体角	球面度	sr	

续表

量的名称	单位名称	单位符号	其他表示示例
频率	赫［兹］	Hz	s^{-1}
力、重力	牛［顿］	N	$kg \cdot m/s^2$
压力、压强、应力	帕［斯卡］	Pa	N/m^2
能量、功、热	焦［耳］	J	N · m
功率、辐射通量	瓦［特］	W	J/s
电荷量	库［仑］	C	A · s
电位、电压、电动势	伏［特］	V	W/A
电容	法［拉］	F	C/V
电阻	欧［姆］	Ω	V/A
电导	西［门子］	S	A/V
磁通量	韦［伯］	Wb	V · s
磁通量密度、磁感应强度	特［斯拉］	T	Wb/m^2
电感	亨［利］	H	Wb/A
摄氏温度	摄氏度	℃	K
光通量	流［明］	lm	cd · sr
光照度	勒［克斯］	lx	lm/m^2
放射性活度	贝可［勒尔］	Bq	s^{-1}
吸收剂量	戈［瑞］	Gy	J/kg
剂量当量	希［沃特］	Sv	J/kg

6. SI 单位的倍数单位

由 SI 词头加在 SI 单位之前构成的单位，就不再称为 SI 单位，而称为 SI 单位的倍数单位，或者叫 SI 单位的十进倍数或分数单位。应该注意的是，kg 是质量单位而不是十进倍数单位。词头见表 1-5。

表 1-5　**用于构成十进倍数和分数单位的词头**

表示因数	词头名称	词头符号	表示因数	词头名称	词头符号
10^{24}	尧［它］	Y	10^{-1}	分	d
10^{21}	泽［它］	Z	10^{-2}	厘	c

续表

表示因数	词头名称	词头符号	表示因数	词头名称	词头符号
10^{18}	艾[可萨]	E	10^{-3}	毫	m
10^{15}	拍[它]	P	10^{-6}	微	μ
10^{12}	太[拉]	T	10^{-9}	纳[诺]	n
10^{9}	吉[咖]	G	10^{-12}	皮[可]	p
10^{6}	兆	M	10^{-15}	飞[母托]	f
10^{3}	千	k	10^{-18}	阿[托]	a
10^{2}	百	h	10^{-21}	仄[普托]	z
10^{1}	十	da	10^{-24}	幺[科托]	y

1.3.5 法定计量单位

《计量法》规定：“国家实行法定计量单位制度。”“国际单位制计量单位和我国选定的其他计量单位，为国家法定计量单位。”法定计量单位是指“国家法律、法规规定使用的计量单位”。法定计量单位也就是由国家以法令形式规定强制使用或允许使用的计量单位。

我国法定计量单位完整系统地包含了国际单位制，与国际上采用的计量单位协调一致，且具有使用方便，易于广大人民群众掌握和进行推广等特点。

1. 我国法定计量单位的构成

我国颁布的《中华人民共和国法定计量单位》，是在国际单位制单位的基础上，根据我国的实际情况，适当地选用了一些可与国际单位制单位并用的非国际单位制单位构成的单位。可以说，国际单位制中所有单位都是我国的法定计量单位，它是我国法定计量单位的主体。但我国的法定计量单位不一定都是国际单位制单位，本身并不构成一个单位制，故不能称为“法定计量单位制”或“法定单位制”。

我国法定计量单位内容包括：

(1) 国际单位制的基本单位；

(2) 国际单位制中包括辅助单位在内的具有专门名称的导出单位；

(3) 国家选定的非国际单位制单位；

(4) 由以上单位构成的组合形式的单位；

(5) 由 SI 词头和以上单位构成的倍数单位（十进倍数和分数单位）。

图 1-3 列出了它们之间的关系。

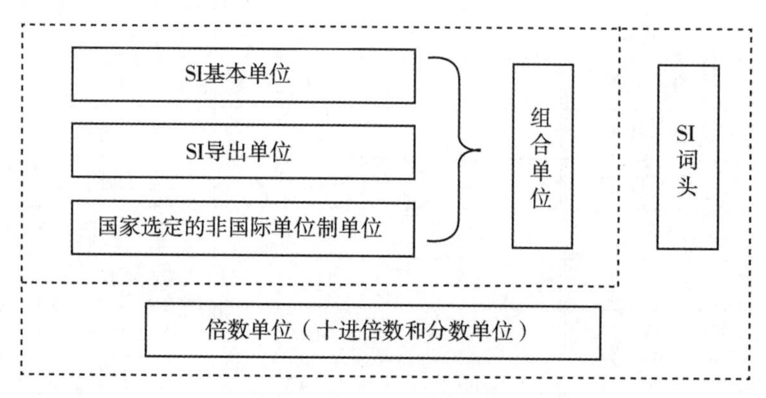

图 1-3　我国法定计量单位的构成

2. 我国选定的非国际单位制单位

国家选定的非国际单位制单位见表 1-6。国家选定的 SI 制外单位共有 16 个，之所以未完全被 SI 单位取代，是因为其在某些应用场合比相应的 SI 单位更方便，也更符合使用者习惯。

表 1-6　　国家选定的非国际单位制单位

序号	量的名称	单位名称	单位符号
1	时间	分	min
		[小] 时	h
		天（日）	d
2	[平面] 角	[角] 秒	″
		[角] 分	′
		度	°
3	旋转速度	转每分	r/min
4	长度	海里	n mile
5	速度	节	kn
6	质量	吨	t
		原子质量单位	u
7	体积	升	L

续表

序号	量的名称	单位名称	单位符号
8	能	电子伏	eV
9	级差	分贝	dB
10	线密度	特［克斯］	tex
11	面积	公顷	hm^2

3. 法定计量单位的使用方法

1）单位名称使用规则

（1）计量单位的名称，一般是指它的中文名称，用于叙述性文字口述中，不得用于公式、数据表、刻度盘等处。

（2）组合单位的名称与其符号表示的顺序一致，遇到除号时，读以“每”字，例如J/（mol·K）的名称应为“焦耳每摩尔开尔文”。书写时亦应如此，不能加任何图形和符号，不要与单位的中文符号相混。

（3）乘方形式的单位名称举例：m^4的名称应为“四次方米”而不是“米四次方”。长度单位，如：米的二次方或三次方表示面积或体积时，其单位名称应为“平方米”或“立方米”；否则名称仍应为“二次方米”或“三次方米”。

$℃^{-1}$的名称为“每摄氏度”，而不是“负一次方摄氏度”；s^{-1}应为“每秒”。

2）单位符号使用规则

（1）计量单位的符号分为单位符号（即国际通用符号）和单位的中文符号（即单位名称的简称）。后者是便于在知识水平不够的场合使用。一般推荐使用单位符号。十进制单位符号应置于数据之后。单位符号按其名称或简称读，不得按字母音读。

（2）单位符号一般用正体小写字母书写，但是以人名命名的单位符号，第一个字母必须正体大写。“升”的符号“l”，可以用大写字母“L”。单位符号后，不得附加任何标记，也没有复数形式。

（3）分子为1的组合单位的符号，一般不用分子式，而用负数幂的形式。

（4）单位符号中，用斜线表示相除时，分子、分母的符号与斜线处于同一行内。分母中包括两个以上单位符号时，整个分母应加圆括号，斜线不得多于1条。

（5）单位符号与中文符号不得混合使用。但是非物理量单位（台、件、人等），可用汉字与符号构成组合形式单位；摄氏度的符号℃可与汉字构成组合形式单位，如J/℃可写为焦/℃。

3）词头使用方法

（1）词头的名称紧接单位的名称，作为一个整体，其间不得插入其他词。如面积单位 km^2 的名称和含义是“平方千米”，而不是“千平方米”。单位符号按其名称或简称读，不得按字母读音。

（2）仅通过相乘构成的组合单位在加词头时，词头应加在第一个单位之前，如力矩单位 kN · m，不宜写成 N · km。

（3）摄氏度和非十进制法定单位不得用 SI 词头构成倍数和分数单位。它们参与构成组合单位时，不应放在最前面，如光量单位 lm · h 不应写为 h · lm。

（4）组合单位的符号中，某单位符号同时又是词头符号，则应尽量将它置于单位符号的右侧。如力矩单位 Nm，不宜写成 mN。温度单位 K 与时间单位 s 和 h，一般也在右侧。

（5）词头 h，da，d，c（即百、十、分、厘）一般只用于某些长度、面积、体积和早已习用的场合，如 cm，dB 等。

（6）一般不在组合单位的分子分母中同时使用词头，如电场强度单位可用 MV/m，不宜用 kV/mm。词头加在分子的第一个单位符号前，如热容单位 J/K 的倍数单位 kJ/K，不应写为 J/mK。同一单位中一般不使用两个以上的词头。但分母中长度、面积和体积单位可以有词头，kg 也作为例外。

（7）选用词头时，一般应使量的数值处于 0.1～1000 范围内，例如 1401Pa 可写成 1.401 kPa。

（8）万（10^4）和亿（10^8）可放在单位符号之前作为数值使用，但不是词头。十、百、千、十万、百万、千万、十亿、百亿、千亿等中文词不得放在单位符号前作数值用。如“3 千秒$^{-1}$”读作“三每千秒”，而不是“三千每秒”；对“三千每秒”只能表示为“3000 秒$^{-1}$”。读音“一百瓦”应写作“100 瓦”或“100W”。

（9）计算时，为了方便，建议所有量均用 SI 单位表示，词头用 10 的幂代替。

第2章　扭矩扳子计量

2.1　扭矩与扭矩扳子基础知识

2.1.1　基本概念

1. 扭矩概念

扭矩是一个综合反映机械特性的机械量，是动力机械外特性中的主要参数，也是判断旋转机械质量优劣的关键性指标。

使机械构件产生转动效应并伴随扭转变形的力偶或力矩称为扭矩，符号为 T。

力偶由作用在同一物体上大小相等、方向相反的两个平行力形成，如图 2-1（a）所示。

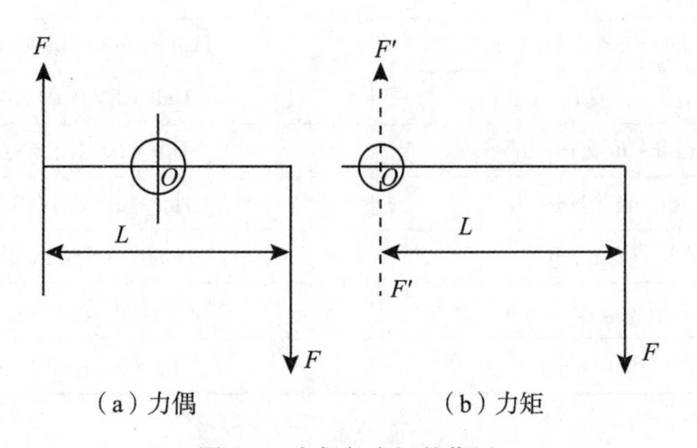

图 2-1　力偶与力矩的作用

力偶的大小用偶矩 T 来度量，它等于力 F 与力偶臂 L 的乘积，即：

$$T = F \cdot L \tag{2-1}$$

式中：F—— 作用力，N；

L—— 力偶臂，m。

力矩是偏离物体旋转中心 O 的作用力 F 对物体形成的力矩，如图 2-1(b) 所示。力矩 M 的大小等于作用力 F 与力臂 L 的乘积，即：

$$M = F \cdot L \tag{2-2}$$

式中：L——(力臂) 是旋转中心 O 到作用力 F 之间的距离，m。

力偶与力矩的表达式相同，但它们是有区别的。力偶对旋转轴无径向力作用，产生纯扭矩；力矩是构件单边受力，相当于径向力 F' 和力偶 $F \cdot L$ 的复合作用效应，构件在径向力 F' 的作用下，将受到弯矩作用，使轴承摩擦力增加。

2. 扭矩计量单位及换算

扭矩 T 是力 F 与力臂 L 的乘积。在国际单位制（SI）中，长度的计量单位是米（单位符号 m），力的计量单位是牛顿（单位符号 N），由此可得，扭矩的计量单位是牛顿米（单位符号 N · m）。工作中常用的扭矩单位及换算关系如表 2-1 所示。

表 2-1　**常用扭矩单位换算表**

其 他 单 位	牛顿米（N · m）
千牛顿米（kN · m）	1kN · m = 1000N · m
十倍牛顿米（dN · m）	1dN · m = 10N · m
千克力米（kgf · m 或 kg · m）	1kgf · m = 9. 80665N · m
千克力厘米（kgf · cm 或 kg · cm）	1kgf · cm = 0. 0980665N · m
磅达英尺（pdl · ft 或 ft · pdl）	1pdl · ft = 0. 04214N · m
磅力英尺（ldf · ft 或 ft · lb）	1ldf · ft = 1. 35582N · m
磅力英寸（ldf · in 或 in · lb）	1ldf · in = 0. 11299N · m
英吨力英尺（tonf · ft）	1tonf · ft = 3037. 03N · m
盎司力英寸（ozf · in 或 in · oz）	1ozf · in = 7.06155×10^{-3} N · m
达因厘米（dyn · cm）	1dyn · cm = 10^{-7} N · m

2. 1. 2　扭矩检定系统表及量值传递

扭矩的计量检定是测定扭矩计量器具的技术参数量值，它是确定计量特性的必备过程。任何形式的扭矩测量仪，在产品出厂时以及在日常使用中，都必须通过严格的计量检定，即经国家认可的计量机构测定它的测量准确度之后，才准许在实际测试工作中使用。扭矩量值传递关系框图如图 2-2 所示。

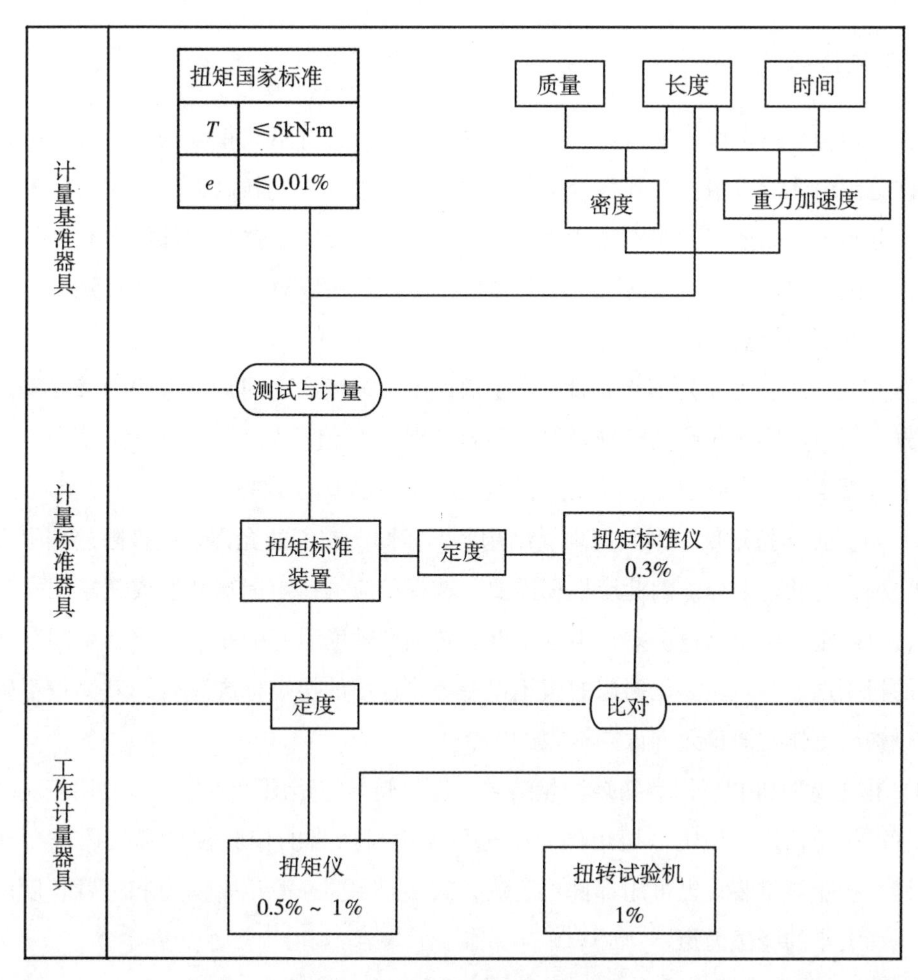

图 2-2 扭矩量值传递关系框图

1. 检定系统表

扭矩测量检定系统表规定了国家计量基（标）准所包含的全套主要计量器具和主要计量特性。它规定了从计量基准通过计量标准，向工作计量器具进行量值传递的程序，并指明了误差以及基本检定方法等。

检定系统表规定的量值传递关系分设三个层次。第一层（最高层）为计量基准器具，是指国际协议认可的或国家认可的国家最高标准。第二层为计量标准器具，分设扭矩标准装置、扭矩标准仪和标准扭矩扳子检定装置等装置。我国国防扭矩计量专业站的扭矩标准由 30kN · m、3kN · m、2kN · m、200N · m 等各级装置组成，属于计量标准器具。第三层为工作计量器具，包括扭矩试验机、扭矩扳子、工作扭矩仪、平衡类和能量类扭矩测量装置等。

2. 量值传递

各类扭矩测量的工作计量器具，由于种种原因，都具有不同程度的误差。这种误差只有在允许范围内才能应用，否则将带来错误的测量结果。欲使新制、使用中、修理后、各种形式、分布于不同地区、在不同环境下测量同一扭矩量值的器具，都能在允许的误差范围内工作，就要涉及由上一级向下一级的量值传递或下一级对上一级的量值溯源。

1）扭矩工作计量器具的检定

（1）根据扭力扳手扭矩值重复性 r 及示值误差 e 等级的不同，可选用力臂砝码式、力传感器式、扭矩传感器式计量标准器具，以确定其扭矩值重复性 r 及示值误差 e。在准确度选用上，其不确定度应小于被检扭力扭矩扳子允许误差的 1/3。

（2）对于工作扭矩仪，因其原理、结构各不相同，它们的允许误差极限差别很大，有的为±0.5%，有的达±5%。因此应根据需要，选择相应的扭矩标准装置或扭矩国家基准进行检定，以确定其扭矩测量误差、不确定度、转轴同轴度引起的扭矩误差、中间套筒同轴度引起的扭矩误差、转速变化引起的扭矩误差等。选用的扭矩标准装置，其测量不确定度应不超过被检工作扭矩仪允许误差极限的 1/3。

（3）扭矩试验机和平衡类扭矩测量装置、能量转换扭矩测量装置，一般用相应准确度等级的标准扭矩仪进行检定。扭矩试验机也可用随机所带的校验杠杆和砝码进行部件检定。平衡类扭矩测量装置也可用部件检定法，其误差主要来源于平衡力和力臂长度的测量误差及平衡支承的摩擦力矩。

2）扭矩计量标准器具的检定

（1）标准扭矩仪的检定

标准扭矩仪是用于传递扭矩值的便携式仪器，按准确度等级可分为用于基准扭矩值与标准扭矩值之间传递的标准扭矩仪和用于标准扭矩值与工作计量器具扭矩值之间传递的标准扭矩仪。前者的准确度等级比后者高一个量级，可用扭矩国家基准进行检定，后者也可用前者进行检定。

（2）扭矩标准装置的检定

扭矩标准装置是用于产生标准扭矩值的标准装置。它与扭矩基准装置的区别是其测量不确定度大于基准装置。

扭矩标准装置一般用部件法检定，即用力臂、力、摩擦三个要素分别进行检定，然后加以合成，也可以用测量不确定度优于三倍的标准扭矩仪即传递标准进行综合检定，以确定装置的不确定度。

(3) 标准扭矩扳子检定装置的检定

标准扭矩扳子检定装置，一般采用力臂砝码对测试扭矩传感器进行检定。

静重式标准装置的不确定度来源与扭矩国家基准相同。机械式扭矩标准机的不确定度，主要取决于弹性体、传递放大装置及指示装置的重复性及长期稳定度，它用随机所带的杠杆和砝码进行检定。液压式扭矩标准机的不确定度主要取决于油缸测量不确定度、活塞有效面积及力臂长度测量的不确定度。

现场串联式扭矩检定装置的不确定度主要取决于与其串联的标准扭矩仪的不确定度。

2.1.3 扭矩扳子分类与工作原理

扭矩扳子作为一种具有显示测量值或对扭紧过程实施监控的专用工具，在汽车、兵器、航空、核电、航天、造船等行业中已得到广泛的应用，从而去除了拧螺栓、螺母时力值不定的人为因素，保证了产品质量的稳定性。

扭矩扳子通过扭矩平衡的原理工作。扭矩扳子的种类繁多，扭矩扳子按结构一般分为预置式和示值式两种形式。预置式可分为带刻度可调式和定值式；示值式可分为指针式和数字式。常用的还有其他类型扭矩测量器具，如电动式扭矩扳子、气动式扭矩扳子等。

1. 预置式扭矩扳子

预置式扭矩扳子又可分为带刻度可调式扭矩扳子和定值式扭矩扳子。预置式扭矩扳子的内部结构剖视图如图 2-3 所示。

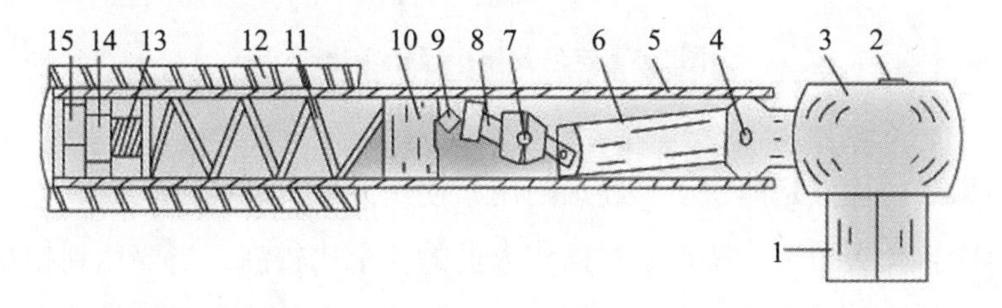

1—方榫；2—换向销；3—外主体；4—轴承销；5—套管；6—圆柄；
7—连杆销；8—传力体；9—压块；10—导块；11—弹簧；12—手柄；
13—调整螺栓；14—调整螺塞；15—紧锁螺塞

图 2-3 扭矩扳子内部结构剖视图

其具体的工作原理为：换向销打向某一方向时（顺时针或逆时针），紧固扭力从方榫传递给圆柄，使圆柄水平转动，在连杆销的作用下将扭力传递给传力体并使其向反方向移动，拨动压块推动导块压缩弹簧，当压缩力（扭力转化）稍大于预置的弹簧弹力时，压块旋转，传力体边端敲击套管壁发出“咔嗒”声音。此时停止施力并卸除扭力，导块、压块、传力体等在弹簧的弹力下复位。

要预置扭矩需转动手柄，按内部刻度旋转调节，调节到适当刻度值。预置扭矩后必须使手柄复原，锁定预置值即可操作。

1）定值式扭矩扳子

定值式扭矩扳子使用前，必须由专业人员事先用仪器将扳子调到一定的扭矩，然后固定在该扭矩值，供使用者使用，使用者一般无法调节扭矩值。

定值式扭力扳子的外形结构如图 2-4 所示，实物图如图 2-5 所示。

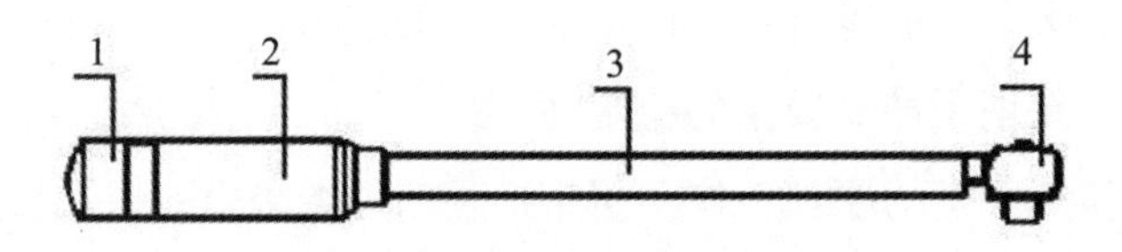

1—旋钮；2—手柄；3—套管；4—外主体

图 2-4　定值式扭矩扳子外形结构图

图 2-5　定值式扭矩扳子实物图

此种扭矩扳子的优点是体积小、经久耐用、使用方便，准确度为±4%当量误差，达到预置扭矩值时能自动失扭矩；缺点是对操作人员的要求比较高，当要达到扭矩时用力不能太猛，必须平稳地施加一个旋转力矩，否则，如果用力太猛，将产生较大误差或造成扭矩扳子的损坏。

2）带刻度可调式扭矩扳子

可调式扭矩扳子结构原理与定值式扭矩扳子结构原理基本相同，它主要是增加了手动调节机构。可调式扭矩扳子主要是扳子手柄上带有刻度，使用人员可以根据自己的需要调整扭矩的大小。其主要用于维修及单件生产场合，为扭矩扳子使用最广泛的一种形式。其外形如图 2-6 所示，实物图如图 2-7 所示。

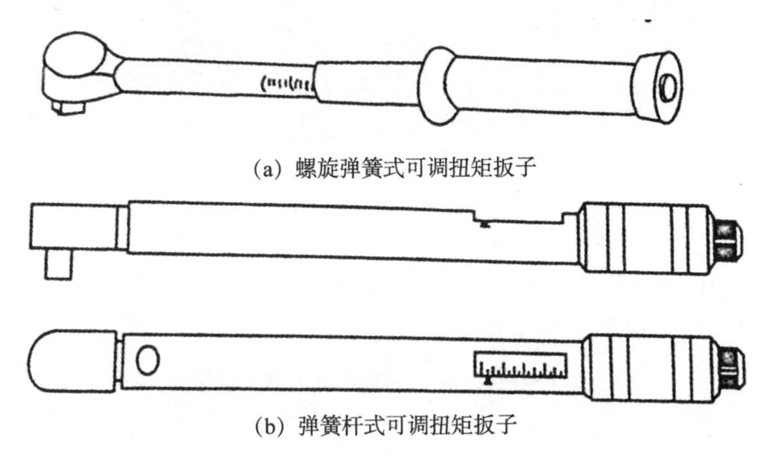

(a) 螺旋弹簧式可调扭矩扳子

(b) 弹簧杆式可调扭矩扳子

图 2-6　可调式扭矩扳子外形图

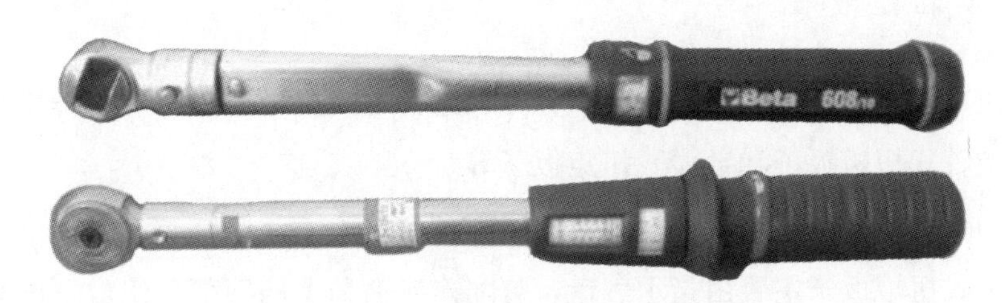

图 2-7　可调式扭矩扳子实物图

螺旋弹簧式可调扭矩扳子调节紧锁结构的原理见图 2-8，在手柄尾部可用手左右旋转紧锁本体 13 带动其内六角扳子 12 及六角螺栓 9。顺时针方向转动，将主定位盘 2 与副定位盘 5 松开，此时便可以调整。根据要求主副定位盘 2 与 5 上有分成等分的钢球凹坑，凹坑等分与副套筒尺上刻度一一对应。

主定位盘 2 与副定位盘 5 之间有定位钢球 4，当内六角螺栓 9 松开时，副定位盘 5 可以在调整本体 7 带动下转动，推动主定位盘 2 移动，压紧或松开弹簧，以达到调整扭矩大小的目的。内六角螺栓 9 与定位螺帽 1 调整好间隙以后必须焊成一体。间隙的大小直接影响扭矩扳子的准确度，止位销 3 使主定位盘 2 在外壳 35/A 上的槽里滑动而不转动。紧锁螺栓 10 将调整本体 7 紧锁在副套筒尺 11 上，副套筒尺 11 圆周上的刻度与外壳 35/A 上主尺成游标读数形式。

该型扭矩扳子主要优点是体积小，使用方便，扭矩值可调节，和定值式扳子一样达到

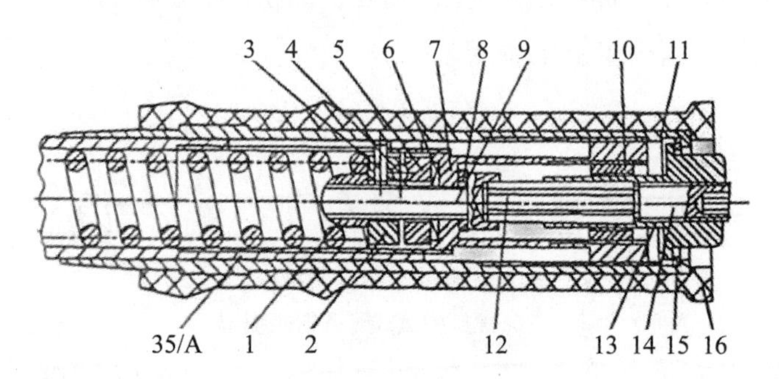

35/A—外壳；1—定位螺帽；2—主定位盘；3—止位销；4—钢球；5—副定位盘；
6—弹簧垫圈；7—调整本体；8—垫圈；9—内六角螺栓；10—紧锁螺栓；11—副套筒尺；
12—内六角扳子；13—紧锁本体；14—支头螺钉；15—内卡簧；16—手柄

图 2-8　螺旋弹簧式可调式扭矩扳子调节紧锁结构图

扭矩时能自动失扭打滑；主要缺点是经过一段时间的使用以后准确度容易降低。

2. 示值式扭矩扳子

示值式扭矩扳子按照结构和显示方式分为表盘指示式扭矩扳子、弹簧杆指针式扭矩扳子、弹性杆指针式扭矩扳子和数显式扭矩扳子等。

1）表盘指示式扭矩扳子

表盘指示式扭矩扳子主要由指示表盘、装配连接轴和手柄等部分组成。该类扳子的特点是显示直观，并且有扭矩最大值保持装置。大部分表盘式扭矩扳子一般采用扭矩轴、杠杆和齿轮放大原理设计而成。扭矩轴式表盘扭矩扳子结构原理如图 2-9 所示，实物图如图 2-10 所示。

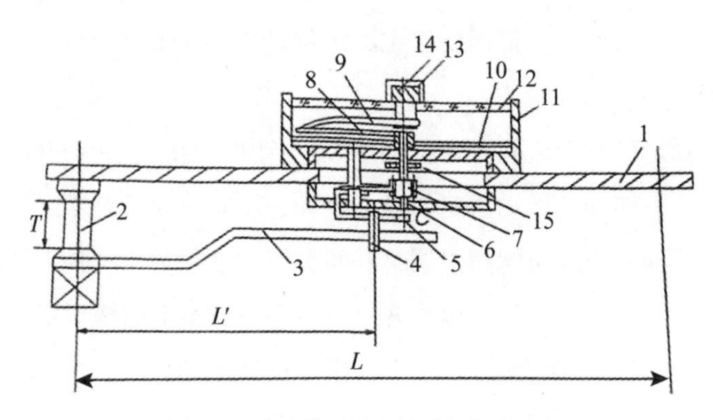

图 2-9　表盘指示式扭矩扳子原理图

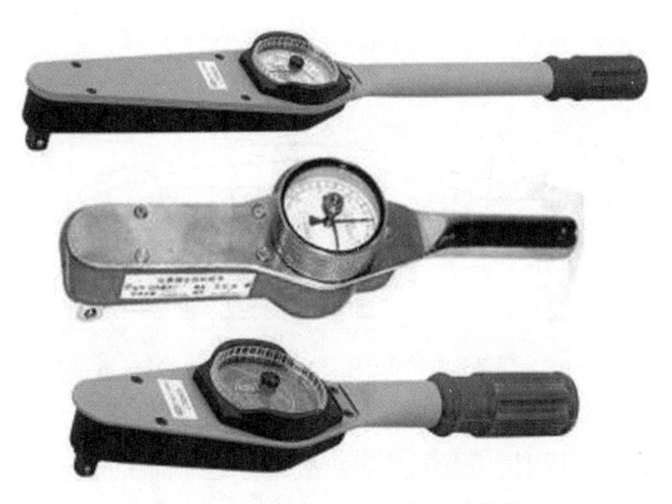

图 2-10 表盘指示式扭矩扳子实物图

如图 2-9 所示，当在手柄 1 上施加一个旋转载荷时，由于扭力轴 2 连接在被测工件上，使扭力轴 2 产生一个 θ 角的扭转变形，从而带动放大杠杆 3 上的拨动销 4，拨动滑槽 5，带动扇形齿轮 6 沿轴心旋转，扇形齿轮 6 带动小齿轮 7 转动，小齿轮轴端上的主动指针 8 又带动从动指针 9 转动。如果要进行第二次测量，测量前首先调整外壳 11，带动读数面板 10，使主动指针 8 对准读数面板 10 上的零位，然后转动手柄 13，这时玻璃面板 12 也一起转动，手柄 13 内的永久磁铁 14 吸住从动指针 9 的小钢轴，带动从动指针 9 与主动指针 8 接触。这样便可以进行下一次测量。游丝 15 是用作消除齿轮副间隙，使主动指针 8 准确回零。由此，便可以在面板上读出扭矩值。

表盘式扭矩扳子的设计关键是扭力轴，因此要求扭力轴有较高的强度、弹性及疲劳极限。

表盘式扭矩扳子一般误差能达到±3%，准确度高的可以做到±1%。

2）弹簧杆指针式扭矩扳子

此种扭矩扳子如图 2-11 所示。其结构原理是利用弹簧杆 1 的变形来测量扭矩。在弹簧杆 1 旁边装一根不产生变形的固定杆 3，固定杆 3 上装有指示表 7。当弹簧杆 1 在手柄 2 的作用下承受扭力产生变形时，弹簧杆 1 弯曲，调整板 6 推动推杆上的指示表 7 显示出扭矩值。

此种扭矩扳子与其他形式的扭矩扳子比较，可以在轴向安装开口扳子头，特别适用一些装配间隙比较小的位置使用。缺点是当扭矩扳子使用完毕后，释放时速度要略微放慢一点，否则容易损坏指示表机芯。

弹簧杆指针式扭矩扳子主要用于测量不确定扭矩值的场合，一般允许误差能达到±4%。

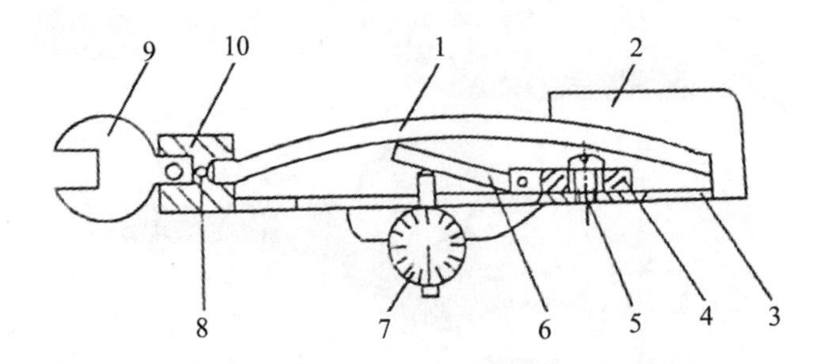

1—弹簧杆；2—手柄；3—固定杆；4—压板；5—螺钉；6—调整板；

7—指示表；8—固定销；9—开口头子；10—连接体

图 2-11　弹簧杆指针式扭矩扳子示值调整结构图

3）弹性杆指针式扭矩扳子

如图 2-12 所示，弹性杆指针式扭矩扳子主要由带方榫的本体、弹性杆、指针、手柄、读数板五部分组成。图 2-13 为弹性杆指针式扭矩扳子实物图。

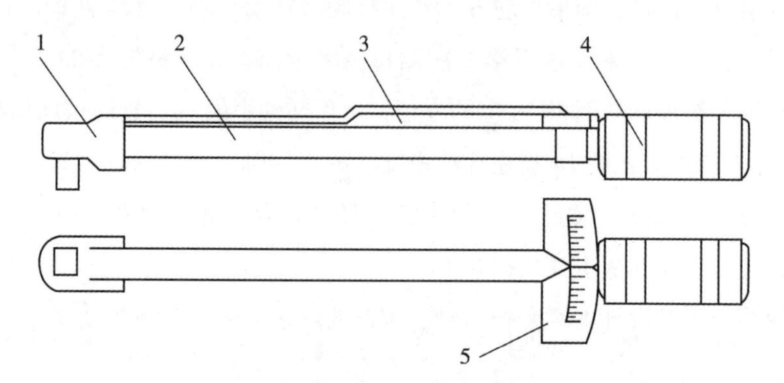

1—带方榫的本体；2—弹性杆；3—指针；4—手柄；5—读数板

图 2-12　弹性杆指针式扭矩扳子

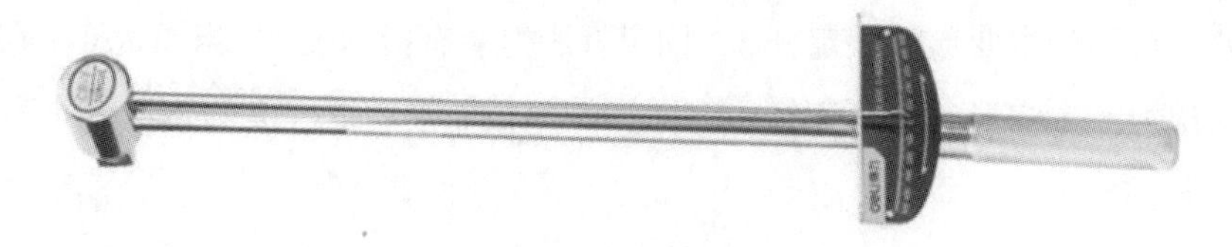

图 2-13　弹性杆指针式扭矩扳子实物图

弹性杆指针式扭矩扳子主要靠弹性杆 2 受扭力后产生弯曲变形，利用本体上的指针 3 与手柄 4 上的读数面板 5 之间的相互位置变化读出扭矩值。

因其准确度低，国外公司将弹性杆改成扭转方向灵敏度高的弹簧板，并在面板上加了两个双向记忆性小指针，从而提高了准确度，使用更加方便。

此类扳子的特点是简便、易操作，适用于现场测量不确定扭矩值的场合。它的允许误差能够达到±4%。

4）数显式扭矩扳子

数显式扭矩扳子的特点是准确度高（±1%）、功能全，主要用于比较精密的测量、最终检验等场合。如图 2-14 所示，数显式扭矩扳子是由利用电阻应变原理的传感器和数字放大器、数字显示器组成。现在一般使用的传感器是在扭力轴上贴上应变片，当在扭力轴上施加扭力时应变片阻值发生变化，造成桥路不平衡来达到测量扭矩大小的目的。数显式扭矩扳子具有可直接向打印机、计算机或数据采集器进行输出的功能。

图 2-14 数显式扭矩扳子实物图

3. 其他类型扭矩扳子

1）旋凿式扭矩扳子

旋凿式扭矩扳子主要有盘簧式（游丝式）和扭簧式两种，也有用螺旋弹簧式，如图 2-15 所示，实物图如图 2-16 所示。

它的主要结构是在弹簧外面装有固定的套管，套管上装有刻度盘，加载手柄与弹簧联成一体，并在手柄下部装有指针。当手柄旋转时指针与刻度盘产生相对位移，根据刻度可以读出扭矩值。

这类扳子主要用于微小扭矩的场合，允许误差可达到±6%。

2）电动扭矩扳子

电动扭矩扳子是实现螺纹装配机械化的重要工具，广泛应用于汽车、兵器、飞机、发动机以及电子通信等领域。如图 2-17 所示。

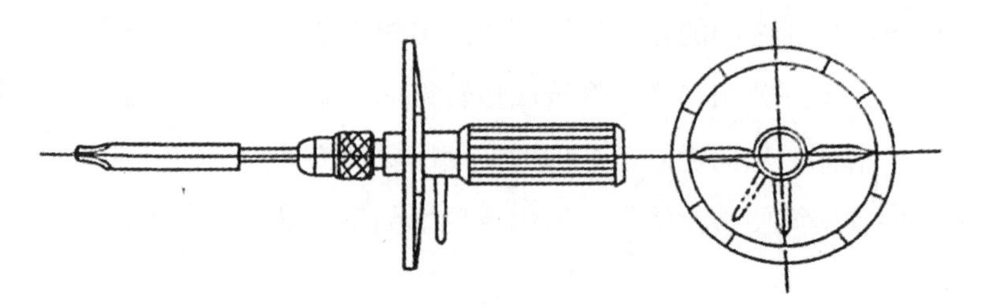

图 2-15　旋凿式扭矩扳子结构原理图

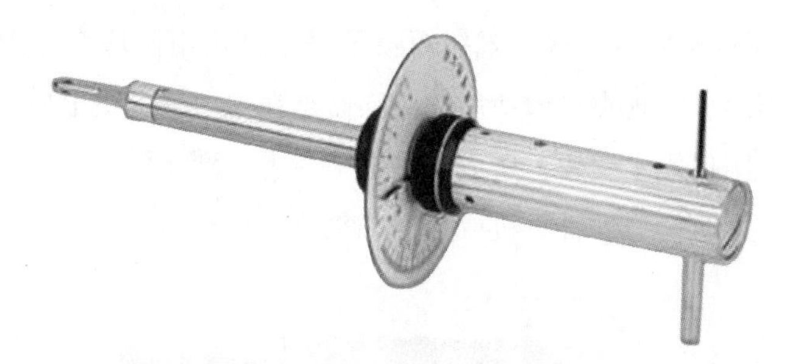

图 2-16　旋凿式扭矩扳子实物图

图 2-17　电动扭矩扳子实物图

电动扭矩扳子按外形可以分为手枪式、直柄式、弯头式等几种形式。按控制形式又可以分为：冲击式电动扳子，允许误差在±20%左右；电流控制电动扳子，允许误差一般在±10%左右；离合器控制电动扳子，控制误差在±10%左右。

冲击式电动扳子主要是利用锤子敲击作用将螺纹紧固，一般标有名义最大扭矩，扭矩的大小与冲击时间有关，通常冲击时间为 2~3s，最好不超过 5s。

3）气动扭矩扳子

气动冲击扭矩扳子的工作原理与电动冲击扭矩扳子的工作原理基本相同，不同之处是动力部分的电动马达换成气动马达。如图 2-18 所示。

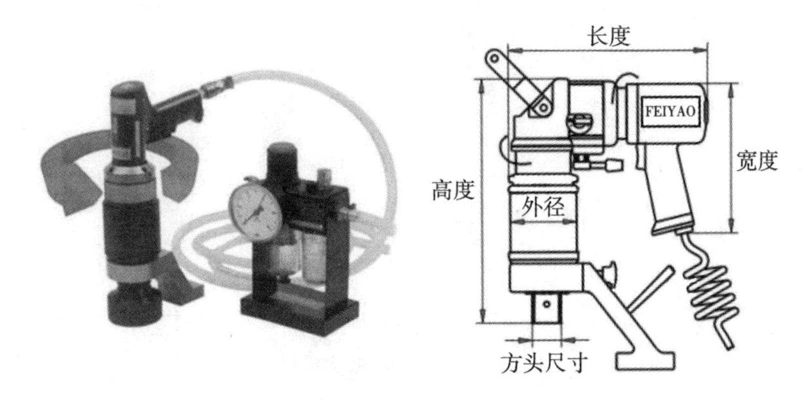

图 2-18　气动扭矩扳子

为了使工具运转平稳，传动部分使用星形齿轮机构的较多。根据使用情况的不同，外形主要有手枪式、直柄式、弯头式。

气动扭矩扳子的动力是压缩空气，扳子的控制精度与压缩空气的压力有关。所以一般在气动扳子中应安装空气稳压系统。空气中不能含有油水，为了防止水分对气动工具的腐蚀，还要安装油水分离系统。

一般情况下，气动扭矩扳子的控制精度比电动扭矩扳子要低 5%～10%。

2.1.4 扭矩扳子的正确使用

1. 扭矩扳子使用注意事项

（1）在使用时，要根据产品说明书上的使用方法，操作时切勿超过产品最大扭矩值，不要超越铭牌规定的最大值，也不能超越规定的最小值。一般扭矩扳子的使用范围为测量上限的 20%～100%。超过上限时会造成扭矩扳子的损坏；低于上限的 20%使用时，无法保证扭矩值的准确性。

（2）扭矩扳子前后有两个调整点，供制造时调整扭矩用。在装配过程中均经专业人员在标准校正仪上严密调试，使用中切勿任意拆开手柄，转动内部的螺丝及螺帽，否则扭矩值会发生偏移。

（3）要按图 2-19 所示要求，在正确的位置加力（手柄上均有有效位置标记，握紧时，手中心要在扭矩扳子的加力刻线处），不正确的加力位置会降低扭矩扳子的输出精度。

（4）在施力过程中，应按国家标准规定，如图 2-20 所示，其垂直方向偏差左右不超

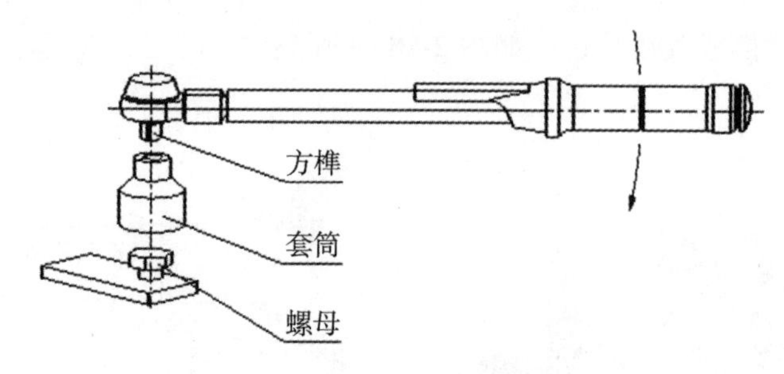

图2-19　扭矩扳子的正确加力位置

过10°，其水平方向偏差上下不超过3°。不正确的施力方向，不仅会降低扭矩扳子的输出精度，而且也影响扭矩扳子的使用寿命，且易出现安全事故。

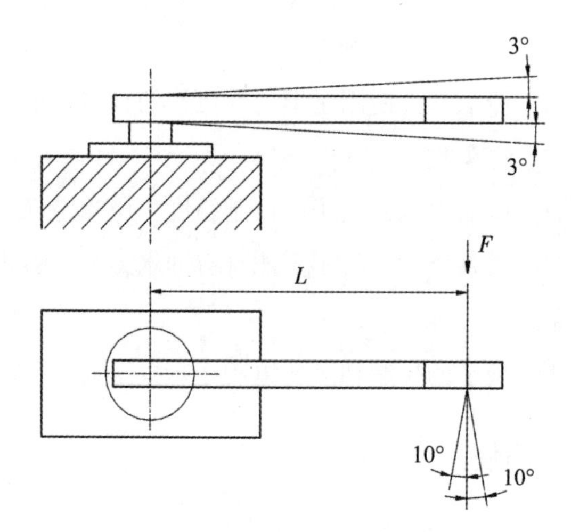

图2-20　扭矩扳子的正确施力

（5）在操作扭矩扳子时，应逐渐平稳加大扭矩，当听到“咔嗒”声音时，应立即停止施力，放松扳子使其自动复位，以备下次使用。切勿在“咔嗒”声后再施加力矩，此时的各段杠杆均已到顶点位置，再受力就会超过预置扭矩值，使紧固件受力过大。在使用加长杆的情况下，使用扭力方向应该与受力点垂直。扭矩扳子的正确使用如图2-21所示。

（6）最关键和最容易忽略的：预置式扭矩扳子使用完后，应将扭矩值调整回低点放置，以保持扭矩扳子精度，延长使用寿命。

2. 影响测量结果的因素

1）摩擦力等对测量结果的影响

简易型丝杆加载装置是传感器固定不动，通过丝杆副直接推动或拉动扭矩扳子的手

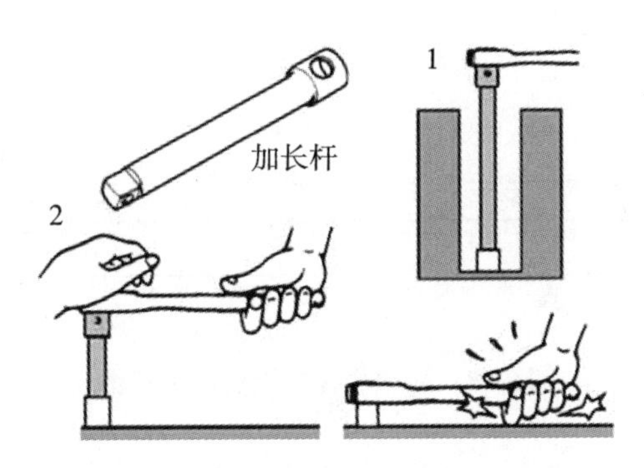

图 2-21　扭矩扳子的正确使用方法

柄。工作过程如图 2-22 所示。

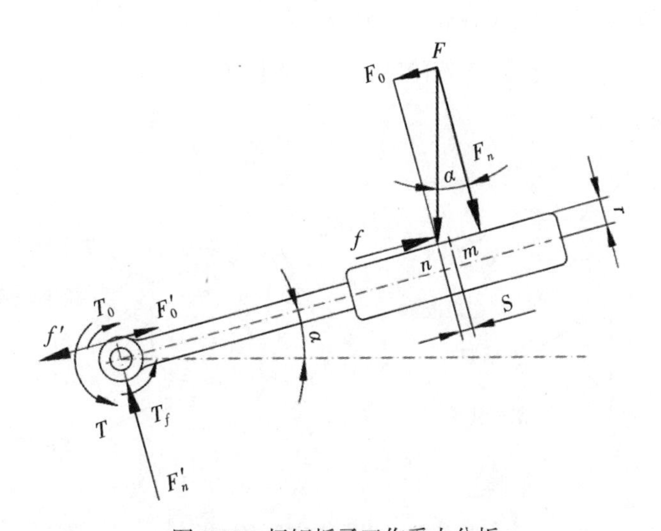

图 2-22　扭矩扳子工作受力分析

在图 2-22 中，如果丝杆初次对扭矩扳子的作用点位于扭矩扳子手柄中心点 m，那么在加载过程中，力的作用点从 m 滑移到数据采集时的 n 点，距离为 S，产生摩擦力 f_0，该摩擦力作用在扭矩扳子手柄的表面上，与被分解的轴向力 F_0 方向相反，两个力的作用点与扭矩扳子轴线的距离 r 构成力臂，由此产生的阻尼扭矩分别为 T_f 和 T_0。

2）弹性变形对测量结果的影响

当加载装置刚度不足时，横梁和扭矩扳子挡块会发生明显变形，也会带来系统误差，当扭矩扳子刚度足够，而横梁刚度不够时受力情况如图 2-23 所示。

根据分析，横梁刚度不足会使得作用在扭矩扳子上的力产生沿扭矩扳子方向的分力，

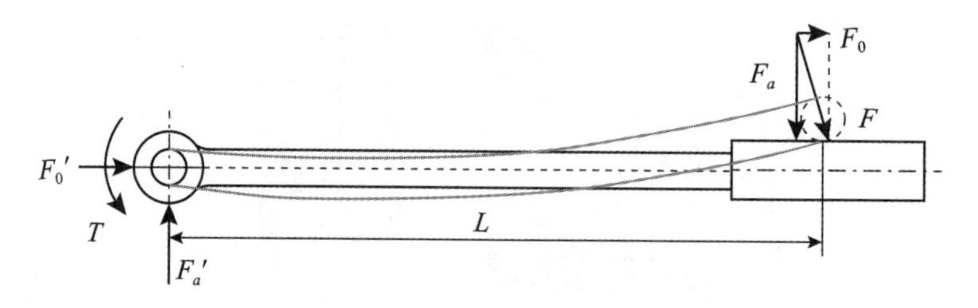

图 2-23　加载装置横梁变形示意图

其效果有些类似丝杆式加载方式出现 α 角度后的情况。

3）安装固定方式对测量结果的影响

驱动传感器的加载方式能够保持对扭矩扳子的作用力的方向在以传感器轴线为圆心的圆的切线上，在扭矩扳子手柄这一端没有发生力的分解，也没有产生摩擦力，这样的加载装置引起的系统误差较小。但是，若传感器与扭矩扳子连接的这一端增加支承架会增大系统误差。如图 2-24 所示。

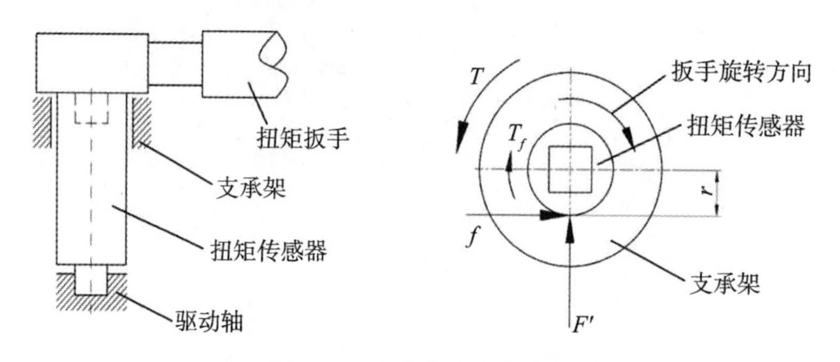

图 2-24　安装方式受力分析

当扭矩扳子的手柄受到正向作用力 F 时，传感器要承受侧向作用力 F'，F 和 F' 大小相等，方向相反。在 F' 作用下，传感器与支承架发生摩擦，产生摩擦力 f，也就产生阻尼扭矩 T_f。

2.2　扭矩扳子标准装置

扭矩扳子是使用频率比较高的测量工具。为了保证它的测量准确度，需对扭矩扳子定期进行检定与校准。要开展检定与校准工作，必须配备符合各种类型、级别的扭矩扳子校准装置，根据扭矩扳子的工作特点，扭矩标准装置主要有静态扭矩计量标准和动态扭矩计量标准两大类。

2.2.1　静态扭矩计量标准

静态扭矩计量标准包括扭矩标准装置、标准扭矩仪或标准扭矩扳子、扭矩扳子检定装置三类。

1. 扭矩标准装置

扭矩标准装置是用来产生标准扭矩并施加于被校扭矩传感器的装置。该装置与国家扭矩基准一样，也是静重平衡式，主要由杠杆和两套专用砝码组成，由它产生的标准静态扭矩准确地加到被检定的扭矩传感器上，使扭矩传感器承受的扭矩为纯扭矩。该装置不仅能产生大小不同的扭矩值，而且容易组合为规定值。

扭矩标准装置的基本原理是：扭矩值 T 等于力臂 L（单位：m）与力 F（单位：N）的乘积，即 $T=LF$，也就是在恒定臂长的杠杆上加上专用标准砝码（力值砝码），产生扭矩，并使该扭矩传递到被测扭矩传感器上，由扭矩测量仪显示出的扭矩值，与标准扭矩值进行比对。图 2-25 是扭矩标准装置工作原理图。

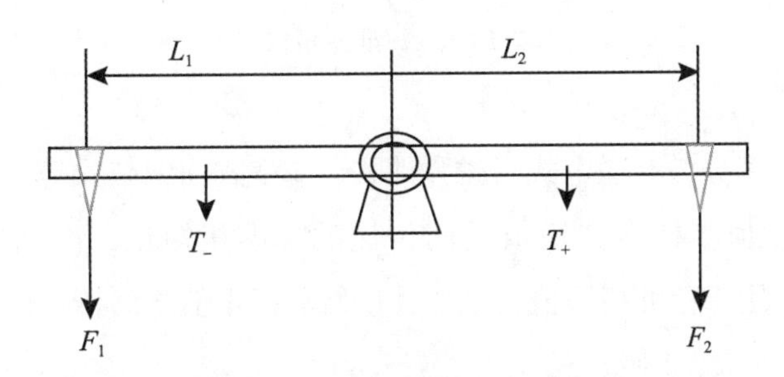

图 2-25　扭矩标准装置工作原理

$$T_{+}=L_2F_2 \tag{2-3}$$

$$T_{-}=L_1F_1 \tag{2-4}$$

式中：L_1、L_2——杠杆的恒定臂长，m；

F_1、F_2——多级专用砝码产生的力，N；

T_{+}——正向扭矩值，N · m；

T_{-}——正向扭矩值，N · m。

一般情况下，杠杆臂长 L_1、L_2固定，通过改变力值大小（即改变专用力值砝码）来获得各种扭矩 T 值，使扭矩传感器承受不同量值的扭矩。

按结构特点，常用的扭矩计量标准装置分为标准力臂杠杆-平衡力臂杠杆，标准力臂杠杆-扭矩头座和制动反向器，标准复合力臂杠杆-平衡力臂杠杆；在国外也有由杠杆、液压缸（或液压千斤顶）、标准力传感器组合而成的扭矩计量标准装置。

2. 标准扭矩仪和标准扭矩扳子

1）标准扭矩仪

标准扭矩仪（图2-26）是用于传递扭矩值的便携式仪器，也称为传递标准，由传感器和显示仪表组成。使用者通过扭矩扳子直接给传感器施力直至扳子报警或者打滑，显示仪表显示扭矩扳子报警或者打滑时的扭矩值。特点：体积小，重量轻，操作简单，安装方便，施力过程比较费力，检测结果受人为因素影响较大，多用于生产现场的工位上。

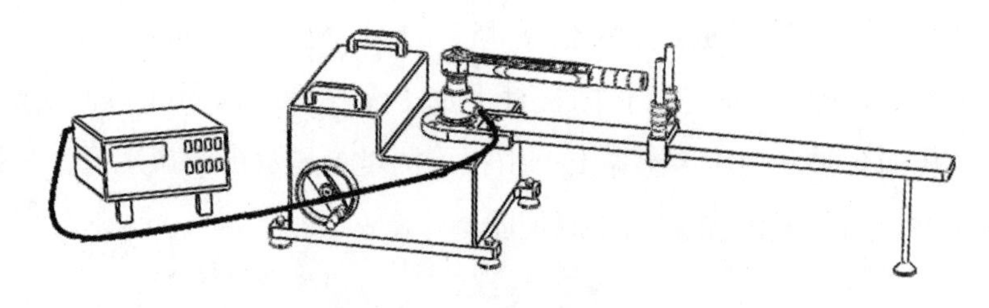

图2-26　标准扭矩仪

标准扭矩仪按原理分，有磁电式、磁弹性式、应变式、钢弦式等种类。按准确度等级分，有用于基准扭矩值与标准扭矩值之间传递的标准扭矩仪，准确度等级为0.03级、0.05级、0.1级；有用于标准扭矩值与工作计量器具扭矩值之间传递的标准扭矩仪，准确度等级为0.3级、0.5级、1级。

2）标准扭矩扳子

标准扭矩扳子的外形结构将参考普通扭矩扳子外形结构设计，其目的是更真实地在扭矩扳子检定仪上模拟扭矩扳子被测状态，其结构造型直接影响到受力特性和应力分布状态，对测试结果影响较大。标准扭矩扳子使用过程中不仅受到扭力影响，还会受到弯矩影响，其结构设计必须最大限度地提高对扭矩的灵敏度，减小对弯矩的灵敏度。标准扭矩扳子主要由高精度标准扭矩扳子和高精度仪表组成。

标准扭矩扳子适用于检定和校准扭矩扳子检定仪，标准扭矩扳子的等级一般分为0.1级、0.2级、0.3级和0.5级四种。根据JJG 797—2013《扭矩扳子检定仪检定规程》规定，作为检定设备的标准扭矩扳子必须比被测扭矩扳子检定仪精度等级高3倍，常用扭矩扳子检定仪的最高等级为0.3级，而标准扭矩扳子的等级最高为0.1级，能够满足检定扭矩扳子检定仪的检定，满足国家计量检定规程要求。标准扭矩扳子如图 2-27 所示。

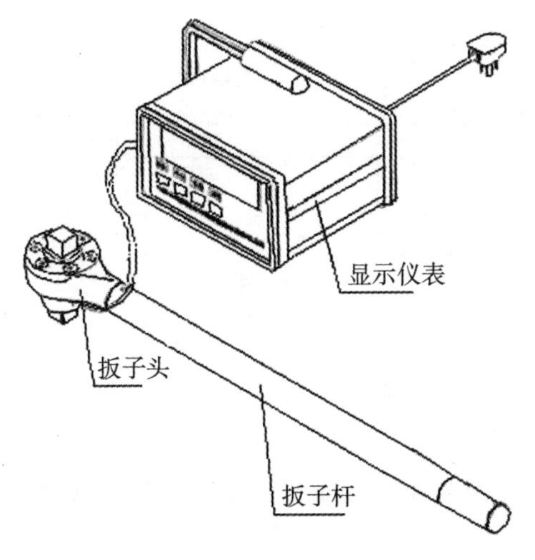

图 2-27　标准扭矩扳子

3. 扭矩扳子检定装置

扭矩扳子检定装置按结构原理可分为力臂砝码式、力传感器式、扭矩传感器式等。它的准确度较扭矩标准装置和标准扭矩扳子低，不确定度在 1%～0.3%之间，用于检定允许误差极限为 1%～10%的扭矩扳子。

1）力臂砝码式

如图 2-28 所示，力臂砝码式检定装置的测量原理是将扭矩扳子的一端固定，在扳子的把手上挂上标准砝码，再把固定端与挂砝码端的长度测出，两者相乘，就得到施加的标准扭矩，再用扳子的示值与标准扭矩进行比较，就可得出扳子的误差。上述测量力臂的计量器具误差不大于±0.1%，力值砝码的误差不大于±0.05%。

该方法的特点是简便，不需要复杂的装置，但测量误差很大，主要是长度测量误差引起的，只适用对准确度要求很低的场合，而且它只能用于表盘式、弹簧杆式（横梁式）扭矩扳子的检定，不能用于定值式扭矩扳子。

由测量原理可知，当力点悬挂砝码后，受重力作用，力臂下倾，这时力点到扭矩扳子接头（固定端）的水平距离会有变化，不再是原来已测量的距离。为了保证力臂的计量器具误差不大于±0.1%，只有使力臂砝码式专用检定装置具备可以调节悬臂水平的机构，或能准确刻出测力点到扳手头部中心水平距离的精密仪器，才能保证检定的准确性和科学性。

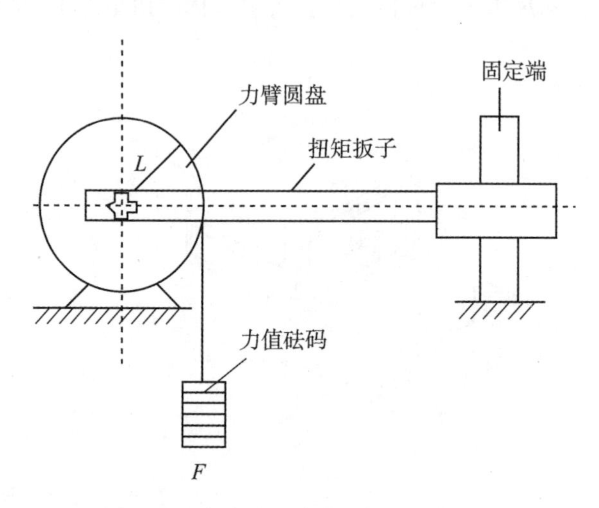

图 2-28　力臂砝码式检定装置工作原理

2）力传感器式

鉴于力臂砝码式检定装置误差较大、速度慢，设计了力传感器式检定扭矩扳子的专用装置，扭矩计算公式中的长度 L 由位置传感器测定，力值 F 由力传感器测出，两个量输入微处理器进行数据处理。

该装置工作方式是，扭矩扳子的头部嵌入接头孔座，加载平台在导轨上可以左右移动，目的是调整扭矩扳子受力点的位置。在导轨上安装有位置传感器，以测出受力长度 L。当力传感器头部的钢珠力点对准扭矩扳子手柄的中点后，转动加载手柄，通过蜗轮蜗杆传动，向扭矩扳子施加推力，使扭矩扳子受扭后，将力传感器的力值 F 和位置传感器的长度 L 输入微处理器进行处理，在数显屏上显示出一个标准扭矩值，这个标准扭矩值与扭矩扳子的读数值进行比较，其差值就是该扭矩扳子的误差。

3）扭矩传感器式

上述的力臂砝码式和力传感器式扭矩扳子检定装置，都是通过长度 L 与力值 F 的乘积获得标准扭矩。标准扭矩的准确度取决于两参数 L，F 的准确度。而扭矩传感器式扭矩扳子检定装置中的标准扭矩直接来源于经扭矩标准装置定度的扭矩传感器，其准确度等级一般为 0. 3 级、0. 5 级和 1. 0 级，如图 2-29 所示。扭矩传感器式检定装置根据工作原理又可分为两类。

（1）扳子手柄固定，头部转动。

其工作原理是将扭矩扳子的头部嵌入扭矩传感器接头中，手柄被可滑动的固定端固定，转动加载手轮，使扭矩传感器转动。这样，扭矩扳子和扭矩传感器受到相同的扭矩，

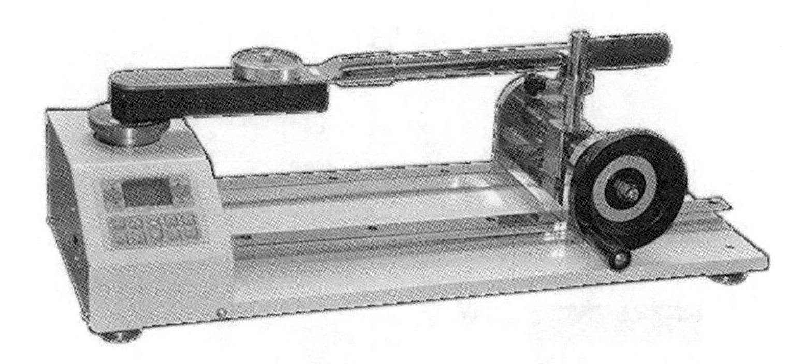

图 2-29　扭矩传感器式扭矩扳子检定装置

两者的读数差值就是该扭矩扳子的误差。该装置的允许误差优于±0.5%。

(2) 扳子头部固定，手柄转动。

该装置的工作原理是，将扭矩扳子的头部嵌入扭矩传感器中，手柄放在可移动的平台上，转动手轮使扳子的手柄移动。这样，扭矩扳子和扭矩传感器受到扭矩，以扭矩传感器的读数为标准值，扳子读数与该标准值的差值，就是该扳子的误差。

2.2.2　动态扭矩计量标准

一般的动态扭矩动力工具除了直接用冲击原理制造以外，都会产生脉冲，这种动力工具可以用动态扭矩传感器进行测试，而用静态扭矩传感器测试旋转的动态动力工具很难。因此，必须在静态扭矩传感器和气动扭矩扳子之间设计传动装置——加螺栓连接模拟器，如图 2-30 所示。所谓螺栓连接模拟器，就是采用螺栓连接的方式在螺栓连接中安装不同规格的弹性垫圈，根据不同的需要，螺栓可以采用各种规格。

测量用的标准是动态扭矩仪，如图 2-30 所示，该扭矩测量采用回转式扭矩传感器，显示仪表能显示峰值，采样频率不小于 500Hz；扭矩仪的示值扩展不确定度不大于被校扭矩扳子示值扩展不确定度的 1/3。

根据气动扭矩扳子的冲击特性和静态扭矩测试仪及静态扭矩传感器轴体不能旋转的特点，要设计出模拟装配过程的传动装置连接被测器具及标准计量器具，因此设计螺栓连接模拟器。同时螺栓连接模拟器中安装的垫圈可以改变螺栓的连接特性，按照国际标准及德国工程师协会标准，螺栓连接有硬连接和软连接之分，随着扭矩或夹紧力的增加，转角或时间将发生变化，扭矩率会随着连接的情况不同而发生变化。因此，任何动力工具的测试都应该在相应的连接条件下进行。所以，测试应包括在一个硬连接螺栓模拟器或软连接螺

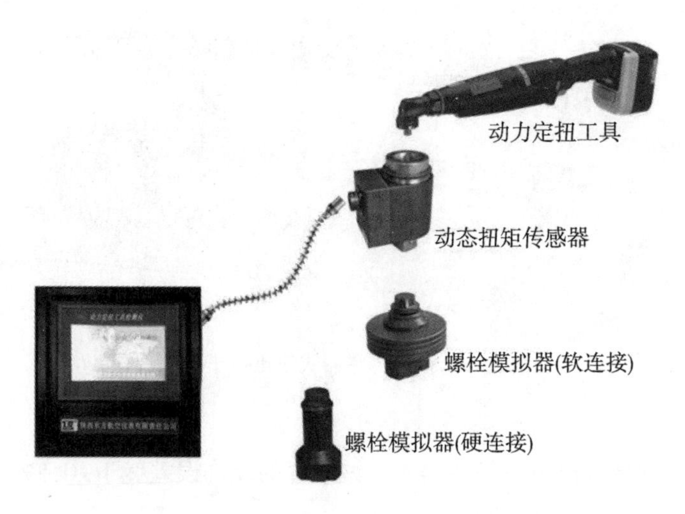

图 2-30　动态扭矩仪

栓模拟器的条件下进行。这样就引入了硬连接和软连接的概念。

一种是高扭矩率模拟器，又称硬连接，如图 2-31（a）所示，就是扭矩或夹紧力与转角或时间的关系曲线比较陡，也就是当达到要求的扭矩时所用的时间较少或转角较小。对于硬连接的螺栓模拟器工作范围为扭矩标称值的 5%～100%；扭矩标称值的 10%～100%扭矩范围角度转动不大于 27°（见图 2-31（a）ISO 5393 是 30°）；扭紧扭矩与转动角度相关曲线的直线度优于±2%FS；滑动期间的摩擦载荷不应超过扭矩标准值的 5%。

另一种是低扭矩率模拟器，又称软连接，如图 2-31（b）所示；就是通常要将螺栓转动几圈才能完成拧紧过程，也就是当达到要求的扭矩时所用时间较多或转角较大。对于软连接的螺栓模拟器工作范围为扭矩标称值的 5%～100%；扭矩标称值的 10%～100%扭矩范围角度转动不小于 720°；扭紧扭矩与转动角度相关曲线的直线度优于±10%FS；滑动期间的摩擦载荷不应超过扭矩标准值的 5%。

模拟器具是当输出扭矩达到规定值时，冲击部分和气动风动马达完全脱开不用再拧紧螺纹紧固件，而此时紧固冲击阻力达到一定值产生反弹冲击，通过反弹时的平衡扭矩值达到测量气动扭矩扳子扭矩的目的。具有扭矩控制的传动装置与气动扭矩扳子的扳头相连接(即与气动扭矩扳子内部的风动马达相连)。工作时，转子随气动风动马达转动，气动风动马达的扭矩通过转子和冲击部分传递给螺纹紧固件，此时转子对弹性垫圈产生作用力，弹性垫圈产生弯曲变形。若冲击部分所受的力矩小于弹性垫圈所承受的最大力矩，冲击部分随转子一同转动，气动风动马达的扭矩传递到螺纹紧固件上。若冲击部分所受的力矩大于

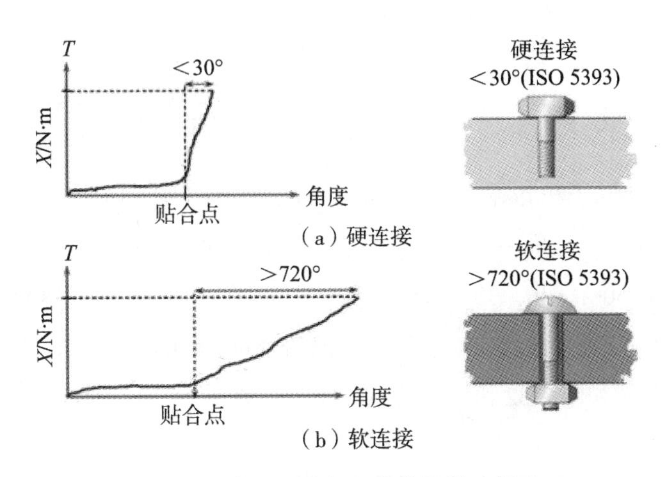

图 2-31　软硬连接扭矩率模拟器示意图

弹性垫圈所承受的最大力矩，转子打滑，没有扭矩作用到螺纹紧固件上，这样可通过静态扭矩扳子测试仪采集到气动扳子的扭矩输出的最大扭矩值，即峰值。

在对气动扭矩扳子测试前，首先必须对气动扭矩扳子进行至少 3 次空运行转动，同时气动扭矩扳子所产生的扭矩负荷最大不得超过所选扭矩传感器规格的 50%。将气动扭矩扳子、螺栓连接模拟器和静态扭矩测试传感器及显示仪表相连接。在实际装配过程中，硬连接或软连接的情况比较少，一般介于两者之间，又称为中性连接。根据经验，使用中性连接的螺栓连接模拟器要求测试扭矩从 10%增加到 100%的过程中，当达到装配扭矩时转角要求在 30°~270°之间。测试气动扭矩扳子一般采用中性连接的螺栓模拟器在静态扭矩测试仪上测试。

测试气动扭矩扳子的方法是首先选择测量的连接点，根据工艺要求确定螺栓的紧固方向和装配扭矩的大小；然后根据装配扭矩的大小和紧固的旋转方向选择适当扳子与螺栓连接模拟器相连，螺栓连接模拟器上的方榫轴与测试仪器上的方榫孔连接。打开数字扭矩测试仪，并选择测量单位与测试模式；选择滤波特性的位置，打开气动扭矩扳子的气源，开始测试气动扭矩扳子，最少要测试 3 次。将测试数值与工艺要求的扭矩值进行比较，如比较结果接近要求的扭矩值，则测试结果合格，做好螺栓连接模拟器情况和滤波特性位置的记录；如果不合格，则要改变滤波器的位置，直至测试扭矩值符合要求为止；如果还不合格，则要调整螺栓连接模拟器，根据测试情况调整弹性垫圈的数量，直到扭矩值符合要求为止，然后做好螺栓连接模拟器情况和滤波特性位置的记录，整个测试过程结束。

2.2.3　CDI600 电子扭矩校准仪实例介绍

1. 标准装置组成

本实验室的扭矩扳子校准装置是美国 CDI 公司生产的 CDI600 型电子扭矩校准仪。CDI600 标准装置工作方式是采用扳子手柄固定、头部转动的方式，配有智能数字显示仪，1 个四合一传感器（4~50 in · lb，30~400 in · lb，80~1000 in · lb，20~250 ft · lb），可以进行 0~350N · m 的各种扭矩扳子的检定。能够自动识别不同量程的扭矩传感器，并带有自动的安全紧锁装置。其实物图如图 2-32 所示，传感器如图 2-33 所示，显示仪如图 2-34 所示。

图 2-32　CDI600 标准装置实物图

图 2-33　CDI600 标准装置传感器实物图

图 2-34　CDI600 标准装置智能显示仪实物图

该标准设备有以下功能：

（1）支持智能传感器自动记录数据；

（2）可以设置手动或自动清除、存储和打印数据，存储数据时可以记录存储日期；

（3）支持数据处理功能，具有自动求出记录数据的均值、最大值和最小值等功能；

（4）可以进行模式、单位、语言、出厂默认、设定信息、编辑限制、时钟调整、校准、编辑参数等9项设置；

（5）有“追踪”“峰值保持”“第一峰值”和“峰值追踪”4种工作模式；

（6）支持8种扭矩测量单位：in・oz、in・lb、ft・lb、N・m、dN・m、cN・m、m・kg、cm・kg；

（7）输出可产生5位有效数字，测量精度为±0.5%，可测量10%~100%的传感器量程值。

2. 标准装置操作

CDI600型扭矩扳子校准装置基本操作规程：

（1）选择合适的传感器，接上传感器和显示仪的电缆线接头，接上电源，打开开关，看设备是否通电，电源工作是否正常。

（2）在设备通电后进行自检的过程中不要进行其他操作，待设备自检结束显示正常后，进行工作模式的设置和单位的选择。

（3）调整扭矩扳子的位置使其水平，设置扭矩扳子的示值，手动摇动手柄，使其匀速转动，听到扭矩扳子“咔嗒”声响时，停止转动，并记录显示器所显示的数据，然后迅速反向摇动手柄，使所加在传感器上的扭力值卸掉，完成扭矩扳子某个示值的一次检定。

（4）重新设置扭矩扳子的其他示值，并进行第（3）步的操作，直到完成扭矩扳子的所有示值检定。

（5）操作完成后，将扭矩扳子卸力到最小标称值，关掉电源，整理现场，并处理原始记录。

3. 标准装置的检定与校准

CDI600型校准装置的传感器和智能显示仪采用外送计量的方式，周期为1年。

2.2.4　TSD250-BT扭矩/张力校验仪实例介绍

1. 标准装置组成

美国AKO公司生产的TSD250-BT扭矩/张力校验仪主要由扭矩传感器、加载装置、显示仪表、张力臂等部件组成，用于各型号扭矩扳子及钢索张力计的检定校准，可在实验室内进行，也可携带至外场开展工作，测量范围为 0～800N·m、0～600ft·lb、0～273kg·m，测量准确度为 0.3%。TSD250-BT 扭矩/张力校验仪由扭矩传感器、加载装置、显示仪表组成，实物图如图 2-35 所示。

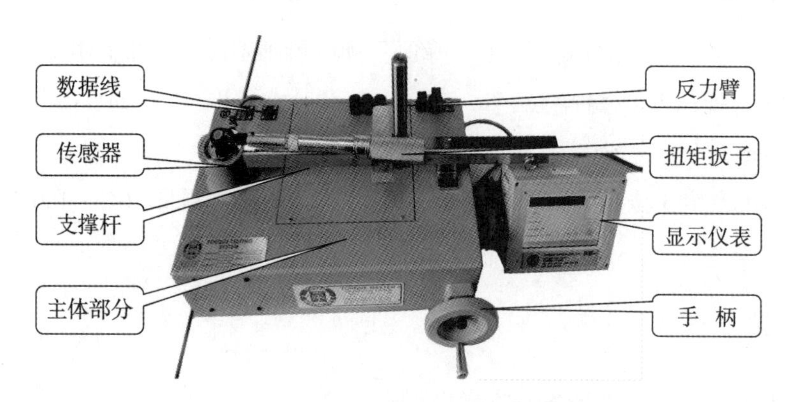

图 2-35　TSD250-BT 扭矩/张力校验仪实物图

TSD250-BT 扭矩传感器：测量扭矩扳子实际扭矩值的主要部件，提供扭矩标准值。

加载装置：扭矩检定装置的机械主体部分，为扭矩检定提供机械传动平台。主要由加载装置主体部分、反力臂、支撑杆、手柄、张力臂等部件组成。

显示仪表：扭矩检定装置的显示模块，内含检定软件，进行扭矩检定的数据采集与显示，工作时与扭矩传感器连接。

2. 标准装置操作

TSD250-BT 型扭矩扳子校准装置基本操作规程：

（1）用专用数据线将传感器和显示仪表连接，接通电源线，打开开关。

（2）设备通电后进行自检，等待仪表自检成功，进入测试界面。选择扭矩计量或张力校准模式，如果是扭矩扳子检定，选择扭矩计量模式，如果进行张力表校准，选择张力校准模式；进行单位选择和有效位数显示等功能的设置。

（3）安装调整被检扭矩扳子的位置使其水平安装在扭矩扳子校准装置上。

（4）设置扭矩扳子的示值，手动摇动手柄，使其匀速转动，听到扭矩扳子“咔嗒”声响时，停止转动，并记录显示器所显示的数据，然后迅速反向摇动手柄，使所加在传感器上的扭力值卸掉，完成该被检扭矩扳子某个示值的一次检定。

（5）重新设置被检扭矩扳子的其他示值，并进行第（4）步的操作，直到完成被检扭矩扳子的所有示值检定。

（6）操作完成后，将被检扭矩扳子卸力到最小标称值，关掉电源，整理现场，并处理原始记录数据，出具检定证书。

3. 标准装置的检定与校准

TSD250-BT 型扭矩/张力校验仪的传感器和显示仪采用外送计量的方式，周期为 1 年。

2.3　扭矩扳子检定规程

本书以 JJG 707—2014《扭矩扳子检定规程》为例，简述扭矩扳子的检定。

2.3.1　范围

本规程适用于带有扭矩测量或控制机构的手动扭矩扳子、扭矩螺丝刀及其他结构形式的拧紧计量器具（以下简称扭矩扳子）的首次检定、后续检定和使用中检查。

2.3.2　引用文件

JJG 557—2011《标准扭矩仪检定规程》；

JJG 797—2013《扭矩扳子检定仪》；

GB/T 3390.2—2004《手动套筒扳手　传动方榫和方孔》；

GB/T 15729—2008《手用扭力扳手通用技术条件》。

2.3.3　概述

扭矩扳子主要用于紧固螺栓、螺母或螺钉，并能测量（或控制）拧紧时的扭矩值，以达到间接控制固体间连接螺栓（或螺钉）紧固轴力一致性的目的。

2.3.4　计量性能要求

扭矩扳子的准确度级别与技术指标应符合表 2-2 的要求。

表 2-2　**扭矩扳子的准确度级别与技术指标**

准确度级别	示值相对误差 e/%	示值重复性 R/%	示值相对分辨力 a^*/%	回零误差 Z_r^*/%FS
1	±1.0	1.0	0.5	±0.1
2	±2.0	2.0	1.0	±0.2

续表

准确度级别	示值相对误差 e/%	示值重复性 R/%	示值相对分辨力 a^*/%	回零误差 Z_r^*/%FS
3	±3.0	3.0	1.5	±0.3
4	±4.0	4.0	2.0	±0.4
5	±5.0	5.0	2.5	±0.5
6	±6.0	6.0	3.0	±0.6
10	±10.0	10.0	5.0	±0.7

注：①带“＊”的项目，预置式扭矩扳子无要求；

②示值式扭矩扳子的测量范围为上限的 20%～100%。

2.3.5　通用技术要求

1. 外观与附件

（1）扭矩扳子应有铭牌，上面标明产品名称、型号、规格、准确度级别、制造厂名称或商标、出厂编号等。

（2）扭矩扳子及其附件不应有裂纹、损伤、锈蚀及其他影响使用的缺陷，附件应齐全，除说明书允许外各部件不得更换使用。

注：送检的扭矩扳子及其附件应安放在专用包装箱（盒）内，以避免运输颠簸或搬运中的碰擦影响其计量性能。

（3）扭矩扳子的力臂杆、扳接头及倍增器的反力臂等部件应有足够刚度，各部件连接应牢固可靠。

（4）结合手动扳子使用的扭矩倍增器上应标明放大倍率、产品编号及标称扭矩。

2. 指示和设定装置

（1）模拟式指示装置的指针和从动针应无松动和弯曲，指针宜深入标尺最短刻线的 1/3 至 1/2 范围；应与刻度盘表面平行及与标尺任意刻线重合，运转时平稳，无冲击、停滞等不正常现象。

（2）刻度盘上刻线应均匀一致，指针宽度应与刻线宽度相等且不大于 1/5 最小相邻刻线间距。

（3）数字式显示装置应有峰值保持功能，数字笔画完整、显示清晰、稳定可靠、跟踪及时。

3. 操作适应性

（1）带棘轮的扭矩扳子，其扳接头应能平稳转动，无卡滞现象，锁紧装置应可靠，扳接头方榫上的钢球或活动锁应活动自如，不得滑出，应能可靠地连接套筒。

（2）预置式扭矩扳子的设定装置应精确、可靠，当施加的扭矩值达到设定值时，应能发出声响或其他信号。

（3）扭矩扳子检定时，配套扭矩倍增器的齿轮、轴承等连接件应能平稳转动，无卡滞现象；其方向锁紧装置应可靠。

2.3.6 计量器具控制

1. 检定条件

1）检定环境条件

（1）温度：(23±5)℃，检定时温度变化不超出 ±1℃；

（2）相对湿度：≤90 %；

（3）现场环境不应有影响检定结果的振源、电磁干扰等现象。

2）标准设备

依据被检扭矩扳子类型和准确度级别，按表 2-3 技术要求选择符合 JJG 557—2011《标准扭矩仪检定规程》或 JJG 797—2013《扭矩扳子检定仪》的标准设备。

表 2-3　　**标准设备要求**

标 准 设 备	技 术 要 求
扭矩扳子检定仪	标准设备的扩展不确定度（$k=2$）应不大于被检扭矩扳子允许误差绝对值的 1/3
标准扭矩仪	

注：扭矩螺丝刀检定时，应采用检定仪的专用附件或装置，能够稳定夹持及施加扭矩。

3）传动方榫的选择

检定用传动方榫应符合 GB/T 3390.2—2004《手动套筒扳手　传动方榫和方孔》规定要求，其对边尺寸依据最大扭矩按附录 B 的规定选用。

2. 检定项目和检定方法

1）检定项目

检定项目见表 2-4。

表 2-4　**检定项目一览表**

序号	检定项目	首次检定		后续检定		使用中检查	
		示值式	预置式	示值式	预置式	示值式	预置式
1	通用技术要求	+	+	+	+	−	−
2	示值相对分辨力 a	+	−	+	−	−	−
3	回零误差 Z_r	+	−	+	−	−	−
4	示值相对误差 e	+	+	+	+	+	+
5	示值重复性 R	+	+	+	+	+	+

注：表中，“+”表示应检项目，“−”表示可不检项目。

2）检定方法

（1）通用技术要求的检查

通用技术要求的检查结合预加扭矩进行，符合要求后进行其他项目的检查。

（2）相对分辨力的检查

①目测检查扭矩显示装置的分辨力，模拟式显示装置的分辨力依据指针指示部分宽度与标尺或度盘两相邻刻线间距的比来确定，一般为分度值的 1/2、1/4 或 1/5；数显式测量装置的分辨力在零扭矩条件下观察，显示稳定时分辨力为一个最小示值增量，显示不稳定时为波动范围的 1/2。

②相对分辨力按公式（2-5）计算：

$$\alpha = \frac{r}{M_0} \times 100\% \tag{2-5}$$

式中：r——测量装置的分辨力，N・m；

M_0——扭矩扳子的测量下限，N・m。

结果应符合表 2-2 相应要求。

（3）回零误差的检查

①示值式扭矩扳子的回零误差结合预加扭矩进行检查，在示值检定前、第 3 次满量程预扭卸载后 10s 左右目测检查扭矩扳子的回零示值。

②回零误差按公式（2-6）计算：

$$Z_r = \frac{m_0}{M_s} \times 100\% \tag{2-6}$$

式中：m_0——测量装置的回零示值，N・m；

M_s——扭矩扳子的测量上限，N・m。

结果应符合表 2-2 相应要求。

（4）扭矩示值的检定

扭矩扳子有以下两种检定方法：

方法一：以被检扭矩扳子的设定值为准，在扭矩扳子检定仪或标准扭矩仪上读取测量值。

方法二：以扭矩扳子检定仪或标准扭矩仪的指示值为准，在被检扭矩扳子上读取测量值。

示值式扭矩扳子可采用上述两种方法之一进行检定；预置式扭矩扳子仪采用上述第一种方法检定；双向扭矩扳子应按使用方向分别检定。

①示值式手动扭矩扳子的检定。

a. 检定不少于 3 点，一般为扭矩测量上限的 20%、60%和 100%。

b. 检定时按照图 2-36、图 2-37 规定的位置放置；如处于图 2-36 放置状态，在原始记录和检定证书中应予注明。

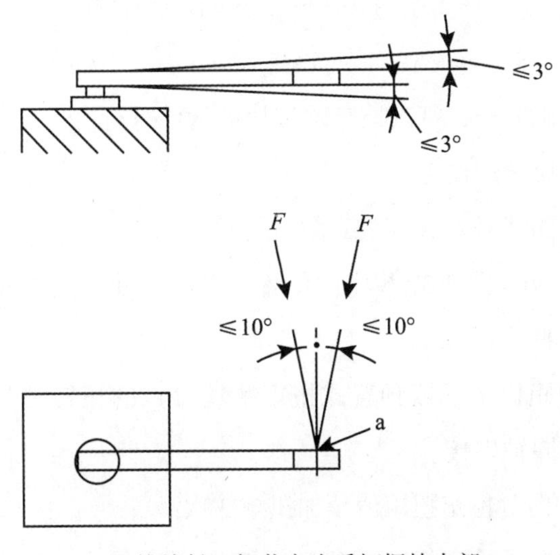

a—线接触，加载点为手柄握持中部

图 2-36　扭矩扳子处于水平试验状态

c. 将扭矩扳子（或扭矩螺丝刀）的扭转轴与扭矩扳子检定仪（或标准扭矩仪）的测量轴同轴串接。

d. 检定前按使用方向对扭矩扳子预加最大扭矩 3 次。

e. 预扭后分别调整扭矩扳子检定仪（或标准扭矩仪）和扭矩扳子指示的零位。平稳地逐级递增施加扭矩至检定点，记录各点扭矩值；此过程连续进行 3 次，每次重新调整零

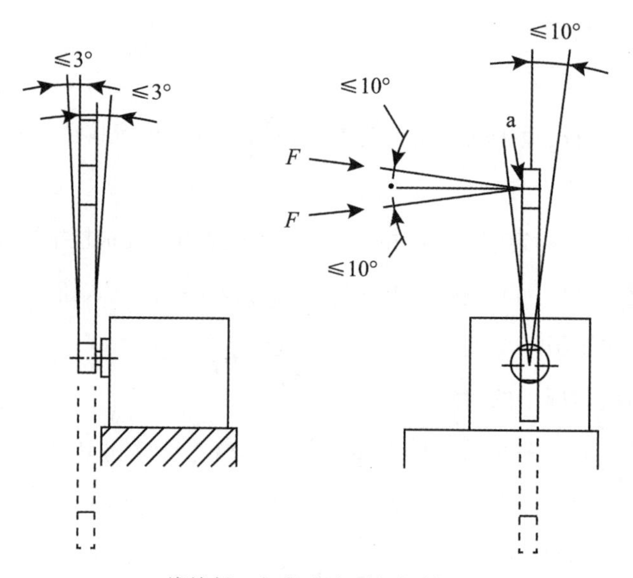

a—线接触，加载点为手柄握持中部

图 2-37　扭矩扳子处于垂直试验状态

位；带有从动指针的扭矩扳子，每次检定须带从动指针进行。

②预置式手动扭矩扳子的检定。

a. 预置式手动扭矩扳子按可设定的点数进行检定。

b. 检定时按照图 2-36、图 2-37 规定的位置放置；如处于图 2-36 放置状态，在原始记录和检定证书中应予注明。

c. 将预置式手动扭矩扳子（或预置式扭矩螺丝刀）的扭转轴与扭矩扳子检定仪（或标准扭矩仪）的测量轴同轴串接。

d. 检定前按使用方向对检定扭矩值预加扭矩 3 次。

e. 预扭后调整扭矩扳子检定仪（或标准扭矩仪）的零位并启用峰值保持功能。平稳施加扭矩至检定扭矩的 80%，并在 0.5~4s 的时间内，继续缓慢地施加扭矩至扳子发出听觉或其他信号，记录扭矩仪测量值。此过程每点进行 3 次。

f. 预置式扭矩扳子更换检定点，重新按上述步骤进行检定。

③带倍增器手动扭矩扳子的检定。

a. 检定一般不少于 5 点，一般为测量上限的 20%、40%、60%、80%、100%；各点尽量均匀分布。

b. 将扭矩扳子的扭转轴与倍增器的输入端同轴串接，倍增器的输出端与相应规格标准扭矩仪的扭转轴同轴串接。

c. 检定前按使用方向对扭矩扳子预加最大扭矩 3 次。

d. 预扭后分别调整标准扭矩仪和扭矩扳子指示的零位。平稳地逐级递增施加扭矩至检定点，记录各点扭矩值；此过程连续进行 3 次，每次重新调整零位。

④示值相对误差和示值重复性的计算。

a. 以扭矩扳子示值为准，在检定仪上读数时，按公式（2-7）和（2-8）计算示值相对误差、示值重复性：

示值相对误差
$$e = \frac{kM - \overline{M}}{\overline{M}} \times 100\% \tag{2-7}$$

示值重复性
$$R = \frac{M_{\max} - M_{\min}}{\overline{M}} \times 100\% \tag{2-8}$$

式中：k——倍增器的放大倍率，不带倍增器时为 1；

M——检定点扭矩扳子的示值，N · m；

$\overline{M}$——检定点检定仪 3 次示值的算术平均值，N · m；

$M_{\max}$、$M_{\min}$——检定点检定仪 3 次示值中的最大值和最小值，N · m。

b. 以检定仪的标准值为依据，在扭矩扳子上读数时，按公式（2-9）和（2-10）计算示值相对误差和示值重复性：

示值相对误差
$$e = \frac{k\overline{M}_i - M_i}{M_i} \times 100\% \tag{2-9}$$

示值重复性
$$R = \frac{M_{i\max} - M_{i\min}}{\overline{M}} \times 100\% \tag{2-10}$$

式中：$\overline{M}$——检定点检定仪 3 次示值的算术平均值，N · m；

M_i——检定点标准装置的标准扭矩值，N · m；

$M_{\max}$、$M_{\min}$——检定点检定仪 3 次示值中的最大值和最小值，N · m。

3. 检定结果处理

经检定合格的扭矩扳子发给检定证书，检定不合格的扭矩扳子发给检定结果通知书并注明不合格项目。

4. 检定周期

扭矩扳子的检定周期一般不超过 1 年。首次检定或经调整后检定合格的给 6 个月检定周期。

2.4 扭矩扳子常见故障判断与维修

定值式扭矩扳子的故障除了表面的损坏外，经常出现的故障就是示值不准与零位不准。对于表面的损坏，在进行外观检查时，针对损坏部分及时进行修复或更换新部件即可。下面主要介绍示值不准和零位不准故障的维修。

2.4.1 弹簧形变引起的示值不准

在使用过程中，由于弹簧老化、金属疲劳等原因，弹簧的形变弹性发生了变化，使实际扭力示值较大地偏离标称扭力值，从而导致示值不准。示值不准可能是实际扭力值大于标称扭力值，也可能是实际扭力值小于标称扭力值。在实际应用中，实际扭力值小于标称扭力值的情况较多一些。

当扳子的实际扭力值小于标称扭力值时，通过向里调整螺栓，压紧弹簧，使弹簧处于稍大的弹性范围内即可实现示值的调整。具体方法为：用小解刀拆下扳子后部的铅封，用套筒扳子卸下紧锁螺塞，用六棱扳子向里旋拧调整螺栓，到某一合适位置，并稍稍调整调整螺塞的位置，然后安装好紧锁螺塞，测试示值，如果发现示值仍有偏差，按照上述方法继续调整，直到示值准确为止。

扳子的实际扭力示值大于标称扭力示值的情况，通过向外调整螺栓可实现示值的调整，具体方法参照实际扭力示值小于标称扭力值的操作。

2.4.2 连杆销旋转角度引起的示值不准

连杆销旋转角度过大或过小也会引起示值不准。如图2-38所示，连杆销1是可以前后调整的，当连杆销1的位置靠近头部时，圆柄的可旋转角度较小，当扳子听到“咔”的声响时，实际扭力值会偏大；反之，圆柄的可旋转角度较大，当扳子听到“咔”的声响时，实际扭力值会偏小。

因此，调整连杆销1的位置也可以调整示值偏差。但是，调整连杆销1的位置会引起非线性误差，在实际应用中尽量不要调整连杆销1的位置，当出现非线性误差时，调整连杆销1的位置会减小非线性误差。

2.4.3 零位不准

使用中的扳子有时零刻线与套筒上的数值刻线会对不齐，调整时，将手柄卸下，调整

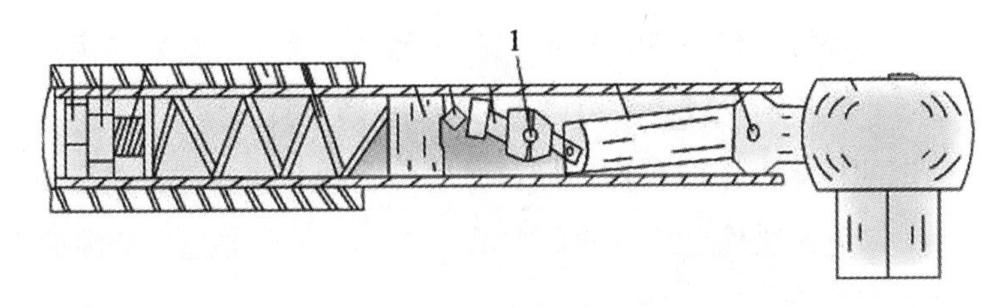

1—连杆销

图 2-38　扭矩扳子结构图

螺塞的位置，使零刻线与套筒上的数值刻线对齐即可。具体方法为：将紧锁螺塞卸下，把手柄拆下，向里或向外稍稍旋转调整螺塞，将手柄装上，观察零位线与数值刻线是否对准，并测试扭力示值与标称值是否符合要求，如果仍不符合要求，继续调整，直到合格为止。

2.4.4　其他故障

1. 紧锁手柄无法锁住调整轮

主要原因是螺纹挡销位置不正确，在三个孔中选取最合适的一个孔将螺纹拧紧即可。

2. 扭矩扳子不报警

故障原因可能是扭矩扳子头安装方向不正确，即加力方向与扳子套筒上的加力箭头方向不一致。如一致，有可能扭矩扳子杆没有复位，将扭矩扳子反向扳几下即可。

3. 棘轮打滑

故障原因是棘轮齿、左右卡子、弹簧损坏或弹簧、左右卡子脱落，更换或重新安装即可。

2.5　扭矩扳子检定注意事项

扭矩扳子的等级定级，在检定中，除了和标准装置的不确定度以及标准传感器的不确定度有关外，还和检定时的操作人员的操作有关。同时，操作人员的不当操作也会造成标准装置以及标准传感器的精度下降甚至标准装置损坏。在扭矩扳子检定时应注意以下事项。

（1）环境条件。根据 JJG 707—2014《扭矩扳子检定规程》，扭矩扳子应在 18～28℃、相对湿度不大于 90%的环境条件下进行检定。在检定时，首先要查看检定环境条件是否符合要求，一般使工作环境整洁无灰尘、温度在 20～25℃为宜。

（2）根据待检定的扭矩扳子的量程选择合适的传感器，切勿选择测量范围小于待检定扳子量程的传感器，以免无法检定扳子的最大示值或者使传感器超出范围而损坏传感器。

（3）安装传感器要轻拿轻放，禁止行为粗鲁，造成传感器或标准装置的碰伤、划伤以及其他损坏。

（4）在标准装置通电后进行自检时不要进行其他操作，待自检结束显示正常后进行工作模式的设置和单位的选择。一般定值式扭矩扳子选用“FIRST PEAK”模式，表盘式扭矩扳子选用“TRACK”模式。

（5）将扭矩扳子安装在标准装置上，应使其位置水平，否则会产生非垂直的扭矩，使检定误差增大甚至造成传感器的损坏。

（6）在操作时，摇动手柄要匀速，听到扭矩扳子“咔嗒”声响后立即停止转动，以免摇动过大损坏扳子或超出传感器的量程范围。

（7）扭矩扳子的检定点应均匀分布，一般不少于 3 点，其中必须包括测量范围的下限和上限两点，并且每个检定点的检定次数不少于 3 次。

（8）操作完毕后，将扭矩扳子卸力到最小标称值，关掉电源后，才可卸载电缆接头和传感器，不允许带电直接插拔，以免损坏传感器及显示仪。

（9）数据处理时，可以采用四舍五入原则，也可以采用最大进位原则，即有效数字后非零即进位的原则，这样保证扳子的检定等级包含实际等级。

例如：经计算，某扳子的某检定点的示值相对误差为 3.001%，保留两位有效数字则为 3.1%，假设该点的示值相对误差为所有检定点中最大的一个，重复性也小于 3.0%，该扳子等级为 4 级。如果采用四舍五入原则，该扳子保留两位有效数字则为 3.0%，假设该点的示值相对误差为所有检定点中最大的一个，重复性也小于 3.0%，该扳子等级为 3 级。

2.6　力学知识习题及解答（一）

2.6.1　判断题

1. 带棘轮的扭矩扳子，其扳接头应能平稳转动，无卡滞现象，紧锁装置应可靠。（　）

答案：正确。

2. 指针式扭矩扳子指示装置的指针不应松动和弯曲，指针和被动针与刻度盘表面应垂直，并能与标尺任意刻线重合。(　　)

答案：错误。

3. 指针式扭矩扳子的指针宽度应不大于1/2分度值。(　　)

答案：错误。

4. 指针式扭矩扳子的指针宽度应不大于1/5分度值。(　　)

答案：正确。

5. 预置式扭矩扳子，当施加的扭矩值达到设定值时，应能发出听觉或其他信号。(　　)

答案：正确。

6. 预置式扭矩扳子，当施加的扭矩值达到设定值时，应能发出电信号。(　　)

答案：错误。

7. 某扭矩扳子的额定扭矩值为340N·m，则其检定最大测量扭矩值为340N·m。(　　)

答案：正确。

8. 某扭矩扳子的额定扭矩值为340N·m，则其检定最大测量扭矩值为300N·m。(　　)

答案：错误。

9. 某扭矩扳子的额定扭矩值为340N·m，则其测量范围为68~340N·m。(　　)

答案：正确。

10. 检定扭矩扳子的环境条件为10~30℃。(　　)

答案：错误。

11. 检定扭矩扳子的相对湿度条件应不大于75%。(　　)

答案：错误。

12. 扭矩扳子标准检定装置给出的标准值的扩展不确定度为被检扭矩扳子最大允许误差的1/3~1/10。(　　)

答案：正确。

13. 在扭矩扳子的后续检定中，不需要检定的项目是示值误差。(　　)

答案：错误。

14. 在扭矩扳子的后续检定中，不需要检定的项目是超载。(　　)

答案：正确。

15. 在使用中检定的扭矩扳子，可以不检定的项目是示值回零。(　　)

答案：错误。

16. 检定扭矩扳子时，在规定的测量范围内，检定点均匀分布，一般不少于 3 点。(　　)

答案：正确。

17. 某扭矩扳子的测量范围是 20 ~ 100N · m，则检定过程中，必须要检定的点为 20N · m 点和 100N · m 点。(　　)

答案：正确。

18. 扭矩扳子检定前，应按额定扭矩值施加预扭 3 次。(　　)

答案：正确。

19. 扭矩扳子检定前，预置式扭矩扳子设定值更换后，重新预扭 6 次。(　　)

答案：错误。

20. 在手动预置式扭矩扳子的检定中，标准装置应选用峰值保持功能。(　　)

答案：正确。

21. 在表盘式扭矩扳子的检定中，标准装置应选用追踪功能。(　　)

答案：正确。

22. 米系列直升机上用的扭矩扳子一般是由法国制造的。(　　)

答案：错误。

23. 型号为 8AT-9012-130 的扭矩扳子为美国生产制造的。(　　)

答案：错误。

24. 型号为 S. 208-200 的扭矩扳子是由法国生产制造的。(　　)

答案：正确。

25. 扭矩扳子的示值相对误差是有正负的。(　　)

答案：正确。

26. 扭矩扳子的示值重复性数值是有正负的。(　　)

答案：错误。

27. 经检定合格的扭矩扳子发给合格证书。(　　)

答案：错误。

28. 经检定不合格的扭矩扳子发给不合格证书，并注明不合格项。(　　)

答案：错误。

29. 经检定不合格的扭矩扳子发给停用证书，并注明不合格项。(　　)

答案：错误。

30. 经检定不合格的扭矩扳子发给检定结果通知书，并注明不合格项。(　　)

答案：正确。

2.6.2 单项选择题

1. 在国际单位制中（SI），力的计量单位是（　　）。

A. 牛顿（N）　　B. 开尔文（K）　　C. 坎德拉（I）　　D. 安培（A）

答案：A。

2. 使 1kg 的物体产生 $1m/s^2$ 的加速度的力为（　　）。

A. 1kg　　B. 1N　　C. 1Pa　　D. 1m

答案：B。

3. 下列不属于力值单位的是（　　）。

A. 牛（N）　　B. 千牛（kN）　　C. 千克（kg）　　D. 毫牛（mN）

答案：C。

4. 使机械构件产生转动效应并伴随扭转变形的力偶或力矩称为（　　）。

A. 压力　　B. 弹力　　C. 扭矩　　D. 重力

答案：C。

5. （　　）是一种带有扭矩测量机构的拧紧计量器具，它用于紧固螺栓和螺母，并能测量出拧紧时的扭矩值。

A. 压力表　　B. 百分表　　C. 千分尺　　D. 扭矩扳子

答案：D。

6. 扭矩扳子按所使用的动力源，一般分为（　　）、电动、气动和液压四大类。

A. 手动　　B. 机动　　C. 自动　　D. 转动

答案：A。

7. 下列扭矩扳子的准确度等级错误的是（　　）。

A. 1　　B. 2　　C. 7　　D. 10

答案：C。

8. 下列扭矩扳子的准确度等级错误的是（　　）。

A. 2　　B. 4　　C. 6　　D. 8

答案：D。

9. 下列扭矩扳子的准确度等级错误的是（　　）。

A. 0.1　　B. 1　　C. 3　　D. 5

答案：A。

10. 下列扭矩扳子的准确度等级正确的是（　　）。

A. 7　　B. 6　　C. 9　　D. 8

答案：B。

11. 扭矩扳子的示值相对误差为 6.1%，则此扭矩扳子的准确度等级应定为（　　）等。

A. 5　　B. 6　　C. 10　　D. 11

答案：C。

12. 扭矩扳子的示值相对误差为 6.0%，则此扭矩扳子的准确度等级应定为（　　）等。

A. 10　　B. 7　　C. 5　　D. 6

答案：D。

13. 扭矩扳子的示值相对误差为 1.1%，则此扭矩扳子的准确度等级应定为（　　）等。

A. 2　　B. 3　　C. 1　　D. 10

答案：A。

14. 扭矩扳子的示值相对误差为 0.9%，则此扭矩扳子的准确度等级应定为（　　）等。

A. 0.9　　B. 1　　C. 2　　D. 3

答案：B。

15. 扭矩扳子的示值相对误差为 9.9%，则此扭矩扳子的准确度等级应定为（　　）等。

A. 0.9　　B. 9　　C. 10　　D. 11

答案：C。

16. 准确度等级为 1 等的扭矩扳子其示值相对误差应不大于（　　）。

A. 1　　B. −1　　C. 1%　　D. ±1%

答案：D。

17. 准确度等级为 6 等的扭矩扳子其示值相对误差应不大于（　　）。

A. 6　　B. −6　　C. 6%　　D. ±6%

答案：D。

18. 某扭矩扳子的示值相对误差为−7.1%，则此扭矩扳子的准确度等级为（　　）。

A. 10　　B. 7　　C. −7　　D. 8

答案：A。

19. 数字式扭矩扳子最小数字增量不得大于额定扭矩值（　　）的允许误差的1/2。

A. 10%　　B. 20%　　C. 30%　　D. 50%

答案：B。

20. 数字式扭矩扳子最小数字增量不得大于额定扭矩值20%的允许误差的（　　）。

A. 1/4　　B. 1/3　　C. 1/2　　D. 1

答案：C。

2.6.3　多项选择题

1. 扭矩的单位有(　　)。

A. kg　　B. Pa　　C. in · lb　　D. N · m

答案：CD。

2. 扭矩扳子的检定周期可以为(　　)。

A. 半年　　B. 1 年　　C. 2 年　　D. 无故障一直使用

答案：AB。

3. 在扭矩扳子的检定中，标准装置一般具有(　　)功能。

A. 追踪　　B. 峰值　　C. 自动清零　　D. 峰值保持

答案：ABCD。

4. 某扭矩扳子的测量范围是 20～100 N · m，则检定过程中，必须要检定的点为(　　)。

A. 50N · m　　B. 80N · m　　C. 20N · m　　D. 100N · m

答案：CD。

5. 下列满足检定扭矩扳子的相对湿度条件的有(　　)。

A. 90%　　B. 85%　　C. 20%　　D. 55%

答案：BCD。

6. 指针式扭矩扳子指示装置的指针(　　)，指针和被动针与刻度盘表面应(　　)，并能与标尺任意刻线重合。

A. 不应松动　　B. 不应松动和弯曲　　C. 平行　　D. 不能转动

答案：BC。

7. 力学计量包括质量、力值、硬度、转速、振动、(　　)、真空、流量计量等，正确的有（　　）。

A. 扭矩　　B. 压力　　C. 时间（s）　　D. 电磁量

答案：AB。

8. 示值式扭矩扳子一般分为（　　）两类。

A. 指针式　　B. 电动　　C. 气动　　D. 数字式

答案：AD。

9. 下列属于扭矩扳子准确度等级的有（　　）。

A. 1　　B. 2　　C. 7　　D. 10

答案：ABD。

10. 下列满足扭矩扳子的检定环境条件为（　　）。

A. 5℃　　B. 20℃　　C. 25℃　　D. 28℃

答案：BCD。

11. 带棘轮的扭矩扳子，其扳接头应能（　　），紧锁装置应可靠。

A. 平稳转动　　B. 无卡滞现象

C. 只向顺时针转动　　D. 只向逆时针转动

答案：AB。

12. 在使用中检定的扭矩扳子，需检定的项目是（　　）。

A. 示值回零　　B. 外观　　C. 功能性检查　　D. 示值

答案：BCD。

13. 准确度等级为 4 的扭矩扳子示值误差可以为（　　）。

A. 1.2　　B. 2.4　　C. 5.7　　D. 12.8

答案：AB。

14. 在使用中检定的扭矩扳子，可以不检定的项目是（　　）。

A. 示值回零　　B. 超载　　C. 外观　　D. 示值误差

答案：AB。

15. 扭矩扳子的检定项目有哪些？（　　）

A. 通用技术要求　　B. 示值相对分辨力

C. 回零误差　　D. 示值相对误差

E. 示值重复性

答案：ABCDE。

2.6.4　简答题

1. 扭矩扳子的准确度等级分为几种？

答案：分为 1 级、2 级、3 级、4 级、5 级、6 级和 10 级共 7 个等级。

2. 扭矩扳子检定的环境温湿度条件是什么？

答案：温度：(23±5)℃，检定过程中温度变化不超过±1℃；相对湿度：≤90%。

3. 扭矩扳子的检定项目有哪些？

答案：①通用技术要求；②示值相对分辨力；③回零误差；④示值相对误差；⑤示值重复性。

4. 带扭矩倍增器的扭矩扳子检定点一般为哪几个点？

答案：一般为测量上限的 20%、40%、60%、80%和 100%。

5. 扭矩扳子检定结果如何处理？

答案：经检定合格的扭矩扳子发给检定证书，检定不合格的扭矩扳子发给检定结果通知书并注明不合格项目。

2.6.5 计算题

1. 对某扭矩扳子 20N·m 点进行 6 次测量，数据如下：(单位：N·m)

20.01　20.03　19.98　20.00　19.99　19.99

请计算其数字特征。

答案：

a. 计算均值：

$$\bar{x}=\frac{1}{n}\sum_{i=1}^{n}x_i=\frac{20.01+20.03+19.98+20.00+19.99+19.99}{6}=20.00\text{N}\cdot\text{m}$$

b. 制作残差计算表：

x_i(N·m)	$\lvert x_i-\bar{x}\rvert$(N·m)	$(x_i-\bar{x})^2$(N·m)^2
20.01	0.01	0.0001
20.03	0.03	0.0009
19.98	0.02	0.0004
20.00	0.00	0.0000
19.99	0.01	0.0001
19.99	0.01	0.0001
$\bar{x}=20.00\text{N}\cdot\text{m},\ \sum_{i=1}^{n}(x_i-\bar{x})^2=0.0016\ (\text{N}\cdot\text{m})^2$		

由上表可以计算出：

$$s^2=\frac{1}{n-1}\sum_{i=1}^{n}(x_i-\bar{x})^2=0.0016/5=0.00032\ (\text{N}\cdot\text{m})^2$$

$$s(\bar{x}) = \frac{s}{\sqrt{n}} = \frac{\sqrt{0.00032}}{\sqrt{6}} = 0.007\text{N} \cdot \text{m}$$

2. 某定值式扭矩扳子的标称值为 20N · m，现在经过检定，其测量值为 20.48N · m，20.40N · m 和 20.36N · m，试分析计算该扭矩扳子的准确度等级。

答案：三次测量的平均值：

$$X = (20.48+20.40+20.36)/3 = 20.41\text{N} \cdot \text{m}$$

示值相对误差：

$$(20-20.41)/20.41 = 2.0\%$$

示值重复性：

$$(20.48-20.36)/20.41 = 0.6\%$$

故：该扭矩扳子的准确度等级为 2 级。

3. 某次测量中数据如下，计算测量的平均值，要求保留小数点后 2 位。(单位：N · m)

1	2	3	4	5	6
10.3517	10.3489	10.3532	10.3495	10.3501	10.3527

答案：

（1）进行首次修约：

1	2	3	4	5	6
10.352	10.349	10.353	10.350	10.350	10.353

（2）计算平均值：

$$\bar{x} = \frac{\sum X_i}{6} \approx 10.351\text{N} \cdot \text{m}$$

（3）取近似值为 $\bar{x} \approx 10.35\text{N} \cdot \text{m}$。

第3章　压力表计量

3.1　压力表概述

3.1.1　压力的概念

工程技术测量中的压力概念实际上是压强的概念。在物理学中压力是一个作用力的概念，压力与拉力相对。实际工作中我们将压力理解为压强，在不会引起混淆或误解时，无论语言或文字都如此表达，本教材也是如此。

从定义出发，压力是垂直而均匀作用在物体单位面积上的分布力。依据定义，压力 p 的基本表达式是：

$$p = \frac{F}{S} \tag{3-1}$$

式中：F——作用力，N；

S——作用面积，m^2。

从式（3-1）中可知，压力与所承受的面积成反比，而与所受的作用力成正比。由此，在相同作用下的情况下，作用面积大时压力小，而作用面积小时压力大。或者说，当作用面积一定时，压力随作用力的增大而增加，随作用力的减小而减小。

在压力作用下，受压物体的体积和形状都要发生变化，当作用于物体的压力消失后，又能恢复原来的体积和形状，物体的这种性质称为弹性。因此，也可用物体的弹力来表示压力量值。

在固体中，当力作用于任何固定不动的物体上时，就会产生由物体体积改变所引起的应力。

当液体处于平衡状态中，盛有液体的容器的底部和侧壁也会受到液体重量所引起的压力，在液体内部同一点各个方向的压力都相等，而且深度增加，压力也增加，在同一深度，各点的压力都相等，若 ρ 为某种液体的密度，所处地点重力加速度为 g，则深度为 h

处的压力为：

$$p = \rho gh \tag{3-2}$$

在气体中，压力也传播到气体所占体积的所有各点。气体的体积随压力不同而改变。同时，气体的弹力，即恢复其原来体积的能力也随压力成比例地改变。气体和液体一样，也能将压力传播到器壁，而且一般是向限制它的表面传递。

在工程技术中，压力的量值一般都是采用根据物体上述的一些性质所制成的各类压力仪器仪表来测量的。而用压力仪器仪表来对目的物进行比较或测量压力量值的过程叫压力计量。由于应用压力是多种多样的，因此就产生了不同的压力状态。

3.1.2　压力名词术语

在工程技术中，为了区别测试目的的不同，常使用以下压力名词术语：压力（压强）、帕斯卡、绝对压力 P_A、大气压力 P_0、相对压力 P、真空度、静压、动压等。

各种压力之间的关系如图 3-1 所示。绝对压力又称绝压，是以完全真空即真正的零压为基准点。在工程技术中，如气象用的气压计就是绝压计；在指示飞行高度时也用绝压计。

从图 3-1 中还可以看出，当绝对压力大于大气压力时，绝对压力是表压力与大气压力之和；当绝对压力小于大气压力时，绝对压力是大气压力与负压力之差。换句话说，若负压力取负值，则绝对压力也是大气压力与负压力之和，即：$P_A = P_0 + P$；当绝对压力与大气压力相等时，只指示出大气压力。大气压力是绝对压力的一种方式。当 $P_A = P_B$ 时 $P_g = 0$，即表压为零，负压也为零。故表压或负压都是以大气压力为基准零点进行测量的。

物理学或标准大气参数中规定，在纬度为 45°海平面处、温度为 0℃、重力加速度为 9.8066m/s^2、水银密度为 13595.1kg/m^{3}时，760mm 水银柱高度所产生的压力为 101325Pa，此压力称为标准大气压（或物理大气压），符号为 atm。我们一般所说的大气压力并不等于标准大气压，只有当大气压力为 101325Pa 时，才是一个标准大气压。

表压力以当时环境的大气压力作为参考零点。表压力加上当时的大气压力就是绝对压力。因此，当无绝对压力计，又需测量绝对压力时，可以用一台标准气压计测量出当时的大气压力值，然后加上表压力就是被测的绝对压力值。低于一个标准大气压的负压又称真空，真空技术已成为一项专门的技术或专业，它属于压力范畴，但不属于我们所习惯分类的压力计量范畴。

差压可以是以任意点压力作为参考零点测量出的两压力之差。实际上，表压力也是压差，只不过此时将大气压力作为参考零点而已。

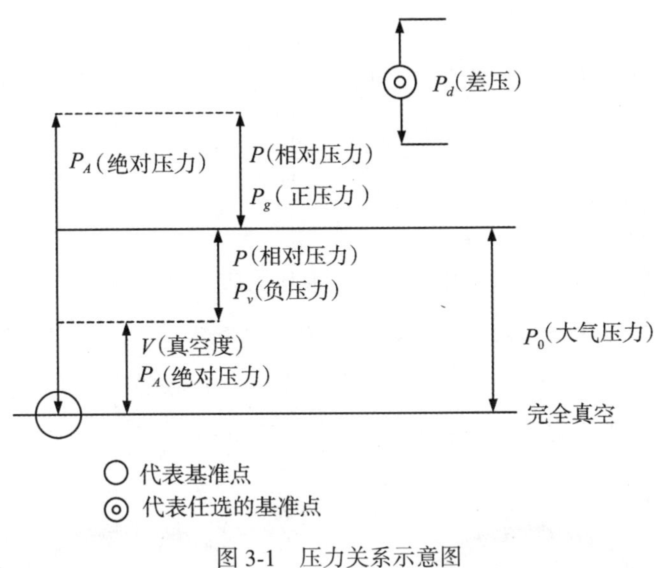

图 3-1 压力关系示意图

3.1.3 压力计量单位

国际单位制中规定的压力单位名称是帕斯卡，简称“帕”，其物理意义是：1N 的力垂直均匀地作用在 $1m^2$ 的面积上产生的压力，用符号 Pa 表示。从压力的定义知，压力的单位不是基本单位，而是一个导出单位。它是由质量、长度和时间单位导出的一个单位。

$$1Pa = 1N/m^2$$

各种压力单位之间的换算关系见表 3-1。

表 3-1 各种压力单位之间的换算关系

单位	帕（Pa）	巴（bar）	毫米水柱 (mmH_2O)	标准大气压 (atm)	毫米汞柱 (mmHg)	公斤力/平方厘米 (kgf/cm^2)
Pa	1	1×10^{-5}	1.019716×10^{-1}	9.8692×10^{-6}	7.5006×10^{-3}	1.019716×10^{-5}
bar	1×10^{5}	1	1.019716×10^{4}	0.98692	7.5006×10^{2}	1.019716
mmH_2O	9.80665	9.80665×10^{-5}	1	9.678×10^{-5}	7.3556×10^{-2}	0.0001
atm	1.01325×10^{5}	1.01325	1.03323×10^{4}	1	760	1.03323
mmHg	1.33322×10^{2}	1.33322×10^{-3}	13.5951	1.316×10^{-3}	1	1.3595×10^{-3}
kgf/cm^2	9.80665×10^{4}	9.80665×10^{-1}	1×10^{4}	0.9678	7.3556×10^{2}	1

3.1.4　压力表的分类

常用的压力表是以大气压力为基准，用于测量小于或大于大气压力的仪表。它可以按照6种形式进行分类。

1. 按测量精度分类

压力表按测量精度可分为精密压力表和一般压力表。精密压力表的测量精确度等级分别为0.06级、0.1级、0.16级、0.25级、0.4级和0.6级；一般压力表的测量精确度等级分别为1.0级、1.6级、2.5级和4级。有的一般压力表表盘上没有标明压力表的等级，一般按4级对待。精密压力表和一般压力表如图3-2所示。

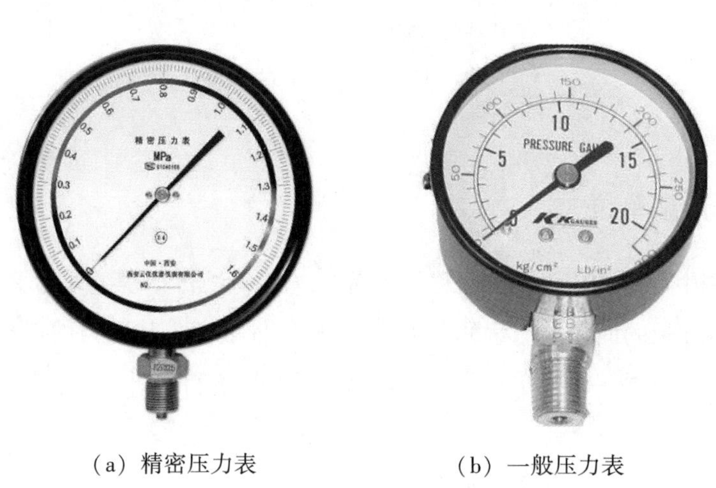

（a）精密压力表　　　　（b）一般压力表

图3-2　精密压力表和一般压力表

2. 按测量基准分类

压力表按指示压力的基准不同，分为一般压力表、绝对压力表、不锈钢压力表、差压表。一般压力表以大气压力为基准；绝对压力表以绝对压力零位为基准；差压表测量两个被测压力之差。

3. 按测量范围分类

压力表按测量范围不同分为微压表、低压表、中压表、高压表和超高压表。各种表的测量压力范围为：微压表，<10kPa；低压表，10~600kPa；中压表，600kPa~6MPa；高压表，6~250MPa；超高压表，>250MPa。

4. 按测量用途分类

根据压力表的用途，可将压力表分为以下几类：

压力计（表）：用于测量表的压力。

气压计（表）：用于测量大气压力。

绝压计（表）：用于测量绝对压力。

微压计（表）：用于测量微小压力。

真空计（表）：用于测量负压。

差压计（表）：用于测量相关两个压力的差值。

图 3-3 为真空表（图（a））和轮胎压力表（图（b））的实物图。

（a）真空表

（b）轮胎压力表

图 3-3 真空表和轮胎压力表

5. 按测量介质特性分类

压力表按测量介质特性不同可分为：

1）一般型压力表

一般型压力表用于测量无爆炸、不结晶、不凝固、对铜和铜合金无腐蚀作用的液体、气体或蒸汽的压力。

2）耐腐蚀型压力表

耐腐蚀型压力表用于测量腐蚀性介质的压力，常用的有不锈钢型压力表、隔膜型压力表等。不锈钢型压力表如图 3-4（a）所示。图 3-4（b）为耐酸压力表。

3）防爆型压力表

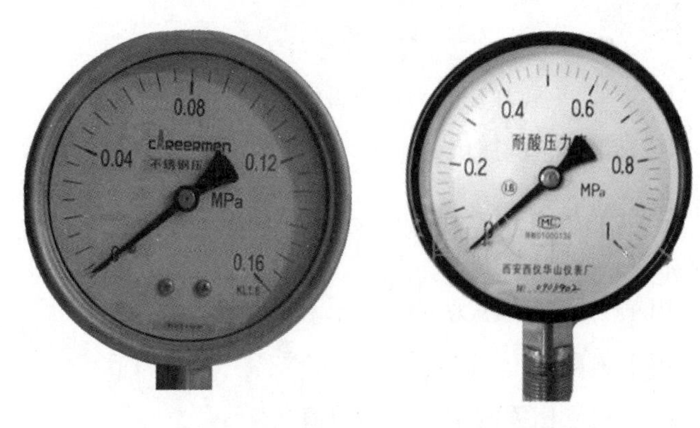

（a）不锈钢压力表　　　　　　（b）耐酸压力表

图 3-4　不锈钢压力表和耐酸压力表

防爆型压力表用于环境中有爆炸性混合物的危险场所，如防爆电接点压力表、防爆变送器等。

4）专用型压力表

由于被测量介质的特殊性，在压力表上应有规定的色标，并注明特殊介质的名称。氧气表必须标以红色“禁油”字样；氢气表用深绿色下横线色标；氨气表用黄色下横线色标等等。耐震压力表的壳体制成全密封结构（如图 3-5 所示），且在壳体内填充阻尼油（现在大部分用硅油填充），由于其阻尼作用可以使用在工作环境振动或介质压力（载荷）脉动的测量场所。

图 3-5　耐震压力表

带有电接点控制开关的压力表可以实现发讯报警或控制功能。带有远传机构的压力表可以提供工业工程中所需要的电信号（比如电阻信号或标准直流电流信号）。

隔膜表所使用的隔离器（化学密封）能通过隔离膜片，将被测介质与仪表隔离，以便测量强腐蚀、高温、易结晶介质的压力。

6. 按工作原理分类

1）液体压力计

液体压力计的工作原理是基于流体静力学原理，它是利用液柱自重产生的压力与被测压力平衡的方法而制成的压力计，是一种比较经典的压力计。常用的液体压力计有：U 形管压力计、杯形（单管）压力计、倾斜式微压计、水银气压计和钟罩式气压计等。

2）活塞式压力计

活塞式压力计是基于帕斯卡定律和流体静力学原理，它利用压力作用在活塞上的力与专用砝码的重力相平衡来测量压力仪器。以传压介质不同，有气压和液压两类活塞式压力计；以负重方式不同，有直接承重和间接承重活塞式压力计；以结构不同，有单活塞式压力（真空）计、双活塞式压力（真空）计、控制间隙活塞式压力计、差动活塞式压力计、带平衡液柱活塞式压力计、带增压器型活塞式压力计和浮球压力计。活塞式压力计主要用于标准压力的量值传递。

3）弹性式压力仪表

弹性式压力仪表以测压弹性元件作为敏感元件，在压力的作用下产生弹性变形，其形变的大小与作用的压力成一定的线性关系，通过传动放大机构（机芯）用指针或其他显示装置表示出被测的压力。由于使用的弹性敏感元件不同，有弹簧管压力表、膜片压力表、膜盒压力表和波纹管压力表。因被测压力介质不同，有氧气表、氨气表、乙炔表、耐硫表和其他适用的特殊用途压力表等（例如耐热型、耐震型、禁油型和密封型）。弹簧管式压力表如图 3-6 所示。

4）电子测量式压力表装置或仪表

电子测量式压力表装置或仪表主要有压力传感器、压力变送器或数字压力计。电子测量式压力表装置或仪表的核心元件是压力传感器，它能感受（或响应）规定的被测压力量并按照一定规律转换成信号（通常为电信号）输出。当输出为规定的标准信号时（例如 4~20mA 直流电流、1~5V 直流电压），则变为压力变送器。压力传感器加上信号处理器和数字显示器即成为数字压力计；若再增加控制部件和记录装置，则可适合于自动控制、数据采集、数据处理和记录打印。数字式压力计如图 3-7 所示。

常见的压力传感器有：应变式、电位器式、压电式、压阻式、电感式、谐振式、光纤式和溅射式等。按不同压力测量类型，还有压差传感器和绝压传感器等。

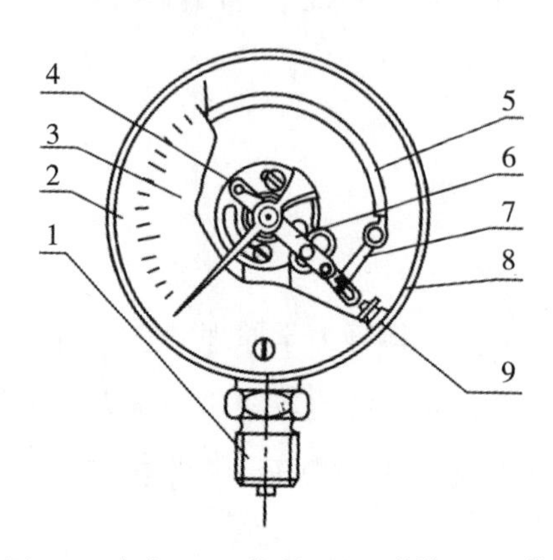

1—接头；2—衬圈；3—度盘；4—指针；5—弹簧；6—传动机构（机芯）；
7—连杆；8—表壳；9—调零装置

图 3-6　弹簧管式压力表组成图

图 3-7　数字式压力计

3. 1. 5　弹性式压力仪表

在压力测量工程技术中，使用最为广泛的压力仪表就是弹性式压力仪表。弹性式压力仪表结构简单牢靠；测量范围宽：从几十帕到吉帕和绝压；仪表指示清楚直观；操作、使用和维修简便；而且价格低廉。在今天虽然电子技术和计算机技术日新月异，但弹性式压力仪表仍然有它的应用市场。

弹性式压力表、真空表、压力真空表、气压表以及其他各种专门用途的弹性式压力仪表，主要用于测量各种液体、气体或蒸汽的表压力和大气压力。弹性式压力仪表具有结构简单、使用方便、造价低廉、测量范围宽广等优点，因而得到广泛的应用。

1. 弹性式压力仪表工作原理

弹性式压力仪表的工作原理是利用各种形式的弹性元件作为敏感元件来感受压力，并以弹性元件受压后变形产生的反作用力与被测压力平衡，此时弹性元件的变形就是压力的函数，这样就可以用测量弹性元件变形（位移）的方法来测得压力的大小。根据弹性敏感元件形状的不同，又可以分为弹簧管式、膜片式、膜盒式和波纹管式，弹簧管式又有单圈弹簧管和螺旋弹簧管之分。如图 3-8 所示。

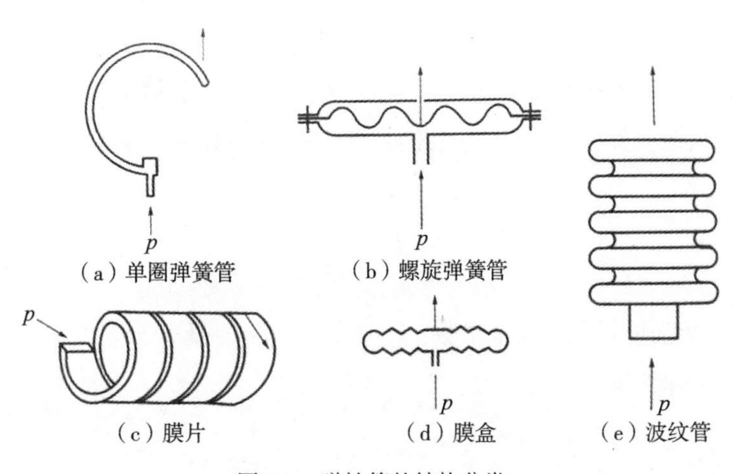

图 3-8 弹性管的结构分类

2. 弹性敏感元件的特点

1） 弹性变形

在弹性极限范围内，弹性元件的变形与压力成正比。当作用压力取消后，弹性元件能恢复到初始尺寸和形状，这种现象称为弹性变形。

2） 弹性后效

加在弹性元件上的负荷停止或完全卸荷后，弹性元件不是立即完成相应的变形，而是在一段时间内仍在继续发生变形的现象就叫作弹性元件的弹性后效，它对弹性式仪表的准确度等级起着决定性的作用。

3） 弹性滞后（弹性迟滞）

加在弹性元件上的负荷在其弹性极限范围内进行缓慢变化时，加载特性曲线与卸载特性曲线不重合的现象，称为弹性元件的弹性滞后（弹性迟滞）。

4） 永久变形（残余变形）

有些弹簧管在去除外力后，经过几天的时间仍不能恢复到原来的形状和尺寸，这种现象说明弹簧管产生了永久变形（残余变形）。这种变形可分为三种情况：

（1）弹性元件在压力作用下产生变形，当压力除去后，弹性元件不能恢复到原来的形状，这种变形叫塑性变形。

（2）弹性元件在交变负荷作用下，容易产生微小的应力而疲劳，从而造成弹性元件的损坏，在除去负荷后，不能恢复到原来的形状，这种变形叫疲劳变形。

（3）弹性元件持续地承受负荷，也会产生疲劳，当除去负荷后，弹性元件不能恢复到原来的形状，这种变形叫弹性元件的蠕变。

5）强度系数

弹性元件的弹性极限压力 p_0 与最大工作压力（即压力表的测量上限）之比，或者是弹件材料的比例极限与最大工作压力之比，称为强度系数或安全系数，用字母 k 表示，为：

$$k = \frac{p_0}{p_{\max}} = \frac{\sigma}{p_{\max}} \tag{3-3}$$

式中：k——为强度系数或安全系数；

P_0——弹性极限压力，Pa；

$p_{\max}$——最大工作压力，Pa；

σ——弹性元件材料的比例极限，Pa。

为了尽可能地减少弹性元件弹性后效的影响，避免过早地出现残余变形，需要给弹性元件规定足够的安全系数。通常，一般压力表 k 为2，精密压力表 k 为4。

由于弹性式压力仪表的结构和原理限制，其不足之处主要有：存在弹性后效和残余变形等缺陷；内部存在机械磨损；响应速度慢，不适用动态压力的测试；读数存在视差等。

3. 弹性式压力仪表的分类

弹性式压力仪表可按以下几种方式分类。

1）根据弹性敏感元件的形状分类

分为弹簧管式压力表、多圈（螺旋）弹簧管式压力表、膜片式压力表、膜盒和膜盒组式压力表、波纹管式压力表。

2）根据压力仪表准确度等级（按现行压力计量检定规程）分类

弹簧管式一般压力表、真空表和压力真空表：1级、1.6（1.5）级、2.5级和4级；

弹簧管式精密压力表和真空表：0.06级、0.1级、0.16级、0.25级、0.4级和0.6级。

3）根据压力仪表用途分类

根据压力仪表用途可分为普通型压力表、氧气压力表、常校验指针压力表、双针双管压力表、氨用压力表、电接点压力表、压力继电器或压力调节器、远传压力表、自动记录压力表，还有各种耐酸、耐硫、耐腐蚀、防冻、防爆、防水和耐抗振动的专用压力表。

4）其他分类

压力表测量上限压力分为：1×10^n、1.6×10^n、2.5×10^n、4×10^n 和 6×10^n，其中，$n=\pm0$、±1、±2、±3……

压力表接头螺纹与表壳公称直径有关，Φ40mm 时为 M10×1mm，Φ60mm 时为 M14×1.5mm，Φ100～Φ250mm 时为 M20×1.5mm。

4. 弹性式压力仪表的工作原理

弹性式压力仪表是利用各种形状不同的弹性敏感元件作为感压元件，在被测介质压力的作用下产生弹性变形。根据胡克定律：

$$F = kx \tag{3-4}$$

式中：F——作用力，N；

k——弹性系数，N/m；

x——位移量，m。

在弹性极限范围内，弹性元件的变形是被测压力 p 的函数，并与其成正比例关系，或是线位移 $L=f_1(p)$，或是角位移 $\varphi=f_2(p)$。此位移通过机械移动机构进行放大，传达给指示装置，由指针在刻有法定压力计量单位的分度盘上指示出被测压力量值。

弹性式压力仪表中使用最为广泛的一种是弹簧管式压力表，作为常用的压力测量仪表，我们以此作为弹性式压力仪表介绍入门，其他类型的弹性式压力仪表可参阅此内容或参考有关教材和参考书。

弹簧管式压力表的工作原理是：当压力表接头与被测压力相连接时，被测的工作介质就进入弹簧管内，使弹簧管自由端向右上方移动，从而带动拉杆使扇形轮绕自己的轴心转动一定的角度，所以小齿轮也转动。这样装在小齿轮轴上的指针也同时转动一定的角度，按照指针在表盘上移动的位置，便可确定被测压力的大小。弹簧管在承受最大压力时，其自由端的角位移一般有 5°～20°。

弹簧管式压力表工作原理示意图如图 3-9 所示。

弹簧管自由端的位移，在一定范围内与所受到的压力成正比。因此，压力表的表盘通常可以预制成等分刻度，并带有压力计量单位和数字。但是对于重复性好的和迟滞较小的压力表往往采用位移与所受压力不等分刻度的表盘，以制成精密压力表。

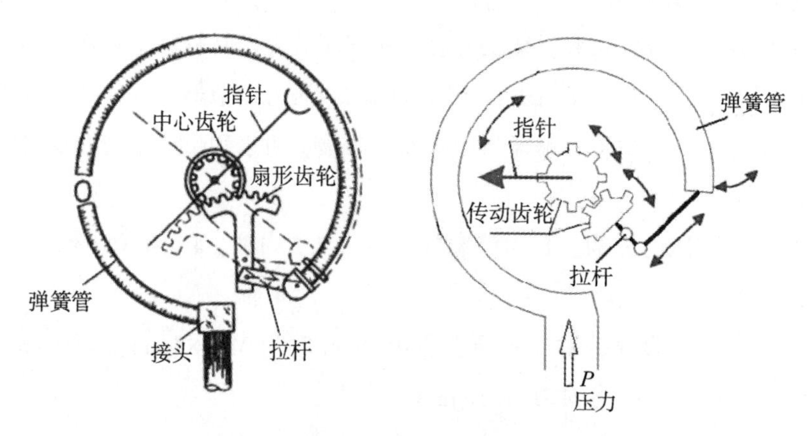

图 3-9　弹簧管式压力表工作原理示意图

为了进一步说明弹簧管的工作原理，下面进行弹簧管的受压原理的分析。

制作弹簧管的材料有黄铜、磷青铜、铍青铜、不锈钢和合金钢等。管截面通常为椭圆、扁圆和卵形（哑铃形）等，而不会采用圆形截面。当作用表压时，弹簧管的弯曲度减小，试图伸直一些，实际上是在压力的作用下，使非圆形截面力图变成圆形截面。同理，在负压作用下，管子将增加弯曲度，所以一般的负压表（真空表）指针零点与压力表零点正好相反，此类压力表及其原理本书中不再作详细介绍。一般压力表弹簧管受压后作用原理如图 3-10 所示。

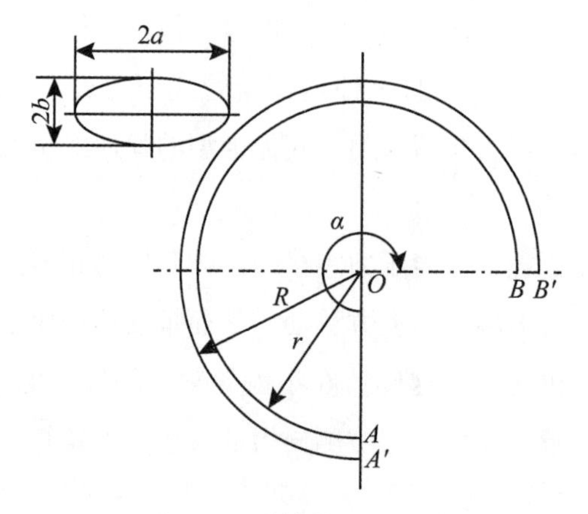

图 3-10　弹簧管受压作用原理

设管自由端为 B，固定端为 A，受压变形后管子长度不变（实际中，由于管子的伸展不显著，故管子长度可能的增加是极微小的，可忽略不计）。此时，弧 AB 和弧 $A'B'$ 保持原有长度。受压的管子由椭圆截面向圆形截面变化，即椭圆短轴增长，长轴缩短。

如果管子形变前 $OA'=R$，$OA=r$，$\angle AOB=\alpha$，形变后 $OA'=R'$，$OA=r'$，$\angle AOB=\alpha'$。假设管子长度不变，可列出方程式：

$$R\alpha = R'\alpha' \tag{3-5}$$

$$r\alpha = r\alpha' \tag{3-6}$$

上述两式相减得：

$$(R-r)\alpha = (R'-r')\alpha' \tag{3-7}$$

因为（$R-r$）和（$R'-r'$）分别表示形变前后椭圆的短轴，用 $2b$ 和 $2b'$表示有：

$$2b\alpha = 2b'\alpha' \tag{3-8}$$

根据假设，短轴增加有 $2b'>2b$，则 $\alpha'<\alpha$，即管子弯曲减小。如果管子变形后短轴增大了 Δb，角度减小了 $\Delta\alpha$，则：

$$b' = b + \Delta b \tag{3-9}$$

$$\alpha' = \alpha - \Delta\alpha \tag{3-10}$$

代入式（3-8）可得：

$$2b\alpha = 2(b+\Delta b)(\alpha-\Delta\alpha) \tag{3-11}$$

变换后得：

$$\Delta\alpha = \frac{\Delta b}{b+\Delta b_{\alpha}} \tag{3-12}$$

由于 $b \gg \Delta b$，则上式可写成：

$$\Delta\alpha = \frac{\Delta b}{b_{\alpha}} \tag{3-13}$$

从式（3-13）可以看出：管子的伸展角 $\Delta\alpha$ 与短轴的增量 Δb 和原有角度 α 成正比，而与短轴的量值 b 成反比。也就是说，管端位移随管子弯曲角度的增大而增大，随截面短轴的增大而减小，变形时短轴增加得越多，管子的位移量越大。为提高压力表的灵敏度，一般希望 $\Delta\alpha$ 变化要大。

负压作用时，则短轴将减小，Δb 变为负值，伸展角 $\Delta\alpha$ 变为负值，即：

$$\Delta\alpha = \frac{|\Delta b|}{b}\alpha \tag{3-14}$$

所以

$$\begin{aligned}\alpha' &= \alpha - \Delta\alpha \\ &= \alpha + \frac{|\Delta b|}{b}\alpha = \alpha\left(1+\frac{|\Delta b|}{b}\right)\end{aligned} \tag{3-15}$$

可见，受负压作用管子弯曲度增加。

从上述分析可知，设管子为圆形，就无长短轴之分，即 $\Delta b=0$，因而 $\Delta\alpha=0$，这就是弹簧管不采用圆形管子的原因。

实际上，管子自由端位移与管材料、结构、尺寸有关，对扁圆形弹簧管，角度变化与压力的关系为：

$$\frac{\alpha-\alpha'}{\alpha}=p\,\frac{1-\mu^2}{E}\cdot\frac{R^2}{bh}\left(1-\frac{b^2}{a^2}\right)\frac{\phi}{\beta+\left(\frac{Rh}{a}\right)^2} \tag{3-16}$$

式中，α、α——形变前后管角度；

p——作用压力；

μ、E——管材料泊松比和弹性模量；

R——管曲率半径；

h——管壁的厚度；

a、b——管的长半轴和短半轴；

ϕ、β——与管子长、短轴比率有关的系数。

对已经造好的弹簧管，上式中的右项除压力 p 外，其余各参数均已确定为常数，若用 C_p 来表示这些常数，则得：

$$\frac{\Delta\alpha}{\alpha}=C_p \tag{3-17}$$

在大多数情况下，我们需要的不是弹簧管压力表 $\Delta\alpha$ 的变化，而是弹簧管自由端的位移量 ΔL 与 p 之间的关系。以管子的曲率半径 R 和初始角 α 为函数的管端全部位移量可用下式表示：

$$\Delta L=\frac{\Delta\alpha}{\alpha}R\sqrt{(\alpha-\sin\alpha)^2+(1-\cos\alpha)^2} \tag{3-18}$$

当 $\alpha=270°$时，式（3-18）可写成：

$$\begin{aligned}\Delta L&=5.8R\,\frac{\Delta\alpha}{\alpha}\\&=5.8RC_p\end{aligned} \tag{3-19}$$

由式（3-19）可看出，弹簧管自由端的位移量和作用于弹簧管的压力成正比。

可以推导出当初始角为 270°时，位移量最大。实际上，管位移与管壁厚度成反比，与管直径成正比。当轴比率为 5 时，与管位移成直线关系，当轴比率增大时位移减小并力图变为固定值。轴比率愈大，比例极限愈小。管壁厚愈大，比例极限增加愈大；同时，比例极限随管直径的增大而下降，随管材强度的增加而直线上升。

5. 弹簧管式压力表结构

弹簧管式压力表多指单圈的基本结构，如图 3-11 所示。弹簧管式压力表的剖视图如图 3-12 所示。

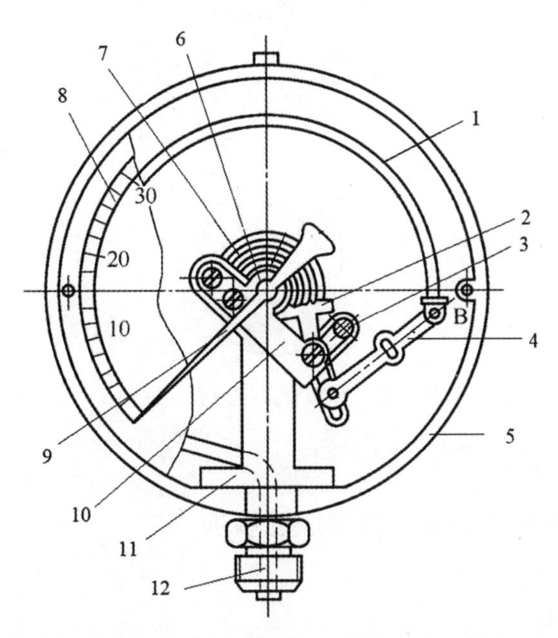

1—弹簧管；2—扇形轮；3—下夹板；4—拉杆；5—外壳；6—游丝；
7—中心小齿轮；8—表盘；9—指针；10—上夹板；11—支持器；12—接头

图 3-11 单圈弹簧管式压力表结构图

图 3-11 中，弹簧管 1 的开口端与支持器 11 焊接，其内腔与接头 12 的压力通道相通，支持器供安装机芯。弹簧管自由端封闭，以铰链的方式与拉杆 4 连接，拉杆的另一端也以铰链的方式与扇形轮 2 上的槽孔连接。扇形轮在转动轴心上转动与中心轴上的小齿轮 7 相结合。为了消除齿与齿间的间隙，在中心小齿轮上装有螺丝形游丝 6，游丝的另一端与支持器任一固定位置相连，这样小齿轮借助游丝的弹力压紧扇形齿轮。整个传动机构用上下夹板 3、10 固定在支持器上。在小齿轮上装有仪表指针 9，指针的指示端指向表盘 8 刻度处。压力表除上述零部件外，还有外壳 5、表玻璃、衬圈、固定螺钉和封印装置等。

上述压力表的组成零部件可以归纳为四个部分：①敏感元件与机座：包括弹簧管、带螺纹的接头、支持器、拉杆、示值调节螺钉和固定螺钉等；②齿轮传动机构：包括扇形齿轮、中心小齿轮（含指针轴）、游丝、上夹板、下夹板和夹板螺钉等；③示值装置：包括表盘和指针；④保护装置：包括表玻璃、外壳、罩壳、衬圈和固定螺钉等。

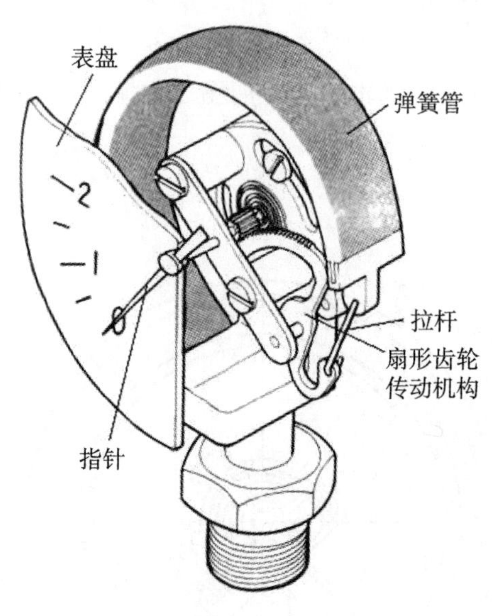

图 3-12　弹簧管式压力表剖视图

3. 1. 6　压力表的选用、安装和使用注意事项

1. 压力表的选用

压力表的选用应根据工艺生产要求，针对具体情况做具体分析。在满足工艺要求的前提下，应本着节约的原则全面综合地考虑，一般应考虑以下几个方面：

1）类型的选用

被测介质的性质（如被测介质的温度高低、黏度大小、腐蚀性、脏污程度、是否易燃易爆等）是否对仪表提出特殊要求，现场环境（如湿度、温度、磁场强度、振动等）对仪表类型的要求等。

例如普通压力表的弹簧管多采用铜合金（高压的采用合金钢），而氨压力表弹簧管的材料却都采用碳钢（或者不锈钢），不允许采用铜合金，因为氨与铜产生化学反应，会发生爆炸，所以普通压力表不能用于氨压力测量。

氧气压力表与普通压力表在结构和材质方面可以完全一样，只是氧气压力表必须禁油。因为油进入氧气系统易引起爆炸。所以氧气压力表在校验时，不能像普通压力表那样采用油作为工作介质，并且氧气压力表在存放中要严格避免接触油污。如果必须采用现有的带油污的压力表测量氧气压力时，使用前必须用四氯化碳反复清洗，认真检查直到无油污时为止。

2）测量范围的确定

为保证弹性元件能在弹性变形的安全范围内可靠地工作，在选择压力表量程时，必须根据被测压力的大小和压力变化的快慢，留有足够的余地，因此，压力表的上限值应该高于工艺生产中可能的大压力值。根据《化工装置自控工程设计规定》，在测量稳定压力时，大工作压力不应超过测量上限的 2/3；在测量脉动压力时，大工作压力不应超过测量上限的 1/2；在测量高压时，大工作压力不应超过测量上限的 3/5。一般被测压力的小值不应低于仪表测量上限值的 1/3。从而保证仪表的输出量与输入量之间的线性关系。

3）准确度等级的选取

根据工艺生产允许的大绝对误差和选定的仪表量程，计算出仪表允许的大引用误差，在国家规定的准确度等级中确定仪表的准确度等级。一般来说，所选用的仪表越精密，测量结果越准确、可靠。但不能认为选用的仪表准确度越高越好，越精密的仪表价格越贵，操作和维护越费事。

例如，用于测量黏稠或酸碱等特殊介质时，应选用隔膜压力表、不锈钢弹簧管、不锈钢机芯、不锈钢外壳或胶木外壳。按其所测介质不同，在压力表上应有规定的色标，并注明特殊介质的名称，氧气表必须标以红色“禁油”字样，氢气表用深绿色下横线色标，氨气表用黄色下横线色标等。

2. 压力表安装注意事项

仪表的取压点应在被测介质流动的直线管道上，而不能在急弯、阀门、死角或涡流处，且便于维护和检修。安装位置应符合安装状态的要求，注意安装位置与测压点的液柱差修正；要保证密封性，不应有泄漏现象发生。

对有腐蚀性介质，或是高温介质，或被测压力有剧烈变化的情况，均应采取一定的保护措施：

（1）消除或减少介质温度影响，可加装冷凝器，或加装能够吸收热量的挡板。

（2）当介质有腐蚀、化学作用或黏度太大、有结晶影响，加装隔离装置。

（3）当介质较脏时，可采用过滤器。

（4）为不受被测介质的急剧变化或脉动压力的影响，可加装缓冲器或稳压器。

（5）对有振动影响的工作环境，可加装减震装置及固定装置。

靠墙安装时，应选用有边缘的压力表；直接安装于管道上时，应选用无边缘的压力表；用于直接测量气体时，应选用表壳后面有安全孔的压力表。出于测压位置和便于观察管理的考虑，应合理选择表壳直径的大小。

3. 压力表使用注意事项

工作中的精密压力表和一般压力表应在其检定证书有效期内使用。

专用仪表严禁作他用，例如氧气压力表要严格禁油，如发现有油时应用沸水冲洗或四氯化碳清洗。也禁止用一般压力表做特殊介质的压力测量。

仪表表壳应能保护内部机件不受污秽和机械损伤。仪表外表不应有妨碍读数的缺陷和损伤。使用时还应该注意：

（1）仪表必须垂直：安装时应使用扳手旋紧，不应强扭表壳；运输时应避免碰撞。

（2）仪表使用宜在周围环境温度为-25～55℃。

（3）使用工作环境振动频率<25Hz，振幅不大于 1mm。

（4）使用中因环境温度过高，仪表指示值不回零位或出现示值超差，可将表壳上部密封橡胶塞剪开，使仪表内腔与大气相通即可。

（5）仪表使用范围，应在上限的 1/3～2/3 之间。

（6）在测量腐蚀性介质、可能结晶的介质、黏度较大的介质时应加隔离装置。

（7）仪表应经常进行检定（至少每 6 个月检定一次），如发现故障应及时修理。

（8）仪表自出厂之日起，半年内若在正常保管使用条件下发现因制造质量不良失效或损坏时，由该公司负责修理或调换。

（9）需用测量腐蚀性介质的仪表，在订货时应注明要求条件。

3.2　压力标准装置

3.2.1　压力计量检定系统

压力计量检定系统，规定了压力单位为帕斯卡（Pa）的国家基准器的用途，国家基准所包括的基本计量器具、国家基准的计量学参数和从国家基准通过计量标准向工作计量器具传递压力量值的程序，并指明测量不确定度和基本检定的方法等。

压力计量检定系统分为-0.1～250MPa 压力计量器具检定系统、-2.5～2.5kPa 压力计量器具检定系统和 200～2500MPa 压力计量器具检定系统。生产生活中最常用的是-0.1～250MPa 压力计量器具检定系统。如图 3-13 所示。

1. -0.1～250MPa 压力计量器具检定系统

-0.1～250MPa 压力计量器具检定系统中压力计量基准器的测量范围，表压下限为

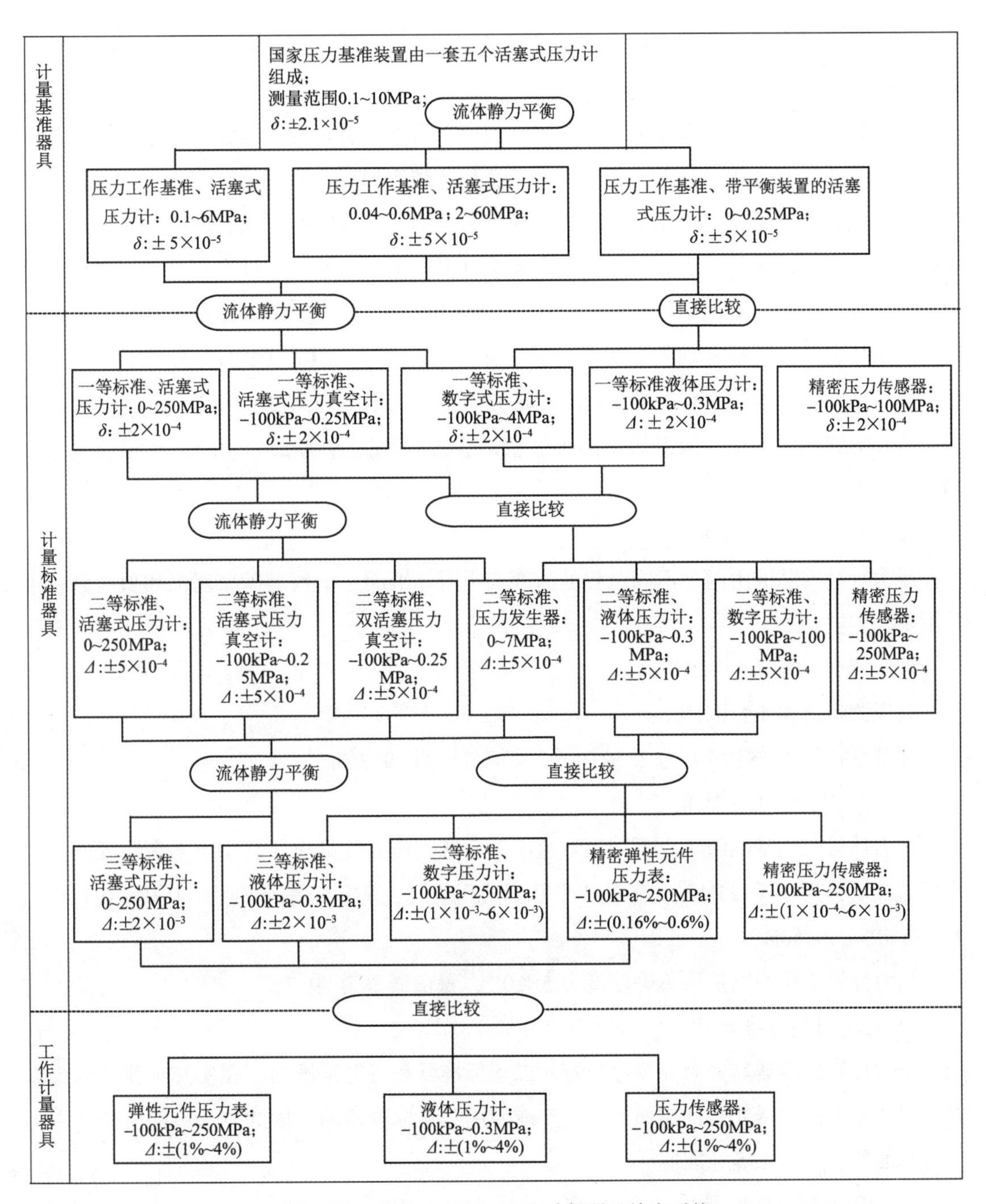

图 3-13　-0.1~250MPa 压力计量器具检定系统

0.1MPa，上限为 10MPa。由基准器往下进行检定传递的压力计量器具，其测量范围从表压-100kPa到 250MPa。进行量值传递的压力计量器具主要有活塞式压力计、液体式压力计、弹性元件压力表和压力传感器等。

1）压力计量基准器具

压力计量基准器具分基准器、副基准和工作基准，简要介绍如下。

（1）压力计量基准器

压力计量基准器为国家压力基准装置。国家压力基准装置的基本构件是一个活塞杆和一个活塞筒相互配合的活塞系统，主要由一套相同结构的五个活塞系统组成。它经过长期的时效处理，并进行精密机械加工而成。活塞系统的有效面积经过精密测试和比较，准确度较高。除活塞系统外，还有施加于活塞承重盘上产生重力的压力计专用砝码、产生作用压力的压力校验器、测温用的热敏电阻、多功能计数器、贝克曼温度计和恒温瓶等。

国家压力基准装置复现的压力量，其工作测量范围为0.1~10MPa，测量不确定度主要取决于活塞系统的活塞有效面积和专用砝码质量的测量不确定度。考虑到其他各项因素的影响和对它们的修正，国家压力基准装置的扩展不确定度为2.1×10^{-5}，其置信概率为99.7%。

（2）压力计量副基准

压力计量副基准由两个不同量程的活塞式压力计组成，结构与国家基准相似。副基准的测量范围：

低压测量范围0.05~2MPa；

高压测量范围4~100MPa；

副基准扩展不确定度δ为2.5×10^{-5}，置信概率为99.7%。

（3）压力计量工作基准

压力计量工作基准由4个不同测量范围的活塞式压力计组成。其中带平衡装置的活塞式压力计量程为0~0.25MPa。另外3个活塞式压力计，测量范围分别为：0.04~0.6MPa、0.1~6MPa、2~60MPa。

压力计量工作基准扩展不确定度为5×10^{-5}，置信概率为99.7%。

2）压力计量标准器具

压力计量标准器具分为一等标准器、二等标准器和三等标准器。在实际工作中除少数单位保留三等标准器外，目前很少有生产或使用三等标准器的。因此本小节简要介绍压力一等标准器、压力二等标准器。

（1）压力一等标准器

压力一等标准器主要有：活塞式压力计（包括气体活塞式压力计）、活塞式压力真空计、液体式压力计和数字式压力计（包括石英玻璃管压力计）。

①压力一等标准器测量范围：

活塞式压力计：0~250MPa；

活塞式压力真空计：-100~250kPa；

液体式压力计：-100~300kPa；

数字式压力计、压力传感器：-0.1~250MPa。

需要注意的是，压力传感器通常用作测试而不作为量值传递标准器。

②压力一等标准器的不确定度：

活塞式压力计、活塞式压力真空计、数字式压力计和压力传感器：不确定度为 2×10^{-4}，置信概率为99.7%。需要注意的是数字式压力计和压力传感器采用的是引用误差，其特定值是输出满量程值。

液体压力计不确定度 δ：

$$\delta = k + p \times 0.01\% \tag{3-20}$$

式中：p——实际压力，Pa；

k——起点误差，Pa。

（2）压力二等标准器

压力二等标准器主要有：活塞式压力计、活塞式压力真空计、双活塞式压力真空计、液体式压力计、数字式压力计（包括石英玻璃管压力计）、压力发生器（浮球压力发生器）和压力传感器等。

①压力二等标准器测量范围：

各种不同结构原理的压力仪表有各自的量程，它们的测量范围为-0.1~250MPa。

②压力二等标准器的允许误差：

一般表达式：

$$\Delta = \pm 5 \times 10^{-4} \tag{3-21}$$

对汞柱液体式压力计，有

$$\Delta = \pm(k + p \times 0.03\%) \tag{3-22}$$

式中：p——实际压力，Pa；

k——起点误差，Pa。

本站压力实验室有不确定度为 2×10^{-4} 的一等活塞式压力计和不确定度为 5×10^{-4} 的数字式压力计。其中一等活塞式压力标准器用以进行下一级的标准器具的量值传递，数字式压力计用以进行日常的压力仪表的校验工作。

3）压力工作计量器具

压力工作计量器具主要有弹性元件压力表、液体式压力计和压力传感器。其测量范围与允许误差如表3-2所示。

表 3-2　**压力工作计量器具测量范围与允许误差**

器具名称	测量范围	允许误差
弹性元件压力表	-0. 1~250MPa	±（1%~4%）
液体式压力计	-100~300kPa	±（1%~4%）
压力传感器	-0. 1~250MPa	±（1%~4%）

2. -2. 5~2. 5kPa 压力计量器具检定系统

本检定系统用于压力为-2. 5~2. 5kPa 计量器具的检定，如图 3-14 所示。本检定系统的压力标准器具主要有补偿式微压计、钟罩式微压计和微压天平等。

1）压力计量基准器具

本检定系统的压力基准器为补偿式液体压力计。它由大小连通器、压力（疏空）发生器、恒温水槽、保温装置及一组标准量块组成，工作介质为三次蒸馏水。仪器中有测温装置，采用光学方法监视液位，大小容导中的液位差用标准量块来进行测量。

压力基准器的测量范围为-2. 5~2. 5kPa。

压力基准器的测量不确定度主要取决于工作介质密度、液柱高度及仪器所处地点的重力加速度的测量不确定度。国家微压基准器的不确定度分两段给出：

压力量值的绝对值在 0~1. 5kPa 范围时，测量不确定度为 0. 1Pa；

压力量值的绝对值在 1. 5~2. 5kPa 范围时，测量不确定度为 0. 13Pa。

压力基准器的测量不确定度的置信概率为 99. 7%。

2）压力计量标准器具

（1）一等计量标准器具

微压一等计量标准器具主要有补偿式微压计、微压天平、数字式微压计和钟罩式微压计。

一等计量标准器具的测量范围为-2. 5~2. 5kPa。

一等计量标准器具中的补偿式微压计，测量不确定度分段以绝对误差表示。当压力量值的绝对值在 0~1. 5kPa 范围内时，其测量不确定度为 0. 4Pa；当压力量值的绝对值在 1. 5~2. 5kPa 范围内时，其测量不确定度为 0. 5Pa。

其他类型的一等计量标准器具的测量不确定度，以引用误差表示 0. 02%FS。

（2）二等计量标准器具

微压二等计量标准器具的类型及测量范围，与一等计量标准器具相同。

二等计量标准器具中的补偿式微压计，测量不确定度分段以绝对误差表示。当压力量

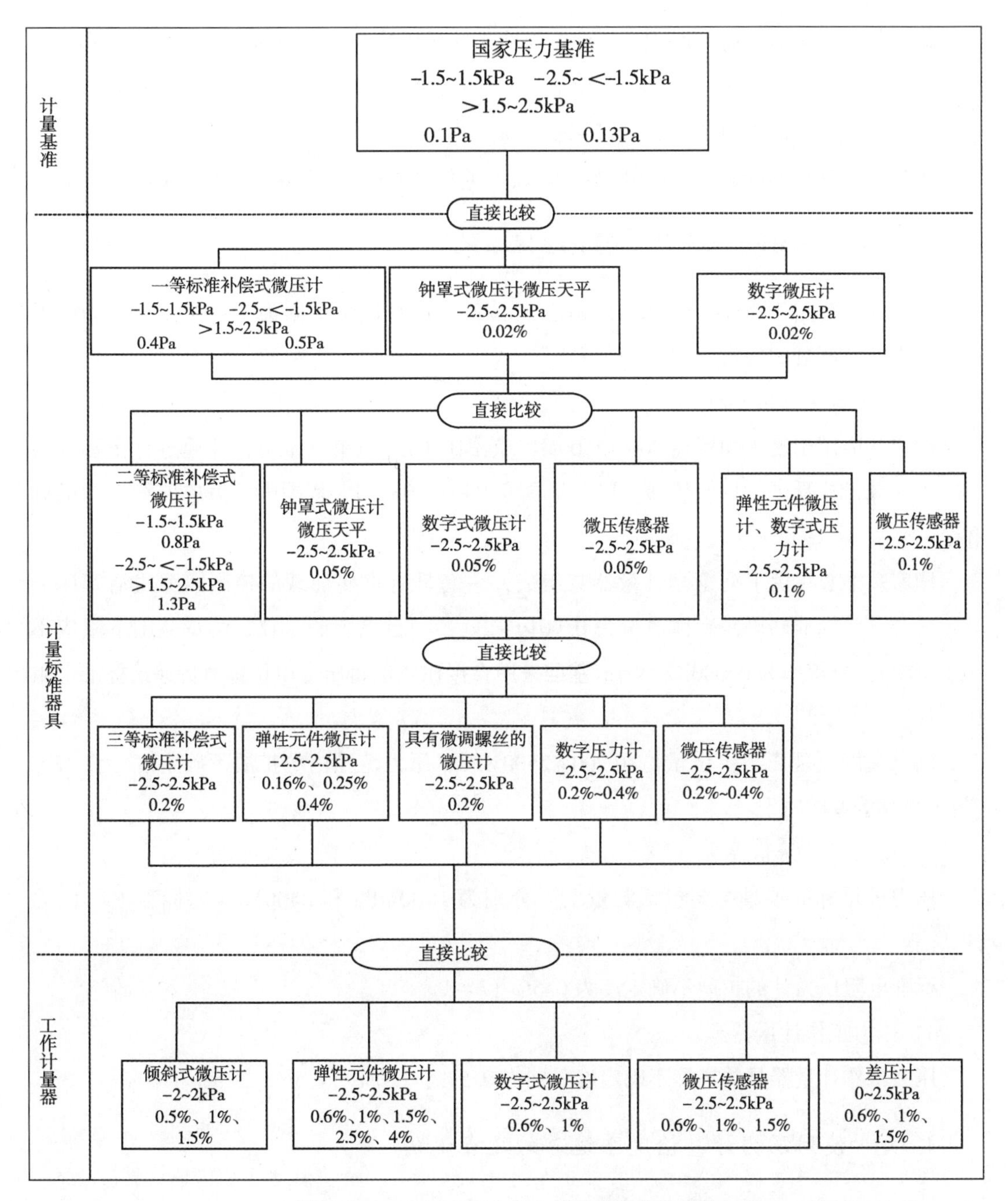

图 3-14 -2.5~2.5kPa 压力计量器具检定系统

值的绝对值在 0~1.5kPa 范围内时，其测量不确定度为 0.8Pa；当压力量值的绝对值在 1.5~2.5kPa 范围内时，其测量不确定度为 1.3Pa。

其他类型的二等计量标准器具的测量不确定度，以引用误差表示 0.02%FS。

3）压力工作计量器具

微压工作计量器具有倾斜式微压计、弹性元件微压计、数字式微压计、差压计和微压传感器等。

工作计量器具的测量范围为-2.5~2.5kPa。

工作计量器具的准确度等级分为0.5级、0.6级、1.0级、1.6级、2.5级和4级等。

3. 200~2500MPa压力计量器具检定系统

本检定系统用于200~2500MPa范围压力国家基准和测量上限为1600MPa和2500MPa压力范围计量器具的检定。如图3-15所示。

1）压力计量基准器具

国家基准用于复现和保存200~2500MPa范围内的压力单位量值，并通过计量标准器具向工作计量器具进行量值传递，以保证国家200~2500MPa范围内压力单位量值的准确和统一。

国家基准装置由下列全套计量器具组成，一套具有直接加载的控制间隙式活塞压力计；一套三等标准砝码，标称质量为0.001g~2kg；一台电阻测量仪，测量范围下限应不小于100Ω，分辨率为0.0001Ω。国家基准采用直接比较法将压力单位量值传递给标准电阻压力计。

国家基准复现压力单位量值在200~2500MPa，压力范围内的扩展不确定度为0.15%（置信概率为99.7%）。

2）压力计量标准器具

压力计量标准器具主要包括测量上限分别为1600MPa和2500MPa的标准电阻压力计。

标准电阻压力计的扩展不确定度为0.5%（$k=3$）。

3）压力工作计量器具

压力工作计量器具的扩展不确定度分别为0.5%、1.0%、1.5%、2.5%和4%（$k=3$）。

4. 关于使用压力计量检定系统表的几点说明

原国家质量技术监督局批准颁布的三个压力计量检定系统的编制工作是在20世纪90年代进行的。随着科学技术的进步和发展以及新技术的应用，特别是传感器技术、计算机技术和控制技术的应用，用户单位或市场上出现了一些没有包含在检定系统表上的压力仪器仪表，也出现了一些不确定度分布范围在0.05%~0.005%（或更高些）的数字化压力仪器仪表。这些仪器仪表的出现为用户带来了极大的便利，也促进了压力测试技术水平的

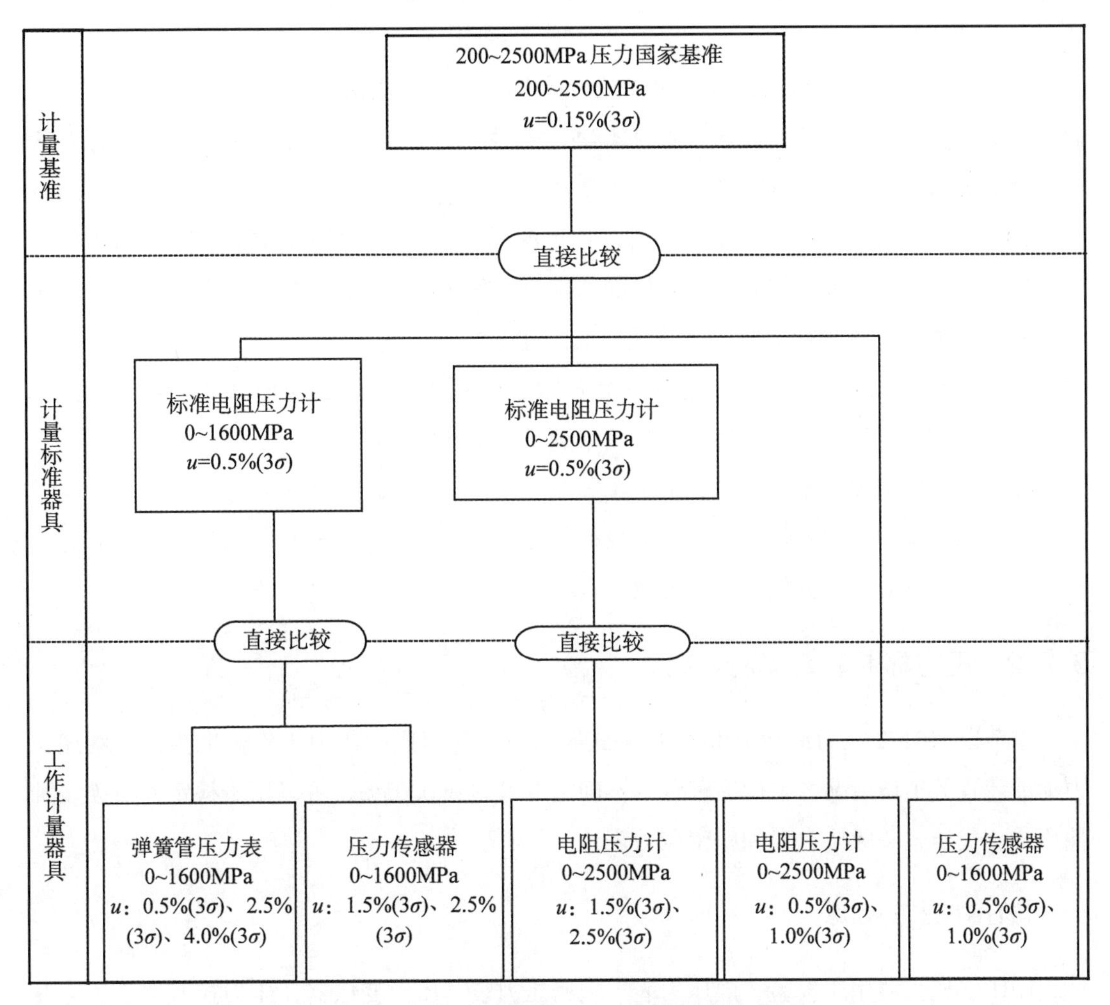

图 3-15　200~2500MPa 压力计量器具检定系统

提高和发展，反映了技术发展的必然。这就要求压力计量工作者在搞好计量检定业务的基础上，也要不断地注意到科学技术的进步和发展，跟踪和掌握压力仪器仪表和测试技术发展的信息和动态，协助用户单位做好计量测试设备的溯源工作，保证对测试质量有影响的计量设备都能溯源到国家测量标准或国际测量标准。在技术进步的同时，也出现了一些与检定系统表不完全一致的情况。如：一种所谓“倒挂”现象。即用户单位的压力仪器仪表准确度等级高于本行业或本地区的计量标准器，造成溯源难的处境。另一种情况是，部分压力仪器仪表（包括一些进口的）的准确度等级与我国现有压力仪器仪表的准确度等级系列不一致，计量检定部门难以选择合适的计量标准来进行计量检定或校准。对此提出以下几点意见供参考：

（1）从依法办事的角度出发，我们应积极贯彻执行现行的 3 个计量检定系统表，确保压力量值的准确一致。

（2）在对送检的计量测试设备选择压力标准器时，应遵循以下基本原则：标准器基本误差的绝对值应小于或等于被检仪器基本误差绝对值的 1/3，或采用压力计量检定系统表所规定的误差比例选择标准器。

（3）对所有送检的计量测试设备都应用可溯源到国家测量标准或国际测量标准的测量标准来进行检定或校准，如果没有这样的国家或国际测量标准，则应与国际上公认的有关测量标准（如协议测量标准或工业测量标准）建立溯源关系。

（4）当用户单位的计量测试设备在无法向国防最高测量标准、国家测量标准或国际测量标准溯源的情况下，可以采用以下方法来满足溯源性要求：

①参加实验室间的比对或能力测试；

②溯源到本领域内国际上公认的测量标准；

③用比例测量法或其他公认的方法。

3.2.2 压力标准装置实例介绍

本节以 HB122 压力源和 HB600 数字式压力校验仪组成的压力工作标准为例，阐述压力标准装置的工作情况。本标准装置的不确定度可达到 0.05%，可以用于检定、校验多种油压式、气压式一般压力表和精密压力表。

1. HB122 压力源

HB122 压力源用于校验一般压力表、精密压力表、压力变送器、压力控制器、压力开关等。HB122 压力源的实物图如图 3-16 所示。

1）HB122 压力源主要参数性能

（1）工作介质：变压器油。

（2）稳定性：密封压力变化 0.01%FS/s。10kPa～60MPa 全量程连续稳压，校验范围宽（可扩展到 100MPa）。

（3）手动快速加压，带用精密调节阀，具有截止、回检和微调控制功能。

（4）输出接口：标准 M20×1.5mm 快速接头。

2）HB122 压力源基本操作规程

（1）调整截止阀，按动手动加压阀，观察压力示值上升情况及稳定性，判断压力源内部是否进入空气，如有空气，则要进行排气。

（2）判断压力源内部油量是否充足，如果油量不足，通过加油孔添加适量的变压器油。

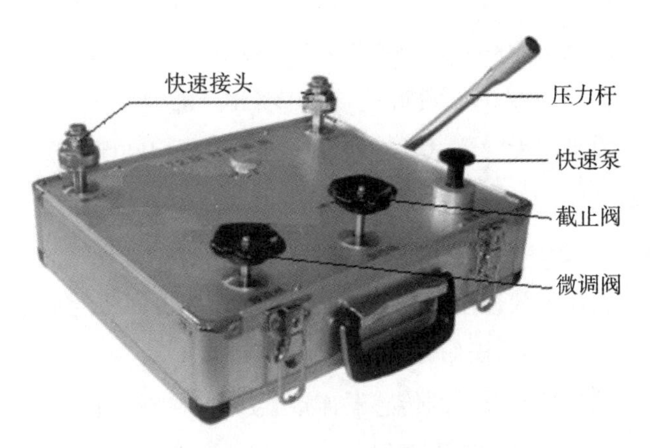

图 3-16　HB122 压力源实物图

（3）连接 HB600 数字式压力校验仪，根据检定规程进行压力表的检定工作。

（4）检定完毕后，拧紧截止阀，并按动手动加压阀，使压力源内部存在一定压力，防止空气进入。

2. HB600 数字式压力校验仪

HB600 数字式压力校验仪用于压力建标和现场校验，是新一代智能型、多量程数字式压力标准仪器。HB 系列数字式压力校验仪如图 3-17 所示。

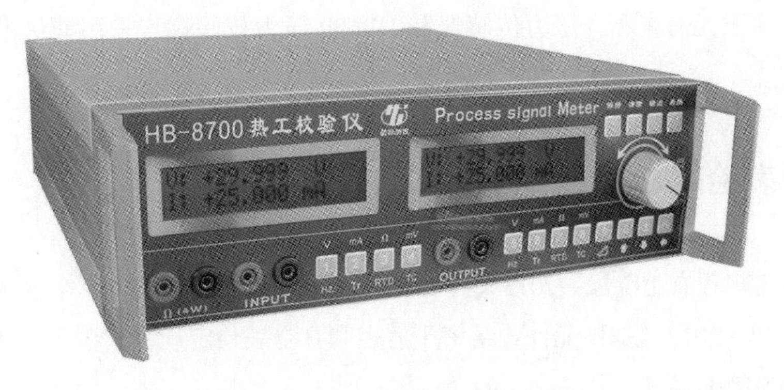

图 3-17　HB 系列数字式压力校验仪

1）HB600 压力校验仪主要参数性能

（1）压力量程：-0.1～100MPa。

（2）准确度：0.05%FS。

(3) 压力单位：Pa、kPa、MPa、psi、bar、mbar、mmHg、mmH_2O。

(4) 电流测量：0~25.0000mA，准确度：0.03%RD+0.02%FS。

(5) 电压测量：0~20.0000V，准确度：0.03%RD+0.02%FS。

(6) 压力开关：自动触发，测试并记录压力开关的开启和闭合压力。

(7) 变送器供电：DC24V±10%FS/50mA。

(8) 使用环境：温度0~45℃，相对湿度<80%RH。

(9) 压力接口：智能模块采用标准M20×1.5mm螺扣，可配接非标准转换头。

2) HB600压力校验仪基本操作规程

(1) 在使用前，首先选择合适的传感器连接至压力源，接通电源，开机自检。

(2) 选择压力单位，并进行归零复位。

(3) 按照操作规程进行压力表的检定、记录。

(4) 检定完毕，关掉设备电源，卸载传感器，将传感器、数据线和电源线放入设备箱的指定位置。

在HB600压力校验仪的使用过程中，还要注意选择合适的传感器，并且连接好传感器后才可开机；在检定过程中，要观看显示器的数值，谨防数值超过传感器的量程而损坏传感器；使用完毕后，先关闭电源再卸载传感器，严禁在通电的情况下卸载传感器而造成传感器或设备的损坏。

3.2.3 HB122压力源和HB600压力校验仪校准周期

HB122压力源无需溯源，压力传感器和HB600压力校验仪均采用外送溯源方式，周期均为1年。

3.3 压力表检定规程

压力表检定规程有JJG 52—2013《弹性元件式一般压力表、压力真空表和真空表检定规程》和JJG 49—2013《弹性元件式精密压力表和真空表检定规程》两种。本教材将分别对两个规程进行简述解读。

3.3.1 《弹性元件式一般压力表、压力真空表和真空表检定规程》解读

1. 范围

本规程适用于弹性元件式一般压力表、压力真空表和真空表（以下简称压力表）的首

次检定、后续检定和使用中检查。

解读：本条主要明确了规程适用的被检对象是弹性元件式压力表，就是以弹性敏感元件为感压元件的测量压力的仪表。检定的适用范围为：首次检定（包括出厂检定、进口检定或新购置在使用前的检定）、后续检定（首次检定后的每一次周期检定）、使用中检定（检定周期内的检验，如中间核查、司法鉴定等所需的检验）的弹性元件式一般压力表、压力真空表和真空表。

2. 引用文件

本规程引用下列文件：

JJF 1008—2008《压力计量名词术语及定义》；

GB/T 1226—2017《一般压力表》。

凡是注日期的引用文件，仅注日期的版本适用于本规程；凡是不注日期的引用文件，其最新版本（包括所有的修改单）适用于本规程。

解读：本条主要给出了引用文件的编号和名称，以及文件的适用说明。

3. 术语和计量单位

1）术语

（1）弹性元件式压力表（可统称压力表）

以弹性敏感元件为感压元件的测量压力的仪表。（JJF 1008—2008 定义 4.1）

（2）设定点偏差

输出变量按规定的要求输出时，设定值与测得的实际值之差。（JJF 1008—2008 定义 7.10）

（3）切换值

位式控制仪表上行程（或下行程）中，输出从一种状态换到另一种状态时所测得的输入量。（JJF 1008—2008 定义 7.11）

（4）切换差

同一设定点上、下行程切换值之差。（JJF 1008—2008 定义 7.12）

2）计量单位

压力表使用的法定计量单位为 Pa（帕斯卡），或是它的十进倍数单位：kPa、MPa 等。

解读：本条是对规程中出现的一些专业名词术语的解释和规定压力表使用的法定计量单位。

“术语”部分是对被检对象弹性元件式压力表的定义和位式控制仪表（本规程是指电接点压力表）特有专用名词术语的定义，这些定义全部引用于国家技术法规 JJF 1008—2008《压力计量名词术语及定义》。“计量单位”部分规定了压力表使用的法定计量单位，即：在我国只能用帕斯卡和它的十进倍数单位作为压力计量单位。

4. 概述

压力表主要用于液体、气体与蒸汽的压力测量。

压力表的工作原理是利用弹性敏感元件（如弹簧管）在压力作用下产生弹性形变，其形变量的大小与作用的压力成一定的线性关系，通过传动机构放大，由指针在分度盘上指示出被测的压力。压力表按弹性敏感元件不同可分为：弹簧管式、膜盒式、膜片式和波纹管式等。

解读：该条主要简述了压力表的用途和工作原理。压力表属弹性式压力仪表，它的结构原理：弹性式压力表由测量系统（包括接头、弹性元件和传动机构等）、指示部分（包括指针和表盘）和外壳部分（包括表壳、罩圈和表玻璃等）组成，仪表有较好的密封性并设有检封装置，能保护其内部测量机构免受机械损伤和污秽侵入。弹性式压力表的作用原理是基于弹性元件（测量系统中的弹簧管）变形。在被测介质的压力作用下，迫使弹性元件产生变形（如弹簧管的末端产生了相应的弹性变形）——位移，借助于连杆通过齿轮转动机构的转动并予放大，将固定于齿轮轴上的指针逐渐将被测的压力在分度盘上指示出来。

压力表按弹性敏感元件不同可分为：弹簧管式、膜盒式、膜片式和波纹管式等。我们平时常见的大部分是弹簧管式。

5. 计量性能要求

1）准确度等级及最大允许误差

压力表的准确度等级及最大允许误差应符合表 3-3 的规定。

表 3-3 **准确度等级及最大允许误差**

<table>
<tr><th rowspan="3">准确度等级
（级）</th><th colspan="4">最大允许误差/%</th></tr>
<tr><th colspan="2">零位</th><th rowspan="2">测量上限的
90%～100%</th><th rowspan="2">其余部分</th></tr>
<tr><th>带止销</th><th>不带止销</th></tr>
<tr><td>1.0</td><td>1.0</td><td>±1.0</td><td>±1.6</td><td>±1.0</td></tr>
<tr><td>1.6（1.5）</td><td>1.6</td><td>±1.6</td><td>±2.5</td><td>±1.6</td></tr>
</table>

续表

准确度等级（级）	最大允许误差/%			
	零位		测量上限的 90%~100%	其余部分
	带止销	不带止销		
2.5	2.5	±2.5	±4.0	±2.5
4.0	4.0	±4.0	±4.0	±4.0

注：1. 使用中的 1.5 级压力表最大允许误差按 1.6 级计算，准确度等级可不更改；

2. 压力表最大允许误差应按其量程百分比计算。

解读：表 3-3 列出了压力表的准确度等级以及相对应的最大允许误差。从表中可以看出，除了 4.0 级压力表整个量程最大允许误差都是一样的，其他等级的压力表测量上限的 90%~100%的最大允许误差均放宽至下一个等级的最大允许误差，这是因为考虑压力表实际使用时一般只用到测量上限的 1/2~3/4，测量上限 90%以上基本不用，故将压力表测量上限的 90%~100%的最大允许误差放宽些，既不会影响到仪表使用的准确度，又能给生产企业节约生产成本。

注 1 由于使用中还有大量的 1.5 级的压力表，所以还是保留了使用中的 1.5 级这个级别，实际上除了准确度等级标志不改，完全按照 1.6 级检定。注 2 压力表最大允许误差应按其量程百分比计算。压力表量程是指（上限-下限），压力表最大允许误差 = ±A%（上限-下限）。

式中：A 是表 3-3 中最大允许误差栏里规定的数字。举例：

例 1：压力表测量范围为 0~100MPa，准确度等级为 1.6 级的压力表的最大允许误差 = ±A%（上限-下限）= ±1.6%（100-0）MPa = ±1.6MPa。

例 2：压力表测量范围为-0.1~0.15MPa，准确度等级为 1.0 级的压力表的最大允许误差 = ±A%（上限-下限）= ±1.0%（0.15-（-0.1））MPa = ±1% 0.25MPa = ±0.0025MPa。

2）零位误差

（1）带有止销的压力表，在通大气的条件下，指针应紧靠止销，“缩格”应不超过表 3-3 规定的最大允许误差绝对值。

（2）没有止销的压力表，在通大气的条件下，指针应位于零位标志内，零位标志宽度应不超过表 3-3 规定的最大允许误差绝对值的 2 倍。

（3）膜盒压力表的零位误差。

①矩形膜盒压力表的指针偏离零位分度线的位置应不超过表 3-3 规定的最大允许误差绝对值。

②圆形膜盒压力表和真空表的指针应紧靠止销并压住零分度线，圆形膜盒压力真空表的指针应位于零位分度线内。

解读：本条主要是在压力表通大气的条件下，对压力表零位的要求，分别给出了带止销、不带止销和膜盒压力表的要求。

3）示值误差

压力表的示值误差应不超过表 3-3 所规定的最大允许误差。

解读：示值误差要求，其值应不超过表 3-3 所规定的最大允许误差。

4）回程误差

压力表的回程误差应不大于最大允许误差的绝对值。

解读：回程误差要求，其值应不超过表 3-3 所规定的最大允许误差绝对值。

做回程误差的目的主要是考核同一检定点，上下行程示值的差值，因为弹性元件有它的特性——弹性迟滞，即在同一压力作用下，正反行程弹性形变的不重合性称为弹性迟滞，弹性迟滞越大，回程误差越大。注意，回程误差是个绝对值。

5）轻敲位移

轻敲表壳前与轻敲表壳后，压力表的示值变动量应不大于最大允许误差绝对值的 1/2。

解读：轻敲位移的要求，其值应不超过表 3-3 所规定的最大允许误差绝对值的 1/2。什么叫轻敲位移？为什么要做轻敲位移检查？轻敲位移是指在同一检定点上，轻敲表壳后所引起的指针位置移动，轻敲表壳前后两次变动量，就是轻敲位移数。检查轻敲位移的目的是观察指针有无跳动或位移情况，了解各部件装配是否良好，游丝盘是否得当、传动部件机械摩擦、调解螺丝钉是否松动、齿牙啮合好坏、指针是否松动等。

6）指针偏转平稳性

在测量范围内，指针偏转应平稳，无跳动或卡针现象；双针双管或双针单管压力表两指针在偏转时应互不影响。

解读：本条是压力表指针偏转平稳性的要求以及对双针双管或双针单管压力表两指针在偏转时的要求。

7）电接点压力表设定点偏差和切换差

电接点压力表设定点偏差和切换差应符合表 3-4 的规定。

表 3-4 电接点压力表设定点偏差和切换差

项目 \ 作用方式 \ 要求	直接作用式	磁助直接作用式
设定点偏差	不超过示值最大允许误差	-4%FS~-0.5%FS 或 0.5%FS~4%FS
切换差	不大于示值最大允许误差绝对值	3.5%FS

解读：本条是对带位式控制的电接点压力表设定点偏差和切换差的要求，设定点偏差和切换差定义前面已做了解释，表 3-4 是两种作用方式电接点压力表设定点偏差和切换差的最大允许值。

8）带检验指针压力表两次升压示值之差

带检验指针压力表两次升压示值之差应不大于最大允许误差的绝对值。

解读：本条是对带检验指针压力表两次升压示值之差的要求，其值应不大于最大允许误差的绝对值。

9）双针双管或双针单管压力表两指针示值之差

双针双管或双针单管压力表两指针示值之差应不大于最大允许误差的绝对值。

解读：本条是对双针双管或双针单管压力表两指针示值之差的要求，其值应不大于最大允许误差的绝对值。

6. 通用技术要求

1）外观

（1）外形结构

①压力表应装配牢固、无松动现象；

②压力表的可见部分应无明显的瑕疵、划伤，连接件应无明显的毛刺和损伤；

③测量氧、氢、乙炔及其他可燃（助燃）性气体的压力表，应在分度盘上标示出被测介质的名称和被测介质的颜色警示标记。在采用颜色警示标记时，应在分度盘上压力表名称下面画一标示横线，标示横线的颜色见表 3-5，氧气压力表还必须在分度盘上标以红色"禁油"字样或标有规范的禁油标志。

表 3-5 特殊被测介质标示横线的颜色

被测介质	标示横线的颜色
氧	天蓝色
氢	绿色

续表

被测介质	标示横线的颜色
乙炔	白色
氨	黄色
其他可燃（助燃）性气体	红色

④双针双管或双针单管压力表两接头上应分别涂以与两指针颜色相同的油漆。

解读：该部分是通用技术要求，本条是外观要求，外形结构主要是对测量氧、氢、乙炔及其他可燃（助燃）性气体的压力表应有的颜色标记（具体见表 3-5）和氧气压力表应有的禁油标记规定，以及双针双管或双针单管压力表两接头上的颜色标记。

（2）标志

压力表应有如下标志：产品名称、计量单位和数字、出厂编号、生产年份、测量范围、准确度等级、制造商名称或商标、制造计量器具许可证标志及编号等。

解读：标志中增加了制造计量器具许可证标志及编号等信息。

（3）指示装置

①压力表表面玻璃应无色透明，不得有妨碍读数的缺陷或损伤；

②压力表分度盘应平整光洁，数字及各标志应清晰可辨；

③压力表指针指示端应能覆盖最短分度线长度的 1/3~2/3，带设定指针的压力表，其设定指针指示端应能覆盖主要分度线长度的 1/4~2/4；

④压力表指针指示端的宽度应不大于分度线的宽度；

⑤具有调零装置的压力表，其调零装置应灵活可靠。

解读：本条主要是对压力表指示装置的具体要求，包括表玻璃、分度盘、指针和调零装置的具体要求。

（4）测量范围（上限和正常量限）

测量范围的上限应符合以下系列中之一：（1×10^n，1.6×10^n，2.5×10^n，4×10^n，6×10^n）Pa、kPa 或 MPa。

式中：n 是正整数、负整数或零。

解读：本条规定了压力表测量范围的上限由上述系列选取。

（5）分度值

分度值应符合以下系列中之一：

（1×10^n，2×10^n，5×10^n）Pa、kPa 或 MPa。

式中：n 是正整数、负整数或零。

解读：本条规定了压力表分度值应符合1、2、5系列。

2）电接点压力表的电气安全性要求

（1）绝缘电阻

电接点压力表的绝缘电阻应不小于20MΩ。

（2）绝缘强度

首次检定和修理后的电接点压力表，应能经受交流电（1.5kV，50Hz），历时1min的绝缘强度试验，不得有击穿和飞弧现象。

解读：本条是电接点压力表的安全性检查要求，有绝缘电阻和绝缘强度两项。

3）双针双管压力表两管不连通性

双针双管压力表两管不应连通。

解读：本条是双针双管压力表两管不连通性检查要求。

4）氧气压力表禁油要求

氧气压力表接头和内腔不应有油脂。

解读：本条是对氧气压力表禁油要求，这项检查很重要，因为氧气一旦碰到油，会发生燃烧，可能会造成爆炸，容易发生安全事故。

7. 计量器具控制

计量器具控制包括首次检定、后续检定和使用中检查。

1）检定条件

（1）标准器

标准器最大允许误差绝对值应不大于被检压力表最大允许误差绝对值的1/4。

可供选择的标准器有：

①弹性元件式精密压力表和真空表；

②活塞式压力计；

③双活塞式压力真空计；

④标准液体压力计；

⑤补偿式微压计；

⑥0.05级及以上数字压力计（年稳定性合格的）；

⑦其他符合要求的标准器。

解读：该部分计量器具控制包括首次检定、后续检定和使用中检查。检定条件包括：标准器、其他仪器和辅助设备、环境条件和检定用工作介质。本条是对主要标准器的要求，标准器最大允许误差绝对值应不大于被检压力表最大允许误差绝对值的1/4。现在我国大部分技术机构和企业检定一般压力表多数采用弹性元件式精密压力表作为标准器，而我国精密压力表生产现状就是0.4级的，能达到要求，准确度等级越往上就越难生产，所以现在大部分在用的是0.4级，按弹性元件压力表的使用要求一般只用到测量上限的3/4，但0.4级精密表检定1.6级压力表只能用同量程的表作为标准器，否则满足不了标准器最大允许误差绝对值应不大于被检压力表最大允许误差绝对值的1/4的要求，下面举例说明：

用一只0~10MPa 0.4级精密压力表作为标准器检定0~6MPa 1.6级一般压力表是否符合本条要求，看以下不等式是否成立：

$$10\text{MPa} \times 0.4\% \leqslant 1/4 \times 6\text{MPa} \times 1.6\%$$

这时不等号左边=0.04MPa，右边=0.024MPa，故不等式不成立，不满足本条对标准器的要求；若用同量程0~6MPa 0.4级精密压力表作为标准器检定0~6MPa 1.6级一般压力表是否符合要求，则看以下不等式是否成立：

$$6\text{MPa} \times 0.4\% \leqslant 1/4 \times 6\text{MPa} \times 1.6\%$$

0.24MPa≤0.24MPa不等式成立，能满足本条对标准器的要求。其他标准器在使用时也必须计算是否符合检定要求。

（2）其他仪器和辅助设备

①压力（真空）校验器；

②压力（真空）泵；

③油-气、油-水隔离器；

④电接点信号发讯设备；

⑤额定电压为DC 500V，准确度等级10级的绝缘电阻表；

⑥频率为50Hz，输出电压不低于1.5kV的耐电压测试仪。

解读：检定时，可能用到的其他仪器和辅助设备。

（3）环境条件

①检定温度：(20±5)℃；

②相对湿度：≤85%；

③环境压力：大气压力。

仪表在检定前应在以上规定的环境条件下至少静置2h。

解读：检定时的环境条件要求，压力表会受环境温度变化影响，所以在检定前一定要在检定环境条件下放置2h，基本达到热平衡方可检定。

（4）检定用工作介质

①测量上限不大于0.25MPa的压力表，工作介质为清洁的空气或无毒、无害和化学

性能稳定的气体；

②测量上限大于0.25MPa到400MPa的压力表，工作介质为无腐蚀性的液体或根据标准器所要求使用的工作介质；

③测量上限大于400MPa的压力表，工作介质为药用甘油和乙二醇混合液或根据标准器所要求使用的工作介质。

解读：按压力表不同的测量上限规定检定用工作介质不同。

2）检定项目

首次检定、后续检定和使用中检查的检定项目见表3-6。

表3-6 **检定项目表**

序号	检定项目	首次检定	后续检定	使用中检查
1	外观	+	+	+
2	零位误差	+	+	+
3	示值误差	+	+	+
4	回程误差	+	+	+
5	轻敲位移	+	+	+
6	指针偏转平稳性	+	+	+
7	电接点压力表设定点偏差和切换差	+	+	+
8	电接点压力表的绝缘电阻	+	+	-
9	电接点压力表的绝缘强度	+	-	-
10	带检验指针压力表两次升压示值之差	+	+	+
11	双针双管压力表两管不连通性	+	+	-
12	双针双管或双针单管压力表两指针示值之差	+	+	+
13	氧气压力表禁油要求	+	+	+

注："+"是应检项目，"-"是可不检项目。

解读：该部分为检定项目，表3-6为检定项目表，检定项目共有13项，其中1~6为所有压力表必检项目；7~13为几种特殊压力表的附加检定项目；7~9为电接点压力表的附加检定项目；10为带检验指针压力表的附加检定项目；11为双针双管压力表的附加检定项目；12为双针双管或双针单管压力表的附加检定项目；13为氧气压力表的附加检定项目。表格中"+"是应检项目，"-"是可不检项目。

3）检定方法

（1）外观

目测手感。

解读：外观检查主要还要靠检定员眼睛判别，当然有的条款检查还要借助于手的动作。

（2）零位误差检定

在规程规定的环境条件下，将压力表内腔与大气相通，并按正常工作位置放置，用目力观察。零位误差检定应在示值误差检定前后各做一次。

解读：零位误差检定方法，这里强调一点，零位误差一定要在压力表内腔通大气的情况下进行。

（3）示值误差检定

①压力表的示值检定是采用标准器示值与被检压力表的示值直接比较的方法，压力表示值检定连接示意图如图 3-18 所示。

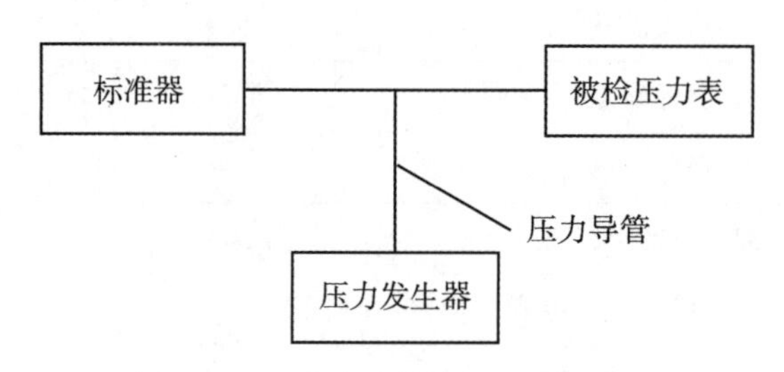

图 3-18　压力表示值检定连接示意图

②示值误差检定点应按标有数字的分度线选取，真空表测量上限的检定点按当地大气压 90%以上选取。

③检定时，从零点开始均匀缓慢地加压至第一个检定点（即标准器的示值），然后读取被检压力表的示值（按分度值 1/5 估读），接着用手指轻敲一下压力表外壳，再读取被检压力表的示值并进行记录，轻敲前、后被检压力表示值与标准器示值之差即为该检定点的示值误差；如此依次在所选取的检定点进行检定直至测量上限，切断压力源（或真空源），耐压 3 min 后，再依次逐点进行降压检定直至零位，有正负两个压力量程的膜盒（片）压力表应该分别进行正负两个压力量程的示值误差检定。

④压力真空表真空部分的示值误差检定：压力测量上限为 0.3～2.4MPa，疏空时指针应能指向真空方向；压力测量上限为 0.15MPa，真空部分检定两个点的示值误差；压力测量上限为 0.06MPa，真空部分检定三个点的示值误差。

⑤真空表应按当地大气压90%以上疏空度进行耐压3min。

解读：该部分是压力表示值误差的检定方法，关键是正行程检至测量上限，需做3min耐压试验。弹性元件式压力表为什么要在测量上限处进行耐压试验？因为弹性元件式压力仪表准确度的高低在其灵敏度确定以后，从本质上讲，主要取决于弹性敏感元件在压力或疏空作用下，所产生的弹性后效，弹性迟滞以后残余变量大小（即仪表的来回差），而这些弹性敏感元件的主要特征只是在其极限工作压力（或疏空）下工作一段时间，才能最充分体现出来，同时也可借此检验弹性敏感元件的渗漏情况。因此，弹性元件式压力仪表必须在其测量上限处进行耐压检定。

（4）回程误差检定

回程误差的检定是在示值误差检定时进行，同一检定点升压、降压轻敲表壳后被检压力表示值之差的绝对值即为压力表的回程误差。

解读：该条是回程误差检定方法，它是在示值误差检定时同时进行的。

（5）轻敲位移检定

轻敲位移检定是在示值误差检定时进行，同一检定点轻敲压力表外壳前与轻敲压力表外壳后指针位移变化所引起的示值变动量即为压力表的轻敲位移。

解读：该部分是轻敲位移检定方法，它也是在示值误差检定时同时进行的。

（6）指针偏转平稳性检查

在示值误差检定的过程中，目力观测指针的偏转情况。

解读：该部分是压力表指针偏转稳定性检查方法，它也是在示值误差检定时同时进行的。

（7）电接点压力表设定点偏差和切换差检定

①设定点偏差检定。

a. 设定点的选取：二位调节电接点压力表，设定点偏差检定应在压力表量程的25%、50%、75%三点附近的分度线上进行；三位调节电接点压力表，带上限设定电接点压力表的设定点偏差检定应在压力表量程的50%和75%两点附近的分度线上进行；带下限设定电接点压力表的设定点偏差检定应在压力表量程的25%和50%两点附近的分度线上进行；带上、下限设定电接点压力表的设定点偏差检定应分别按上、下限设定点偏差设定点进行。

b. 上、下切换值的确定：用拨针器或专用工具将设定指针拨到所需检定的设定点，均匀缓慢地升压或降压，当指示指针接近设定值时，升压或降压的速度应缓慢均匀。当电接点发生动作并有输出信号时，应停止加减压力并在标准器上读取压力值，此值为上切换值或下切换值。

c. 上切换值与设定点压力值的差值为升压设定点偏差，下切换值与设定点压力值的差值为降压设定点偏差。

解读：该部分是电接点压力表设定点偏差和切换差检定方法。

②切换差检定。

切换差检定可与设定点偏差检定同时进行，同一设定点的上、下切换值之差为切换差。

解读：该部分是电接点压力表切换差检定方法，它是在设定点偏差检定同时进行的。

（8）电接点压力表的绝缘电阻

将绝缘电阻表的两根导线分别接在电接点压力表接线端子与外壳上，在环境温度为15~35℃，相对湿度不大于80%的情况下进行试验，测量时，应稳定10s再读数。

解读：该部分是电接点压力表的绝缘电阻检定方法。

（9）电接点压力表的绝缘强度

将接点与外壳分别接于耐电压测试仪上，然后平稳地升高试验电压直到1.5kV，保持1min，观察电接点压力表及耐电压测试仪的情况。

解读：该部分是电接点压力表的绝缘强度检定方法。

（10）带检验指针压力表两次升压示值之差检定

先将检验指针与示值指针同时进行示值检定，并记录读数，然后使示值指针回到零位，对示值指针再进行示值检定。各检定点两次升压示值之差均应不大于允许误差的绝对值。示值检定中，轻敲表壳时检验指针不得移动。

解读：该部分是带检验指针压力表两次升压示值之差检定方法。

（11）双针双管压力表两管不连通性的检查

将其中一只接头装在校验器上，加压至测量上限，该指针应指到测量上限；另一指针应在零位，此时另一只接头上不应有油渗出，即两管不连通。

解读：该部分是双针双管压力表两管不连通性的检查方法，两管不应连通。

（12）双针双管或双针单管压力表两指针示值之差检定

双针双管或双针单管压力表两指针示值之差检定是在压力表示值误差检定时进行的。

解读：该部分是双针双管或双针单管压力表两指针示值之差检定方法。它是在压力表示值误差检定时进行的。

（13）氧气压力表禁油要求检查

为了保证安全，在示值检定前、后应对氧气压力表进行无油脂检查。检查方法是：将纯净的温开水注入弹簧管内，经过摇晃，将水甩入盛有清水的器具内，如水面上没有彩色的油影，则认为没有油脂。

解读：该部分是对氧气压力表禁油要求的检查，一定要认真检查，若有油脂存在，我们必须对表进行清洗，一般是用四氯化碳清洗。

4）检定结果处理

（1）检定合格的压力表，出具检定证书。

（2）检定不合格的压力表，出具检定结果通知书，并注明不合格项目和内容。

解读：检定结果处理，检定合格出具检定证书；检定不合格出具检定结果通知书，一定要给出不合格项目和内容。

5）检定周期

压力表的检定周期可根据使用环境及使用频繁程度确定，一般不超过6个月。

解读：压力表检定周期是根据使用环境及使用频繁程度确定，为了保证在用的压力表的合格率，根据调研和统计，压力表检定周期以6个月为宜。

3.3.2 《弹性元件式精密压力表和真空表检定规程》解读

1. 范围

本规程适用于弹性元件式精密压力表和真空表（以下简称精密表）的首次检定、后续检定和使用中检查。

解读：本条主要明确了规程适用的被检对象是弹性元件式压力表，就是以弹性敏感元件为感压元件的测量压力的仪表。检定的适用范围为：首次检定（包括出厂检定、进口检定或新购置在使用前的检定）、后续检定（首次检定后的每一次周期检定）、使用中检定（检定周期内的检验，如中间核查、司法鉴定等所需的检验）的弹性元件式精密压力表和真空表。

2. 引用文件

本规程引用下列文件：

JJF 1008—2008《压力计量名词术语及定义》；

GB/T 1227—2017《精密压力表》。

凡是注日期的引用文件，仅注日期的版本适用于本规程；凡是不注日期的引用文件，其最新版本（包括所有的修改单）适用于本规程。

解读：本条主要给出引用文件的编号和名称，以及文件的适用说明。

3. 术语和计量单位

1）术语

（1）弹性元件式压力表（可统称：压力表）

以弹性敏感元件为感压元件的测量压力的仪表。(JJF 1008—2008 定义 4.1)

(2) 弹性形变

在弹性极限范围内，当作用力取消后，弹性敏感元件能够恢复到初始的状态和尺寸的现象。

2）计量单位

精密表使用的法定计量单位为 Pa（帕斯卡），或是它的十进倍数单位：kPa、MPa 等；用于检定血压计、血压表的精密表可采用 kPa 和 mmHg 双刻度计量单位。

解读：本条是对规程中出现的一些专业名词术语的解释和规定压力表使用的法定计量单位。

“术语”部分是对被检对象弹性元件式压力表的定义和弹性元件的特性弹性形变名词术语的定义，这些定义有的引用于国家技术法规 JJF 1008—2008《压力计量名词术语及定义》，有的出自专业技术书籍。“计量单位”部分规定了精密压力表使用的法定计量单位，即：在我国只能用帕斯卡和它的十进倍数单位作为压力计量单位。

4. 概述

精密表主要用于检定一般压力表，也可用于液体或气体压力和真空的精密测量。

精密表的工作原理是利用弹性敏感元件（如弹簧管）在压力作用下产生弹性形变，其形变量的大小与作用的压力成一定的线性关系，通过传动机构放大，由指针在分度盘上指示出被测的压力。精密表的弹性敏感元件一般采用弹簧管式，但也可以采用其他形式的弹性敏感元件。

解读：本条主要简述了精密表的用途和工作原理。精密压力表属弹性式压力仪表，它的结构原理为弹性式压力表由测量系统（包括接头、弹性元件和传动机构等）、指示部分（包括指针和表盘）和外壳部分（包括表壳、罩圈和表玻璃等）组成，仪表有较好的密封性并设有检封装置，能保护其内部测量机构免受机械损伤和污秽侵入。

精密压力表按弹性敏感元件不同可分为：弹簧管式、膜盒式、膜片式和波纹管式等。我们平时常见的大部分是弹簧管式。

5. 计量性能要求

1）准确度等级及最大允许误差

精密表的准确度等级和最大允许误差应符合表 3-7 规定。

表 3-7 **准确度等级及最大允许误差**

准确度等级（级）	最大允许误差/%
0.1	±0.1
0.16	±0.16
0.25	±0.25
0.4	±0.4
0.6	±0.6

注：1. 0.6 级为降级使用精密表；

2. 精密表最大允许误差应按其量程百分比计算。

解读：表 3-7 列出了精密压力表的准确度等级以及相对应的最大允许误差。从表中可以看出注 1 中 0.6 级精密压力表为降级使用的精密表；注 2 精密表最大允许误差应按其量程百分比计算。精密压力表量程是指（上限-下限），精密压力表最大允许误差 = ±A%（上限-下限），A 是表 3-7 中最大允许误差栏里规定的数字。举例：

精密压力表测量范围为：0~100MPa，准确度等级为 0.4 级的精密压力表的最大允许误差 = ±A%（上限-下限）= ±0.4%（100-0）MPa = ±0.4MPa。

2）零位误差

（1）精密表零位误差不应超过表 3-7 所规定的最大允许误差。

（2）无调零装置的精密表，不应有限制零位的装置。

（3）有调零装置的精密表，调零范围应不小于测量范围的 2%，微调器应灵活，调节时不应脱落，应能起到良好的微调作用。

解读：本条主要是在精密压力表通大气的条件下，对精密压力表零位的要求。包括零位最大允许误差的要求、对无调零装置的精密表的要求、对有调零装置的精密压力表调零装置的要求。

3）示值误差

精密表示值误差不应超过规程中表 3-7 所规定的最大允许误差。

解读：本条示值误差要求，其值应不超过表 3-7 所规定的最大允许误差。

4）回程误差

精密表回程误差不得大于最大允许误差的绝对值。

解读：回程误差要求，其值应不超过表 3-7 所规定的最大允许误差绝对值。注意，回程误差是个绝对值。

5）轻敲位移

轻敲表壳前和轻敲表壳后，精密表示值变动量不得大于最大允许误差绝对值的 1/2。

解读：轻敲位移的要求，其值应不超过表 3-7 所规定的最大允许误差绝对值的 1/2。

6）指针偏转平稳性

在测量范围内，指针偏转应平稳，无跳动或卡针现象。

解读：本条是精密压力表指针偏转平稳性的要求。

7）300 分格精密表准确度等级及计量性能要求

300 分格精密表准确度等级及计量性能要求应符合表 3-8 规定。

表 3-8　**300 分格精密表准确度等级及计量性能要求**

性能要求	准确度等级（级）		
	0.25	0.4	0.6
检定前、后零位偏差不大于	0.7 格	1.2 格	1.6 格
每一检定点，最大、最小示值之差不大于	1 格	1.5 格	2 格
轻敲表壳后，指针示值变动量不大于	0.4 格	0.6 格	0.8 格
压力在测量上限时，指针指示位置	在 297～300 格之间		
真空在 0.092MPa 时，指针指示位置	在 273～276 格之间		
非线性	任意两个相邻检定点的间隔值，其中最大值与最小值之差应不大于两检定点间隔标称值的 1/10		
指针偏转平稳性	应无跳动和卡针现象		

解读：本条规定了 300 分格的精密压力表的性能要求，由于 300 分格一般是测量上限为 100～250MPa 的高压表，平时很少涉及，所以大家了解一下，其实和直读的差不多，只是为了提高读数准确性，把原来 270°弧度，放大为 300 分格，检定时按对应点检定出实际格数，其他压力值按线性内插法计算出格数使用，例：

有一只 0.4 级测量范围为 0～100MPa 的 300 分格的精密压力表在 20℃检定合格的数据如下：

压力实际值（MPa）	0	10	20	30	40	50
仪表指示分格数（格）	0	30.8	60.4	91.0	121.2	150.6
压力实际值（MPa）	60	70	80	90	100	—
仪表指示分格数（格）	180.5	211.3	240.6	270.2	299.2	—

用线性内插法分别求出 42MPa 和 85MPa 所对应的分格数？

解：(1) 对应于42MPa的仪器指示分格数为：

$$121.2+\frac{150.6-121.2}{10}\times 2=121.2+\frac{29.4}{10}\times 2=121.2+5.88=127.08=127.1\text{（格）}$$

(2) 对应于85MPa的仪器指示分格数为：

$$240.6+\frac{270.2-240.6}{10}\times 5=240.6+14.8=255.4\text{（格）}$$

答：对应于42MPa的仪器指示分格数为127.1格；对应于85MPa的仪器指示分格数为255.4格。

6. 通用技术要求

(1) 外形结构

①精密表应装配牢固、无松动现象；

②精密表的可见部分应无明显的瑕疵、划伤，连接件应无明显的毛刺和损伤。

解读：该部分是通用技术要求，本条是外观要求。

(2) 标志

精密表应有如下标志：产品名称、计量单位和数字、出厂编号、制造年份、测量范围、准确度等级、制造商名称或商标、制造计量器具许可证标志及编号等。

解读：标志中增加了制造计量器具许可证标志及编号等信息。

(3) 指示装置

①精密表表面玻璃应无色透明，不得有妨碍读数的缺陷或损伤；

②精密表分度盘应平整光洁，数字及各标志应清晰可辨；

③精密表指针指示端刀锋应垂直于分度盘，并能覆盖最短分度线长度的1/4~3/4，指针与分度盘平面的距离应在0.5~1.5mm之间；

④精密表指针指示端的宽度应不大于分度线的宽度。

解读：主要是对精密表指示装置的具体要求，包括表玻璃、分度盘、指针和调零装置的具体要求。

(4) 测量范围（上限和正常量限）

测量范围的上限应符合以下系列中之一：

(1×10^n, 1.6×10^n, 2.5×10^n, 4×10^n, 6×10^n) Pa、kPa或MPa。

式中：n 是正整数、负整数或零。

解读：本条规定了压力表测量范围的上限由上述系列选取。

(5) 分度值

分度值符合以下系列中之一：

（1×10^n，2×10^n，5×10^n）Pa、kPa 或 MPa。

式中：n 是正整数、负整数或零。

解读：本条规定了压力表分度值应符合 1、2、5 系列。

7. 计量器具控制

计量器具控制包括首次检定、后续检定和使用中检查。

1）检定条件

（1）标准器

标准器最大允许误差绝对值不得大于被检精密表最大允许误差绝对值的 1/4。

可供选择的标准器有：

①活塞式压力计；

②双活塞式压力真空计；

③浮球式压力计；

④弹性元件式精密压力表和真空表；

⑤0. 05 级及以上数字压力计（年稳定性合格的）；

⑥标准液体压力计；

⑦其他符合要求的标准器。

解读：计量器具控制包括首次检定、后续检定和使用中检查。检定条件包括：标准器、其他仪器和辅助设备、环境条件和检定用工作介质。本条是对主要标准器的要求，标准器最大允许误差绝对值应不大于被检精密压力表最大允许误差绝对值的 1/4；然后推荐了一些标准器，供大家选用。

（2）其他仪器和辅助设备

①压力（真空）校验器；

②压力（真空）泵；

③油—气、油—水隔离器。

解读：检定时，可能用到的其他仪器和辅助设备。

（3）环境条件

①检定温度：0. 1、0. 16、0. 25 级精密表：(20±2)℃；0. 4、0. 6 级精密表：(20±3)℃；

②相对湿度：≤85%；

③环境压力：大气压力。

精密表在检定前应在以上规定的环境条件下至少静置 2h。

解读：检定时的环境条件要求，压力表会受环境温度变化影响，所以在检定前一定要在检定环境条件下放置2h，基本达到热平衡方可检定。

（4）检定用工作介质

①测量上限不大于0.25MPa的精密表，工作介质为清洁的空气或无毒、无害和化学性能稳定的气体；

②测量上限大于0.25MPa到400MPa的精密表，工作介质为无腐蚀性的液体或根据标准器所要求使用的工作介质；

③测量上限为400MPa以上的精密表，工作介质为药用甘油和乙二醇混合液或根据标准器所要求使用的工作介质。

解读：按精密压力表不同的测量上限规定检定用工作介质不同。

2）检定项目

首次检定、后续检定和使用中检查的检定项目见表3-9。

表3-9 **检定项目表**

序号	检定项目	首次检定	后续检定	使用中检查
1	外观	+	+	—
2	零位误差	+	+	+
3	示值误差	+	+	+
4	回程误差	+	+	+
5	轻敲位移	+	+	+
6	指针偏转平稳性	+	+	+

注：“+”是应检项目，“-”是可不检项目。

解读：该部分为检定项目，表3-9为检定项目表，检定项目共有6项，表格中“+”是应检项目，“-”是可不检项目。

3）检定方法

（1）外观

目测手感。

解读：外观检查主要还要靠检定员眼睛判别，当然有的条款检查还要借助于手的动作。

（2）零位误差检定

在规程规定的环境条件下，将精密表内腔与大气相通，并按正常工作位置放置，用目力观察，零位误差检定应在示值误差检定前后各做一次。

解读：零位误差检定方法，这里强调一点，零位误差一定要在精密压力表内腔通大气的情况下进行。

（3）示值误差检定

①精密表的示值检定是采用标准器示值与被检精密表的示值直接比较的方法，精密表示值检定连接示意图如图 3-19 所示。

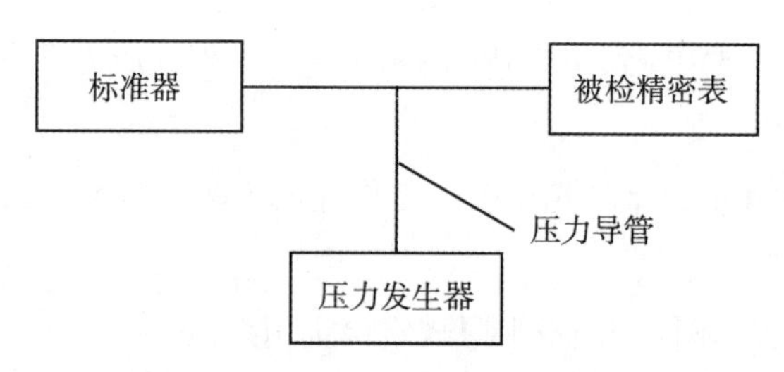

图 3-19　精密表示值检定连接示意图

②选用液体为工作介质的压力标准器检定精密表时，应使精密表指针轴与压力标准器测压点（如：活塞式压力计活塞的下端面）处在同一水平面上，当液柱高度差产生的压力值超过被检表最大允许误差绝对值的 1/10 时，应对由此产生的误差 Δp 按下面公式进行修正：（单位：Pa）

$$\Delta p = \rho \cdot g \cdot h$$

式中：ρ ——工作介质密度，kg/m^3（变压器油在 20℃时密度 $\rho = 0.86 \times 10^3 \ kg/m^3$）；

g——检定地点重力加速度，m/s^2；

h——被检表中心轴与标准器测压点（如：活塞式压力计活塞的下端面）的高度差，m。

注：若采用活塞式压力计做标准器，当被检精密表指针轴高于活塞下端面时，取正值，应在活塞压力计的承重盘上加上能产生相应 Δp 压力值的小砝码或进行示值修正。

③精密表示值误差检定点应不少于 8 个点（不包括零值）；真空表测量上限的检定点按当地大气压 90%以上选取。检定点尽可能在测量范围内均匀分布。

④精密表示值误差检定时，从零点开始均匀缓慢地加压至第一个检定点（即标准器的示值），然后读取被检精密表的示值（按分度值 1/10 估读），接着用手指轻敲一下精密表外壳，再读取被检精密表的示值并进行记录，轻敲前、后被检精密表示值与标准器示值之差即为该检定点的示值误差；如此依次在所选取的检定点进行检定直至测量上限，切断压力源（或真空源），耐压 3min 后，再依次逐点进行降压检定直至零位。

⑤检定精密真空表时，个别低气压地区，可按该地区气压的 90%以上疏空度进行 3min 耐压检定。

⑥检 0.1 级精密表按④的方法连续进行 3 次检定；对 0.16、0.25 级精密表按④的方法进行 2 次检定，对 0.4、0.6 级精密表按④的方法进行 1 次检定；300 分格精密表按④的方法连续进行 2 次检定。

⑦有调零装置的精密表，在示值检定前允许调整零位，但在整个示值检定过程中不允许调整精密表零位。

解读：该部分是压力表示值误差的检定方法，关键是正行程检至测量上限，需做 3min 耐压试验。还有规程中提及的液柱高度差的修正，因为精密压力表指针轴与活塞的下端面不在同一水平面，由此产生的液柱高度差引起的压力值会对精密压力表示值产生误差。因此，必须进行修正，修正方法有三种：

a. 提高活塞下端面使其与精密压力表指针轴处于同一水平面；

b. 计算出液柱高度差产生的压力值相应的砝码质量，将砝码加在活塞托盘上；

c. 计算出液柱高度差产生的压力值，在精密压力表示值中加以修正。

（4）回程误差检定

回程误差的检定是在示值误差检定时进行，同一检定点升压、降压轻敲表壳后被检精密表示值之差的绝对值即为精密表的回程误差。

解读：该部分是精密压力表回程误差检定方法，它是在示值误差检定时同时进行的。

（5）轻敲位移检定

轻敲位移检定是在示值误差检定时进行，同一检定点轻敲精密表外壳前与轻敲精密表外壳后指针位移变化所引起的示值变动量为轻敲位移数。

解读：该部分是精密压力表轻敲位移检定方法，它也是在示值误差检定时同时进行的。

（6）指针偏转平稳性检查

在示值误差检定的过程中，目力观测指针的偏转情况。

解读：该部分是精密压力表指针偏转稳定性检查方法，它也是在示值误差检定时同时进行的。

4）检定结果处理

（1）经检定低于原准确度等级的精密表，允许降级使用，但必须更改准确度等级的标志；经检定高于原准确度等级的精密表不予升级。

（2）检定合格的精密表，出具检定证书。

（3）检定不合格的精密表，出具检定结果通知书，并注明不合格项目和内容。

解读：检定结果处理，检定合格出具检定证书；检定不合格出具检定结果通知书，一定要给出不合格项目和内容；精密压力表只允许降级，不允许升级。

5）检定周期

精密表的检定周期可根据使用环境及使用频繁程度确定，一般不超过 1 年。

解读：精密压力表检定周期是根据使用环境及使用频繁程度确定，为了保证在用的精密压力表的合格率，根据调研和统计，压力表检定周期以 1 年为宜。

3.4　压力表故障判断与维修

3.4.1　压力表的维护和保养

弹簧管式压力表（以下简称压力表）是直接安装在压力容器和管道上的。对于有腐蚀性的液体和气体，不能直接进入仪表的减压元件，中间要加隔离器；对于氧气压力表，弹簧管内和仪表接头绝对禁止有油迹；对于有较大振幅和频率的装置或管道应引出导压管，将压力表装在没有振动的地方，导压管不宜太长和太细，以防压力损失和堵塞；对于有脉冲压力的地方，压力表要安装有缓冲器。

测量液体的压力表，安装时应使压力表的中心轴与所测压力点处于同一水平，如不在同一水平时，要考虑加入液柱高度修正量。仪表在安装使用前应按规定进行检定，在使用中如发现示值异常或不指示，须查明原因，排除故障。仪表须按规定进行周期检定，工业用压力表允许在空气温度为-40～70℃的环境中使用。工业用压力表可在常温下检定，压力表的正常工作位置是垂直安放。

3.4.2　压力表常见故障判断与调修方法

弹簧管式压力表的故障形式繁多，一块表通常带有综合故障，多种故障并存，相互影响。故障分析判断技术是调修处理的基础，在工作中对弹簧管压力表的故障判断方法及调修方法进行了总结，详见表 3-10。

表 3-10　　**弹簧管压力表常见故障判断及调修方法**

检查方法	故障现象	可能原因、重点检查	调修方法
外观检查	1. 接头螺纹损坏	安装拆卸过程中	车修螺纹或报废
	2. 表壳、玻璃破损	人为或使用过程中	更换
	3. 指针弯曲、松脱	加压过猛，泄压过快	矫直、敲紧

续表

<table>
<tr><th>检查方法</th><th colspan="2">故障现象</th><th>可能原因、重点检查</th><th>调修方法</th></tr>
<tr><td rowspan="33">校验台校验检查</td><td colspan="2" rowspan="5">1. 压力表无指示</td><td>1. 引压管堵塞</td><td>疏通</td></tr>
<tr><td>2. 弹簧管堵塞</td><td>疏通</td></tr>
<tr><td>3. 弹簧管开裂</td><td>更换</td></tr>
<tr><td>4. 齿轮不能啮合</td><td>调整或更换齿轮</td></tr>
<tr><td>5. 传动机构不正常</td><td>调整问题部件</td></tr>
<tr><td colspan="2" rowspan="4">2. 指针有跳动或呆滞</td><td>1. 针与表盘磨碰</td><td>矫直指针、调节间距</td></tr>
<tr><td>2. 中心齿轮轴弯曲</td><td>矫直齿轮轴或更换</td></tr>
<tr><td>3. 齿轮啮合处有污损</td><td>清洗</td></tr>
<tr><td>4. 示值调节螺丝不活动</td><td>锉薄连杆厚度</td></tr>
<tr><td rowspan="2">3. 非线性误差</td><td>1. 先快后慢</td><td>放大比例偏大，连杆与扇形齿轮间夹角偏小</td><td>增大夹角，如还达不到目的，可缩短连杆长度</td></tr>
<tr><td>2. 先慢后快</td><td>放大比例偏小，连杆与扇形齿轮间夹角偏大</td><td>减小夹角，如还达不到目的，可增加连杆长度</td></tr>
<tr><td rowspan="2">4. 线性误差</td><td>3. 正误差</td><td>传动比偏大</td><td>调整示值调节螺钉外移</td></tr>
<tr><td>4. 负误差</td><td>传动比偏小</td><td>调整示值调节螺钉内移</td></tr>
<tr><td rowspan="6">5. 轻敲位移偏差</td><td rowspan="4">1. 摩擦轻敲位移，一般压力表易产生</td><td>1. 传动放大部件污损</td><td>清洗</td></tr>
<tr><td>2. 零件加工不良、变形或机械损伤</td><td>更换</td></tr>
<tr><td>3. 活动部件间隙不当</td><td>调整</td></tr>
<tr><td>4. 指针松动或磨碰</td><td>调整</td></tr>
<tr><td rowspan="2">2. 荡动轻敲位移，一般高压表易产生</td><td>1. 轴、孔间隙不当</td><td>调整或更换零件</td></tr>
<tr><td>2. 游丝弹动不当</td><td>调整或更换</td></tr>
<tr><td colspan="2" rowspan="3">6. 指针不能指示到上限</td><td>1. 传动比偏小</td><td>调整示值调节螺钉内移</td></tr>
<tr><td>2. 机芯固定位置不对</td><td>将机芯逆时针旋转一点</td></tr>
<tr><td>3. 弹簧管焊接位置不对</td><td>重新焊接</td></tr>
<tr><td colspan="2" rowspan="3">7. 指针不能回零</td><td>1. 游丝弹力不当</td><td>调整或更换游丝</td></tr>
<tr><td>2. 指针松动</td><td>敲紧指针</td></tr>
<tr><td>3. 齿轮啮合间隙不当</td><td>调整传动齿轮啮合间隙</td></tr>
<tr><td colspan="2">8. 每一检定点的超差相同</td><td>指针安装位置不对</td><td>加压到零点以外第一个检点处，重新安装指针，校准示值</td></tr>
<tr><td rowspan="2">9. 仅有一两个点超差</td><td>1. 正误差</td><td>齿轮啮合处有凸点</td><td>除去啮合点处污物、毛刺</td></tr>
<tr><td>2. 负误差</td><td>齿轮啮合处有凹点</td><td>更换磨损、有伤的齿轮</td></tr>
</table>

判断方法概括来说就是先进行外观初判，再上校验台校验，其核心是在压力加载和减载过程中，观察指针的行走规律、示值超差情况，综合分析判断，按一定程序调修，达到减少分解组装次数、提高工作效率的目的。

3.4.3　压力表复杂故障的判断与调修

1. 非线性误差的分析与调修

非线性示值误差的特征：指针指示在刻度盘上表现为前半部为负数，后半部为正数，或者相反。示值出现的误差没有规律性，也是非线性示值误差。

由图3-20可看出，曲线的前半部分，低于理论曲线，而后半部分又高于理论曲线。如一块0~1.6MPa，1.6级的压力表。检定示值如表3-11所示。

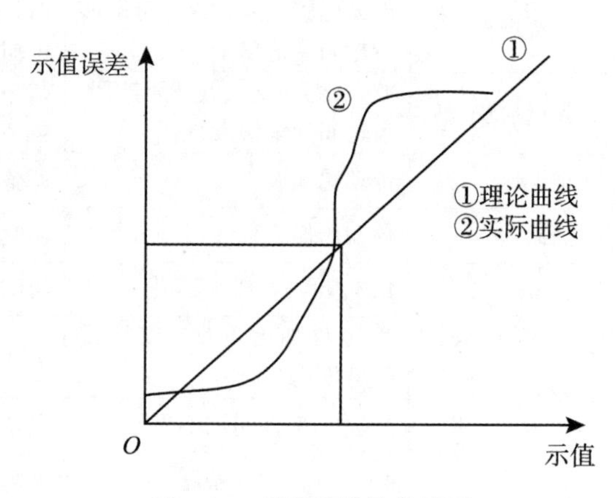

图3-20　示值非线性曲线图

表3-11　**压力表检定示值表**

标准表示值	轻敲后被检表示值		示值与标准值之最大差
	升压	降压	
0	0	0	0
0.4	0.39	0.39	-0.01
0.8	0.78	0.78	-0.02
1.2	1.21	1.21	+0.01
1.6	1.59	1.59	-0.01

0.4MPa、0.8MPa两点是负误差，1.2MPa则出现正误差，1.6MPa又是负误差，它们

出现的误差没有规律性，所以它是非线性示值误差。又如有时一点或两点示值误差过高或过低，上下限不超差，或上下限超差、中间示值不超差，也属于非线性误差。

非线性的调整，中心齿轮调到仪表中心位置。先把示值调节螺钉固定在扇形齿轮条件滑道中间部位，再把中心齿轮调到仪表中心位置。

扇形齿轮与中心齿轮啮合是否符合要求。在压力表零位时，中心齿轮与扇形齿轮啮合时，扇形齿轮要留 2~4 齿。

然后调整拉杆与扇形齿轮之间的夹角。一般低压表弹簧管弯转度基本为 272°，当指针停于中间刻度时，连杆与扇形齿轮构成直角为佳，高压表弯转度不足 272°，当指针到上限时，连杆与扇形齿轮间夹角一般构成直角状态。

最后调整传动比，也就是说最后调整的是示值调节螺钉。

（1）当指针前半部为负差，后半部为正差时，先将拉杆与扇形齿轮之间的夹角变大，使它在整个行程中都为负，然后再调整传动比。当指针前半部为正差，后半部为负差时调整方法与此相反。

（2）当一点或两点出现误差，无论怎样调整都无济于事，这种情况可能是由于仪表自身元件不好造成的，扇形齿轮轮齿不均，或它与中心齿轮啮合不匀引起的。也可能是表盘的分度线不等所造成，或由于齿轮本身精度和平稳性不良而造成。只要我们首先确定超差原因后即可调整，可以改变中心齿轮和扇形齿轮间的啮合情况，将中心齿轮或扇形齿轮向前或后移动数个齿即可，调整不好更换新的零件或者在表盘上重新划线标定该点分度值线。

（3）有时测量上下限不超差，中间刻度前后快慢不同。可能是机芯安装不正，度盘偏斜，指针轴不在弹簧管中心或度盘孔中心，（表盘）都可能出现以上超差现象，应重新调整机座，调整机座时要注意，中心齿轮与扇形齿轮啮合变化要符合要求。

（4）仪表的示值误差在整个刻度范围内均很理想，只是有个别点上不好，甚至超差，其解决办法是先把压力固定在该点上（把表盘拿下来）检查这一点齿轮的啮合情况，各部分的间隙松紧的情况，传动轴孔是否受阻，连杆是否灵活，齿轮啮合点是否有损伤异物等，排除污物、毛刺等，中心齿轮有伤齿可以变动啮合位置，扇形齿轮有伤齿则无法修理，必须更换新件。

2. 线性误差

1）线性误差的特征

指针的实际值表现正差逐渐变大，但递增是一样的，即斜率是相同的，或负差逐渐变大，但递减也是一样的。这种类型的误差可称为周期性误差，也就是线性误差。如：一块 0~1MPa，1.6 级压力表检定示值如表 3-12 所示。

表 3-12　**压力表检定示值表**

标准表示值	轻敲后被检表示值		示值与标准值之最大差
	升压	降压	
0	0	0	0
0. 2	0. 20	0. 20	0
0. 4	0. 41	0. 41	+0. 01
0. 6	0. 62	0. 62	+0. 02
0. 8	0. 83	0. 83	+0. 03
1. 0	1. 05	1. 05	+0. 05

由图 3-21 可看出，实际曲线递增是一样的，斜率是相同的，此误差属线性误差。

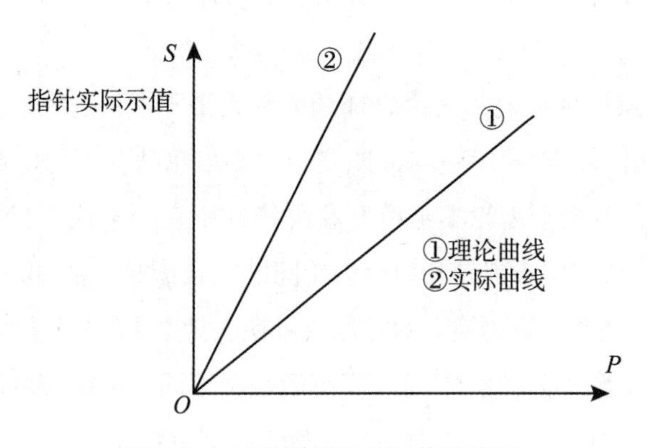

图 3-21　线性误差指针示值曲线图

2）线性误差的调整

对于线性误差的调整，一般只调整传动比即可解决。

当示值误差为正时，将调整示值调节螺钉往外调，相反时往里调，调时注意，微微轻调，用螺丝刀轻轻调整，如果起始位置或极限指针起点的量很小时，可适当调整一下游丝的力矩，也可解决问题。

3. 轻敲位移的产生原因

弹簧管压力表在使用中，由于震动、磨损、灰尘油污等多种原因造成的机芯内部紧固螺钉松动、位置变动、游丝散乱、齿轮磨损、损坏，使我们在对其进行检定过程中，经常会遇到示值轻敲位移超差现象。

示值轻敲位移一般可分为几种：前小后大（或前没有后有）、前大后小（或前有后没有）、两端没有中间有（或两端有中间没有）等。现将其调修方法简介如下。

1）示值轻敲位移前小后大的调修

当压力表随着压力值的增大，示值轻敲位移从小变大或从没有到有时，取下表针、表盘，用手轻轻地扳一扳弹簧管，确定升压时游丝是放松或是紧缩，如果是紧缩的，说明游丝张力太大，这时可打开上夹板的固定螺钉，使游丝稍微放松，以减小游丝张力，这样可使示值轻敲位移变小或消失；相反，如果升压时游丝是放松的，说明游丝太松，可使游丝稍微紧缩以增大游丝的张力。可减小或消除示值轻敲位移。

2）示值轻敲位移前大后小的调修

这种情况与上述情况正好相反，可按照与上述同样的方法向相反方向调整游丝的松紧即可减小或消除示值轻敲位移。

3）示值轻敲位移两端没有中间有或者在某一点有的调修

这种情况没有规律性。造成的原因可能是游丝乱圈（或粘连）、机芯内有灰尘、油污、齿轮磨损等。可通过平整游丝、用小软毛刷蘸些汽油轻轻清除机芯内及游丝所沾油污。使游丝不粘连或更换零件等方法达到调修的目的。

通过以上调修方法一般可以减小或消除示值轻敲位移，从而保证弹簧管压力表检定工作质量。

总之要想调整好压力表出现的示值误差，就要认真分析产生误差的原因和弄清误差的性质。这样才能达到消除压力表示值误差的目的。

3.5 压力表检定注意事项

在进行压力表的检定过程中，操作人员的操作会对压力表以及标准传感器的性能产生一定的影响，在压力表检定时应注意以下事项。

（1）要查看 HB122 压力源内部是否进入空气。调整截止阀，按动手动快速泵，观察压力示值上升情况及稳定性，判断压力源内部是否进入空气，如有空气，则要进行排气。

（2）判断压力源内部油量是否充足，如果油量不足，通过加油孔添加适量的变压器油。

（3）根据被测件选择合适的传感器，连接 HB600 数字式压力校验仪，接通电源，开机自检。

（4）选择压力单位，并进行归零复位。

（5）在检定过程中，要观看显示器的数值，谨防数值超过传感器的量程而损坏传感器。

（6）使用完毕后，先关闭电源再卸载传感器，严禁在通电的情况下卸载传感器而造成传感器或设备的损坏。

3.6　力学知识习题及解答（二）

3.6.1　判断题

1. 弹簧管式一般压力表的回程误差不应超过允许基本误差绝对值。(　　)

答案：对。

2. 国际单位制中规定的压力单位名称是帕斯卡，简称“帕”。(　　)

答案：对。

3. 压力的单位不是基本单位，而是由质量、长度和时间单位导出的一个单位。(　　)

答案：对。

4. 当作用面积一定时，压力随作用力的增大而增加，随着作用力的减小而减小。(　　)

答案：对。

5. 压力表按测量精度可分为精密压力表和一般压力表。(　　)

答案：对。

6. 常用的压力表是以大气压力为基准，用于测量小于或大于大气压力的仪表。(　　)

答案：对。

7. 由于被测量介质的特殊性，在压力表上应有规定的色标，并注明特殊介质的名称。(　　)

答案：对。

8. 压力表按工作原理可分为液体压力表、活塞式压力表、弹性式压力表。(　　)

答案：对。

9. 压力表测量的气体介质不包括氧气。(　　)

答案：错，也包括。

10. 差压表不是用来测量 2 个被测压力之差。(　　)

答案：错，是用来。

11. 一般压力表以大气压力为基准。(　　)

答案：对。

12. 压力测量工程技术中，使用最为广泛的压力仪表就是弹性式压力仪表。(　　)

答案：对。

13. 弹簧管自由端的位移，在一定范围内与所受到的压力成正比。(　　)

答案：对。

14. 压力表的表盘通常可以预制成等分刻度，并带有压力计量单位和数字。(　　)

答案：对。

15. 专用仪表严禁作他用，氧气压力表要严格禁油。(　　)

答案：对。

16. 如发现有油时应用沸水冲洗或四氧化碳清洗。(　　)

答案：对。

17. 仪表表壳应能保护内部机件不受污秽和机械损伤，仪表外表不应有妨碍读数的缺陷和损伤。(　　)

答案：对。

18. 国家压力基准是国家压力最高标准。(　　)

答案：对。

19. 压力表在轻敲表壳后，其指针示值变动量不得超过允许基本误差的 1/3。(　　)

答案：错，基本误差的 1/2。

20. 轻敲表壳是为了检查游丝预备张力。(　　)

答案：对。

21. 压力表的准确度等级用引用误差表示。(　　)

答案：对。

22. 使用中的 2.5 级压力表允许误差按 1.6 级计算，准确度等级可不更改。(　　)

答案：错，1.5 级压力表。

23. 轻敲表壳后，指针示值变动量应不大于规定的允许误差绝对值的 1/5。(　　)

答案：错，1/2。

24. 在压力表测量范围内，指针偏转应平稳，无跳动和卡住现象。(　　)

答案：对。

25. 压力表的零部件装配应牢固无松动现象。(　　)

答案：对。

26. 新制造的压力表涂层应均匀光洁、无明显剥脱现象。(　　)

答案：对。

27. 压力表按其所测介质不同，在压力表上应有规定的色标，并注明特殊介质的名称。氧气表还必须标以红色“禁油”字样。( )

答案：对。

28. 压力表分度盘上应有制造单位或商标、产品名称、计量单位和数字、计量器具制造许可证标志和编号、准确度等级和出厂编号等标志。( )

答案：对。

29. 压力表表玻璃应无色透明，不应有妨碍读数的缺陷和损伤。( )

答案：对。

30. 压力表分度盘应平整光洁，各标志应清晰可辨。( )

答案：对。

3.6.2 单项选择题

1. 弹簧管式一般压力表的回程误差不应超过允许基本误差( )。

A. 绝对值 B. 一半 C. 1/2 绝对值 D. 1/3 绝对值

答案：A。

2. 示值误差出现负误差，而且越来越大，调整时应( )。

A. 缩小夹角 B. 扩大夹角

C. 向外移动调节钉 D. 向内（上）移动调节钉

答案：D。

3. 压力表示值误差为正误差，而且越来越大，调整时应( )。

A. 缩小夹角 B. 扩大夹角

C. 向内（上）移动调节钉 D. 向外（下）移动调节钉

答案：D。

4. 压力表轻敲表壳是为了( )。

A. 清除齿轮间的间隙 B. 检查指针是否松动

C. 检查弹簧管有无变形 D. 检查游丝预备张力

答案：D。

5. 弹簧管式一般压力表示值检定时，在轻敲表壳后，其指针示值变动量不得超过允许基本误差的( )。

A. 绝对值的 1/2 B. 绝对值

C. 绝对值的 1.5 倍 D. 绝对值的 1/4

答案：A。

6. 测量上限在 0.25MPa 及以下的压力表，检定时应使用(　　)作为工作介质。

A. 油　　B. 水　　C. 酒精　　D. 空气或氮气

答案：D。

7. 标准器的总不确定度应(　　)被检压力表基本误差绝对值的 1/4。

A. ≥　　B. >　　C. ≤　　D. <

答案：C。

8. 弹性元件压力表，当选择弹性元件材料时，应选用(　　)。

A. 弹性迟滞大的　　B. 残余变形大的　　C. 疲劳变形大的　　D. 弹性变形大的

答案：D。

9. 压力表的准确度等级用(　　)表示。

A. 绝对误差　　B. 相对误差　　C. 偶然误差　　D. 引用误差

答案：D。

10. 压力真空表的允许基本误差是(　　)。

A. 压力上限值与真空上限值和的百分数

B. 压力上限值的精度等级百分数

C. 压力上限值与真空上限值，精密等级百分数之和

D. 压力上限值与真空上限值之和，乘以精密等级的百分数

答案：D。

11. 压力表检定当示值达到测量上限后，切断压力源，耐压(　　)，然后按原检定点平稳地降压倒序回检。

A. 3min　　B. 4min　　C. 5min　　D. 6min

答案：A。

12. 检定合格的压力表，发给(　　)，证书上应给出合格的准确度等级。

A. 检验证书　　B. 检查证书　　C. 合格证书　　D. 检定证书

答案：D。

13. 一般液体压力计，在管中的工作介质是弯月面，那是因为液体的(　　)。

A. 吸附作用　　B. 黏滞作用

C. 热胀冷缩的性能　　D. 表面张力引起的无级现象

答案：D。

14. 下面不属于标准活塞式压力计的精度等级是(　　)。

A. 0.02　　B. 0.05　　C. 0.5　　D. 0.2

答案：C。

15. 一量程范围为 1～4MPa 的压力表，准确度等级为 1 级，它的最大允许误差为(　　)的±1%。

A. 测量上限

B. 测量上限与下限之和乘以准确度等级的百分数

C. 测量上限加下限

D. 量程

答案：D。

16. 数 0.01010 的有效数字位数是(　　)。

A. 4 位　　B. 5 位　　C. 3 位　　D. 6 位

答案：A。

17. 差压表测量两个被测压力(　　)。

A. 之和　　B. 高度　　C. 范围　　D. 之差

答案：D。

18. 扩展不确定度可用符号(　　)表示。

A. u_c　　B. U　　C. u　　D. v

答案：B。

19. 一般压力表以(　　)为基准。

A. 绝对压力　　B. 表压力　　C. 零位　　D. 大气压力

答案：D。

20. 弹性式压力仪表中使用最为广泛的一种是(　　)。

A. 防爆型压力表　　B. 耐震压力表

C. 耐腐蚀型压力表　　D. 弹簧管式压力表

答案：D。

3.6.3 多项选择题

1. 计量立法的宗旨是(　　)。

A. 加强计量监督管理，保障计量单位制的统一和量值的准确可靠

B. 有利于生产、贸易和科学技术的发展

C. 适应社会主义现代化建设的需要

D. 维护国家、人民的利益

答案：ABCD。

2. 计量检定规程可由以下部门制定，正确的是(　　)。

A. 国务院计量行政部门

B. 省、自治区、直辖市人民政府计量行政部门

C. 国务院有关主管部门

D. 企业

答案：ABCD。

3. 测量上限在 0.25MPa 及以下的压力表，检定时应使用(　　)工作介质。

A. 航空煤油　　B. 自来水　　C. 氮气　　D. 空气

答案：CD。

4. 力的单位有(　　)。

A. 热力学温度开尔文（K）　　B. 牛顿（N）

C. 千牛（kN）　　D. 光亮度坎德拉（I）

答案：BC。

5. 测量上限在 0.25MPa 及以下的压力表，检定时可作为工作介质的有(　　)。

A. 混合油　　B. 水　　C. 氮气　　D. 空气

答案：CD。

6. 下列满足一般压力表检定对环境温度要求的有(　　)。

A. (30±15)℃　　B. (30±12)℃或 (30±15)℃

C. (20±5)℃　　D. (20±2)℃

答案：CD。

7. 压力表检定环境相对湿度可以是(　　)。

A. 50%　　B. 60%　　C. 65%　　D. 85%

答案：ABCD。

8. 压力表应在规定的环境下静置一段时间，正确的为(　　)。

A. 1～2h　　B. 2h　　C. 3h　　D. 4h

答案：BCD。

9. 压力表的检定周期有(　　)。

A. 1～2 年　　B. 1.5 年　　C. 3 个月　　D. 6 个月

答案：CD。

10. 工业用压力表允许在空气温度是(　　)的环境中使用。

A. −30℃　　B. −40℃　　C. 65℃　　D. 70℃

答案：ABCD。

11. 一般压力表的精度等级可以是(　　)级。

A. 1　　B. 1. 6　　C. 2. 5　　D. 4

答案：ABCD。

12. 标准活塞压力计的精密等级，有(　　)级。

A. 0. 02　　B. 1. 5 级　　C. 2　　D. 0. 05

答案：AD。

13. 下列属于国际制单位的基本单位的有(　　)。

A. 摄氏 20 度　　B. A　　C. m　　D. 公升

答案：BC。

14. 质量的单位名称为(　　)。

A. 毫克　　B. 微克　　C. 千克　　D. 牛顿

答案：ABC。

3. 6. 4　简答题

1. 压力表检定中指针不能回零的原因是什么?

答案：①游丝弹力不够；②指针松动；③齿轮啮合间隙不当。

2. 活塞式压力计组成的主要部件有哪些?

答案：活塞系统、专用砝码和校验器。

3. 简述氧气压力表的无油脂检验及去油脂的方法?

答案：用温热水注入压力表的弹簧管内，经过反复摇荡后，将水甩入清水盆内或甩在洁净的白纸上，就可以看出弹簧管内有无油脂。当发现有油脂时，可注入四氯化碳或烧热的碱水，反复多次即可去除油脂。

4. 压力表的回程误差检定如何进行?

答案：回程误差检定在示值误差检定时进行。同一检定点升压、降压轻敲表壳后被检压力表示值之差的绝对值即为压力表的回程误差。

5. 压力表检定中，压力表指针无指示的原因可能是什么?(说出 3 种原因即可)

答案：①引压管堵塞；②弹簧管堵塞；③弹簧管开裂；④齿轮不能啮合；⑤传动机构不正常。

6. 压力表检定结果如何处理?

答案：检定合格的压力表，出具检定证书；检定不合格的压力表，出具检定结果通知书，并注明不合格项目和内容。

7. 压力表的选用要求是什么?

答案：在压力稳定的情况下，规定被测压力最大值是选用压力表上限值的 2/3，在脉动压力情况下，被测压力最大值是选用压力表上限值的 1/2。

8. 压力表检定中，“轻敲位移”项目的规定要求是什么？

答案：轻敲表壳前与轻敲表壳后，压力表的示值变动量应不大于最大允许误差绝对值的 1/2。

3.6.5 计算题

1. 用数字压力计检定一只量程为 10MPa 的压力表，当压力值为 5MPa，压力表示值为 4.9MPa 时，问：此时压力表的相对误差及绝对误差各为多少？当压力值为 10MPa，压力表示值为 10.1MPa 时，此时压力表的相对误差、绝对误差各为多少？

答：

（1）相对误差＝（4.9−5）/5＝−2%；

绝对误差＝4.9−5＝−0.1MPa。

（2）相对误差＝（10.1−10）/10＝1%；

绝对误差＝10.1−10＝0.1MPa。

2. 高 5m 的大理石柱对地基的压力是多少？（大理石的密度为 2.6g/cm^3，重力加速度 $g=9.8\text{m/s}^2$）

答案：

大理石柱的质量为（kg）：

$m=5\times A\times 2600$（A 为圆柱面积，m^2）；

大理石对地面的作用力为（N）：

$F=mg=5\times A\times 2600\times 9.8=13000A$；

大理石对地基的压力为（kPa）：

$p=F/A=13000\text{Pa}=130\text{kPa}$。

3. 在某压力表检定时，测量上限为 10MPa，在 10MPa 测量点的升压值为 10.11MPa，降压值为 10.13MPa，该压力表的等级为 1 级，请判断该点是否合格，如果该压力表的其他检定点都符合要求，判断该压力表是否合格。

答案：

该压力表在 10MPa 检定点处绝对误差为：

标称值−实测值（标准值）＝10−10.13＝−0.13MPa；

该 1 级压力表的允许误差（引用误差）为：

测量上限×准确度等级＝10×0.01%＝±0.1MPa；

由于该点为测量上限点，压力表检定规程中规定：在测量上限 90%～100% 的测量点，其最大允许误差可以按降一等级后压力表的引用误差值，即在 10MPa 处，该压力表的最大允许误差可以为：

测量上限×准确度等级=±10×0.016%=±0.16MPa。

故该压力表在 10MPa 处合格，如果其他检定点都合格，该压力表也合格。

4. 有一量程为 0～10MPa 的弹簧管压力表其准确度等级是 1.5 级，问该压力表的最大允许误差是多少？

答案：

检定规程规定，1.5 级压力表的允许误差按 1.6 级压力表的允许误差计算。

该压力表的允许误差=±量程×准确度等级=±10MPa×1.6%=±0.16MPa。

5. 某压力表准确度等级为 1 级，测量上限为 10MPa，欲对其进行计量检定，选用标准装置的技术指标如何确定？（标准装置选用数字式压力计）

答案：

根据压力表检定规程，标准器最大允许误差绝对值应不大于被检压力表最大允许误差绝对值的 1/4，故拟选用的数字式压力计的准确度等级应至少为：1%×（1/4）=0.25%，即 0.25 级。

选用的数字式压力计的量程应满足被检压力表的检定要求，且不宜过大，在检定时最好使被检压力表的测量上限在数字式压力计 1/3 量程以上。故拟选用的数字式压力计量程应为：10～30MPa，准确度等级为 0.25 级及以上。

6. 有一量程为 0～10MPa 的弹簧管压力表，其准确度等级是 1.5 级，检定时选择 0.2MPa、4MPa、6MPa、8MPa、10MPa 等 5 个检定点，问该压力表各个检定点处的最大允许误差是多少？

答案：

检定规程规定，1.5 级压力表的允许误差按照 1.6 级压力表的允许误差进行计算。故该压力表允许误差=±量程×准确度等级=±10MPa×1.6%=±0.16MPa。

压力表检定规程中还规定：准确度等级为 1.0、1.6、2.5 级的压力表在测量上限 90%～100% 的测量点，其最大允许误差可以按降一等级后压力表的引用误差值，该压力表在测量上限点 10MPa 处的最大允许误差是±10MPa×2.5%=±0.25MPa。

题目中压力表在 0.2MPa、4MPa、6MPa、8MPa 检定点的允许误差为±0.16MPa，在 10MPa 处的允许误差为±0.25MPa。

7. 在某压力表检定时，测量上限为 10MPa，在 10MPa 测量点的升压值为 10.39MPa，降压值为 10.41MPa，该压力表的等级为 4 级，请判断该点是否合格，如果该压力表的其他检定点都符合要求，判断该压力表是否合格。

答案：

该压力表在10MPa检定点处绝对误差为：

标称值-实测值（标准值）= 10-10.41 =-0.41MPa；

该4级压力表的允许误差（引用误差）为：

测量上限×准确度等级 = 10×0.04% = ±0.4MPa；

压力表检定规程中规定：准确度等级为1.0、1.6、2.5级的压力表在测量上限90%～100%的测量点，其最大允许误差可以按降一等级后压力表的引用误差值，准确度等级为4级的压力表仍然按照4级引用误差来计算。

0.41MPa>0.4MPa，故该压力表在10MPa处不合格，当其他检定点都合格时，该压力表也不合格。

第 4 章　游标类量具计量

4.1　长度计量基础知识

长度计量在我国已有悠久的历史，公元前 221 年秦始皇灭六国后统一度量衡便有了长度计量基准。随着生产力的发展，尤其是制造业的发展，长度计量得到了迅速发展。长度计量又是其他物理计量的基础，许多物理量测量是通过长度测量来实现的。长度计量也称为几何量计量。它包括尺寸、角度、表面粗糙度、几何形状和相对位置的计量等。

4.1.1　长度计量简介

长度计量又称几何量计量，是我国起步比较早、发展比较快、技术比较成熟的一门科学。

长度计量主要包括：光波波长、量块、线纹、表面粗糙度、平直度、角度、通用量具、工程测量、齿轮测量、坐标测量、几何量类仪器和经纬仪类仪器等。

长度计量的单位有：长度单位为“米”，单位符号为“m”。角度单位有两个：平面角单位为“弧度”，单位符号为“rad”；立体角单位为“球面度”，单位符号为“sr”。

长度计量单位名称、符号与进位系数关系如表 4-1 所示。

表 4-1　　**长度计量单位**

单位名称	代号	进位系数
米	m	基本单位
分米	dm	1/10 米（1/10m）
厘米	cm	1/100 米（1/100m）
毫米	mm	1/1000 米（1/1000m）
丝米	dmm	1/10 毫米（1/10mm）

续表

单位名称	代号	进位系数
忽米	cmm	1/100 毫米（1/100mm）
微米	μm	1/1000 毫米（1/1000mm）
纳米	nm	1/1000 微米（1/1000μm）

1. 光波波长

光波波长是长度计量的基准，作为长度计量中所用的单色光波长始终是与“米”的定义紧密地联系在一起的。在不同时期，“米”的定义与波长主标准间的相互关系如下：

1983 年第十七届国际计量大会上，定义 1m 等于光在真空中于（1/299792458）s 的时间间隔内所经路径的长度。单色光的波长 $\lambda_{vac}=c/r$，c 为真空光速值，等于 299792458m/s；r 为单色光频率。

2. 量块

量块是一种高准确度的端面量具，它以最简单的几何形状设计，最有利于加工出精确的尺寸。量块的长度常被用作计量器具的标准，通过它对长度计量仪器、量具和量规等示值误差进行检定，对精密机械零件尺寸进行测量，对精密机床、夹具在加工中进行定位尺寸的调整。量块把机械制造中各种制品的尺寸，与国家以至国际为实现米定义所推荐的基准光谱辐射线的波长联系起来，以达到长度量值在国内和国际的统一，使零配件具备良好的互换性。

3. 线纹

线纹是在钢、玻璃或其他材料制的尺体表面上刻有一定数量的等间距或不等间距刻线的一种多值量具，根据不同用途和不同的准确度要求，线纹尺有不同类型。线纹尺主要用于精密机床、仪器仪表制造、工程建筑、国防工业等部门，同时在商品贸易以及日常生活中也被广泛使用。它也是几何量计量中量值传递的标准之一。

4. 表面粗糙度

表面粗糙度是一种形状极其复杂的三维空间曲面，它包含有微观不平度的波高、波距、倾斜度、加工痕迹长度、加工痕迹方向及加工痕迹的均匀性等。表面粗糙度对机器和仪器的性能有重要作用，特别是对高速、高压和重载荷条件下工作的机械或高精密运动的部件作用更大。它也是几何量计量中量值传递的标准之一。

5. 平直度

平直度是平面度和直线度的统称，它是形位误差的主要内容。由于它的应用比较普遍，把它单独列出来，作为几何量计量的一项标准。

6. 角度

角度和长度是构成几何量的两大基本要素，角度可以用长度比值来表示，所以有时人们就把几何量和几何量测量统称为长度量和长度测量。

角度计量所涉及的范围很广，主要包括以下内容：

（1）面角度：以各种平面组成的夹角及其检定设备，如多齿分度台、正多面棱体、测角仪、角度块等。

（2）线角度：以各种技术手段制成的线值或类似线值的圆分度器具及其检定设备，如度盘、光栅盘、角编码器、旋转型感应同步器及圆分度检验仪等。

（3）小角度：各种非整圆周分度的计量器具及其检定设备，如小角度测量仪、光学角规、自准直仪、水平仪及水平仪检定器等。

角度是自然基准，可以利用圆周闭合特点建立传递标准。因为一个圆周所对应的圆心角是 360°，任何角度都可通过等分圆心角（或圆周）来获得。因此，在建立角度的计量基准和标准时，主要就是用精确的圆分度来实现。圆分度实质上属于角度测量的范畴。

7. 通用量具

通用量具是在机械加工车间现场，工人和检验人员应用的，测量机械零件几何形状通常应用的计量器具，主要包括游标类量具、微分副量具、指示表类量具以及水平仪类量具。它是机械加工现场应用的非常重要的计量工具，对产品的质量起着非常重要的作用。保证通用量具的量值统一，对国民经济的发展具有非常重要的意义。

8. 工程测量

工程测量又称精密测量，是机械工业发展的基础和先决条件，这已被生产发展的历史所确认。从生产发展的历史来看，机械加工精确度的提高是与测量技术的发展水平密切相关的。有人认为材料、精密加工、精密测量与控制是现代精密工程的三大支柱，对科学技术来说，测量与控制是使其发展的促进因素，测量的精确度和效率在一定程度上决定着科学技术的水平。

工程测量包括的内容很多，是几何量计量的主要组成部分，在机械工业的发展中具有非常重要的作用。

9. 齿轮测量

齿轮是具有齿的轮子，它的种类很多，常见的有渐开线齿轮、圆弧齿轮和摆线齿轮。齿轮传动的重要性，从它的发展历史中已经得到证明。而精密齿轮传动则是随着现代科学技术的兴起而发展起来的，它的应用就显得更为重要。

齿轮传动在很多机械制造部门有很重要的地位。机器运转的情况好坏，在很大程度上与齿轮传动系统的准确度有关。传递转速的高低、负荷的大小，也常与一定精密的齿轮传动装置相适应。

通常用来保证齿轮传动质量的检测方式有：工艺检测、验收检测、预防检测，根据检测目的不同，采用的测试方法和手段也不同，齿轮的测量方法可分为单项测量、综合测量和整体误差测量三大类。测量齿轮的仪器和方法很多，但无论采用哪一种量仪和方法，都必须使其测量原理与所测的齿轮误差项目的定义相符合。

10. 坐标测量

坐标测量所应用的设备主要是三坐标测量机，它把精密机械加工技术、电子技术、计算机和精密测试技术融为一体，已独自成为一类大型精密智能化仪器。主要用于机械制造、仪器制造、电子工业、汽车工业、航空工业、航天工业等各个部门。它的主要特点：①万能性强，可实现空间坐标点位的测量，能方便地测量各种零件的三维尺寸、形状与位置；②测量精确度可靠；③测量速度快；④由于计算机的引入，可方便地进行数字运算与自动程序控制，具有较高的智能化程度；⑤由于伺服系统的引入，可进行测量机的自动控制；⑥三坐标测量机与分度头和分度台组合，可成为多坐标测量机。

另外，在机械制造工业中，广泛应用了数控机床和加工中心等加工设备，这些也是三坐标和多坐标设备，对这些设备都需要进行坐标测量，保证它们的加工质量。

11. 几何量量仪

按照国际法制计量组织的定义，量仪包括量具和量仪两大类，所有的仪器都是用来扩展人类感观领域，对客观现象进行探索、度量、计算、记录直至控制生产过程的工具。

几何量量仪是测量物体长度、角度、表面几何形状等的计量仪器，是工程测量所应用的计量设备，主要包括机械式仪器、光学仪器、电动量仪和气动量仪等。

12. 经纬仪类仪器

经纬仪类仪器是大地测量仪器，也是角度测量仪器，它不仅可以测量水平角，还可以测量垂直角，是大地测量与测绘声绘不可缺少的设备。随着科学技术的发展，经纬仪类仪器在航空和航天工业中也有广泛应用，尤其是在军事上也应用了经纬仪类仪器。经纬仪类仪器主要包括光学经纬仪、电子经纬仪、水准仪、全站仪和测距仪。

4.1.2　长度计量的基本原则

在长度计量中必须遵守五大测量原则：阿贝原则、最小变形原则、最短测量链原则、封闭原则和基准统一原则。

1. 阿贝原则

测量是确定被测对象的量值而进行的实验过程，通常选择比较的形式获得被测对象的量值。所谓比较的形式，是指被测对象与量具或仪器的测量标准器进行比较。为了得到准确的测量结果，德国科学家艾利斯特·阿贝提出一个比较的形式，即被测对象与测量标准器之间相对位置的原则：测量时被测对象的轴线与标准器的轴线相重合或者在其延长线上，称为阿贝原则。不符合阿贝原则而产生的误差称为阿贝误差。

图 4-1 为符合阿贝误差原则的比较形式。当标准线纹尺 1 和被测线纹尺 2 作为比较时，如由导轨 3 产生运动直线度偏差，而引起读数显微镜倾斜一个 φ 角，此时所引起的误差：

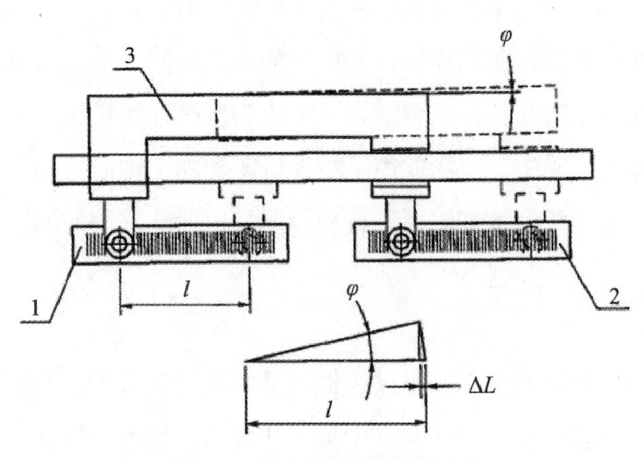

图 4-1　符合阿贝原则示意图

$$\Delta L = l(1 - \cos\varphi) \approx \frac{1}{2}l\varphi^2 \text{（}\varphi\text{ 为弧度值）} \tag{4-1}$$

由此可知，在符合阿贝原则时，受倾斜角 φ 的影响，为二次误差。当 φ 角较小时，甚至可略去不计。

图 4-2 为不符合阿贝原则的比较形式。被测线纹尺不在标准线纹尺的轴线上，并联布置相距为 S，导轨同样产生运动直线度偏差，倾斜角为 φ，此时所引起的误差：

$$\Delta L = S\tan\varphi \approx S\varphi \text{（}\varphi\text{ 为弧度值）} \tag{4-2}$$

由此可见，不符合阿贝原则时，被测轴线与标准器轴线之间距离 S 越大，其阿贝误差越大。在使用不符合阿贝原则的仪器进行测量时，应尽量减少被测对象与标准器之间轴向平行距离。

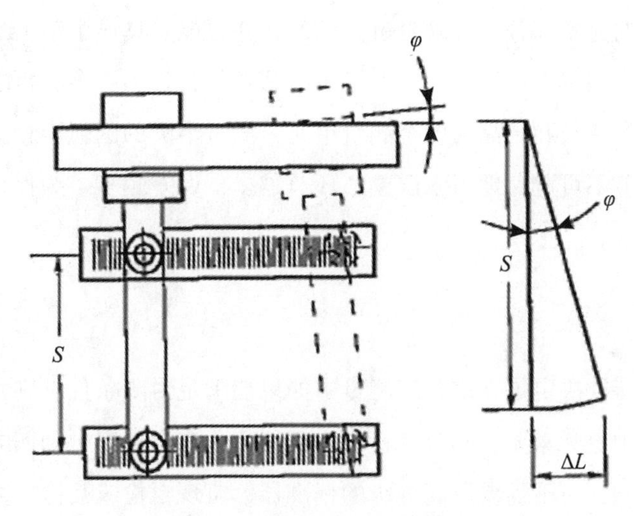

图 4-2 不符合阿贝原则示意图

2. 最小变形原则

在测量过程中，由于被测件自重、内应力及热膨胀等因素和接触测量时所受的测力、接触方式等的影响，被测件和仪器的部分零部件都会产生变形而影响测量结果。为保证测量结果的准确度，应尽量减少各种因素产生的变形，这就是最小变形原则。条状工件由于受自重弹性变形的影响，在测量时要考虑工件支承方式，如图 4-3 所示。当 $a = 0.2203L$ 时，工件中心轴线上的长度变形最小，该支承点称为白塞尔点，一般在线纹尺测量时采用这种支承方式。当 $a = 0.2113L$ 时，工件两端平行度变形最小，该支承点称为艾利点，一般在大尺寸量块测量时采用这种支承方式。当 $a = 0.2232L$ 时，工件全长弯曲变形最小，一般在测量工件上表面形状误差时采用这种支承方式。

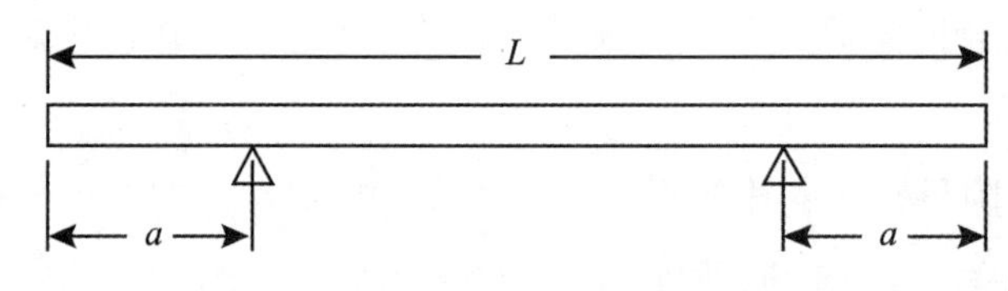

图 4-3　最小变形原则示意图

3. 最短测量链原则

若测量系统由一系列单元所组成，从测量信息的输入到量值的输出构成这些单元。这一系列单元所组成的完整部分称为测量链。例如，在万能工具显微镜上用影像法测量小于半圆的圆弧半径，采用弦高法测量。先测量半圆圆弧的弦长和弦高，再求得半圆的圆弧半径。测量半圆圆弧的弦长和弦高为两个测量单元，测量半圆的圆弧半径为一个测量链。由于测量链的各个环节不可避免地引入误差，环节越多，误差越多。为保证测量准确度，测量链应为最短。

4. 封闭原则

圆分度的封闭特性决定了在圆分度测量中如果能满足封闭条件，则其相邻偏差的总和为零。在角度测量中更为重要，圆分度盘、多面棱体、多齿分度台和四方体等都具有封闭特性。运用封闭原则，可不需要更高等级的标准器，实现自检或互检。

5. 基准统一原则

设计基准、工艺基准、加工基准、装配基准与测量基准相一致，称为五基准统一原则。在工艺设计和加工中力求达到与设计、装配基准相统一，测量时也是如此。在设计基准难以与工艺、加工基准相统一的条件下，测量基准首选与设计基准相统一。

4.1.3　影响长度测量准确度的主要因素

人们通过测量得到被测对象的测量结果，但因测量不可避免地会有误差，所以测量值只能在一定程度上近似它的真值。测量误差越小，测量的准确度越高。依据不同的测量参数和准确度要求，选择不同的测量方法。在很大程度上测量方法决定了量具或计量仪器的选择。由此，测量过程中量具和计量仪器的正确选择和使用、被测对象的结构特性、测量定位方式、测量环境条件等都与测量准确度有关。除测量方法、测量仪器设备的选择外，还有如下主要因素影响长度测量的准确度。

1. 接触测量时接触定位方式的选择

接触法测量时，不同的被测对象应选用不同的测头或测帽。为减少接触方式不正确带来的测量不确定度，在选择测量头时，应尽可能使测量头与被测件成点或线接触。因此，平面形工件采用球面测头，圆柱形工件采用刀口或圆柱测头，球面形工件采用平面测头。因为测量力和接触的形式不同，对接触变形的影响也不同，所以在高精度测量时，必须准确选择测量力和测头工作面半径，并在测量结果中进行接触变形误差修正。消除或减少接触变形误差有几种途径：

（1）在保证测量重复性要求的基础上，尽量减少测量力。尽可能采用非接触光学干涉法、光电瞄准装置或片簧结构装置。

（2）在比较法测量时，使测量力保持恒定。用重锤形式比弹簧形式更优越。

（3）寻找合适的测量方法，使选择的标准器材料与被测件相同，其材料的弹性变形也相同，可消除或减少测量结果的接触变形误差。

（4）工件装夹固定时，尽量减少装夹变形。

2. 温度对测量结果的影响

温度变化也是产生变形的主要因素。量具、仪器和工件在测量前必须有一段时间在规定的温度范围内等温。测量过程中环境温度波动要小，必须恒定在规定的范围内；尽可能不直接用手接触量具、仪器和工件。在高精度测量时，还须将人与仪器隔离。如接触式干涉仪使用时，须用隔离屏将人的呼吸与仪器隔离，操作时戴手套，测量时用导热系数低的木夹子夹带工件。对高等级的量块、线纹尺除有很高的环境要求外，还要对其温度进行测量并加以修正。在比较测量时，由于标准器的温度和膨胀系数与被测件的温度和膨胀系数不一致引起的测量误差为：

$$\Delta L = L[\alpha_p(T_p - 20℃) - \alpha_q(T_q - 20℃)] \tag{4-3}$$

式中：ΔL——温度引起的测量误差；

L——测量长度；

α_p、T_p——标准器的膨胀系数和温度；

α_q、T_q——被测件的膨胀系数和温度。

尺寸测量可随温度变化，形状、位置测量也是如此。例如，夏季平晶从室外进入实验室立即测量，平晶因受环境温度影响，平晶的外表面收缩快，而中央部位收缩较慢，使平晶的工作面变凸。

3. 正确选择测量基面

测量基面为测量基准的表面，测量时要正确选择被测件的一个合适的几何要素（点、线或面）作为测量基准。基面选择时必须遵守基准统一原则。但有时加工过程中由于种种原因使得工艺基准不能和设计基准重合，而测量时难以选择设计基准为测量基准。其具体遵守的原则如下：

（1）在工序间检验时，测量基准与工艺基面一致；

（2）在终结检验时，测量基准与装配基面一致。

测量基面的更换，不免产生测量误差。更换后的测量基面称为辅助基面，选择原则如下：

（1）形状误差较小和尺寸测量精度较高的加工面作辅助基面；

（2）无合适的加工面，应事先加工辅助基面作测量基面，以保证测量的稳定性；

（3）在被测参数较多的情况下，应该在精度大致相同的情况下，选择各参数之间关系较密切，便于控制各参数的这一加工面为辅助基面。

4. 计量器具的正确选择

1）计量器具选择原则

准确度原则：所选计量器具的准确度指标必须满足被测对象的要求。被测对象的公差值越大，对计量器具的准确度要求就越低；公差值越小，对计量器具的准确度要求就越高。

经济原则：在保证测量准确度的前提下，应考虑计量器具的经济性，包括计量器具的价值及寿命，操作方便，设备的维护保养、使用的环境条件和计量人员的技术水平等。

根据被测对象特征选择：根据被测对象的大小选择合适测量范围的计量器具。根据被测件材质、形状、表面粗糙度等进行合理的选择。对于很粗糙的表面不宜用高精度计量器具测量。对于薄壁或材质较软的被测对象，用光学法、电磁法等无测力或测力很小的方法测量。根据被测件数量选择，批量大的用气动量仪、电子量规等专用量具；少量或单件选用坐标测量机等通用计量器具。

2）选择计量器具准确度的方法

选择计量器具准确度取决于测量方法的准确度系数 K，K 值一般取 1/3~1/10。测量准确度较高、测量对象的公差值小、K 值可等于或接近 1/3；测量准确度较低、测量对象的公差值大、K 值可小些，最小为 1/10；一般情况下 K 值取 1/5。

$$K = \frac{\Delta}{T}\Delta = K \cdot T \tag{4-4}$$

式中：Δ ——测量方法的极限误差；

T ——被测对象的公差值。

按国家标准 GB/T 3177—2009《产品几何技术规范（GPS）光滑工件尺寸的检验》中的规定选择计量器具，所选用计量器具的不确定度数值 u 小于或等于所规定的验收极限、计量器具的测量不确定度允许值 U_1。U_1 约为安全裕度 A 的 0.9 倍。安全裕度 A 值一般按公差 T 的 1/10 确定。例如：检验一根圆柱棒的外径尺寸 $\Phi 20^{0}_{-0.025}$。

公差值为 0.025mm，安全裕度 $A=0.025\div10=0.0025$mm。检验用计量器具的测量不确定度允许值 $U_1=0.0025\times0.9=0.00225$mm，则所选用计量器具的不确定度 $U\leqslant0.00225$mm。依据 GB/T 3177—2009 国家标准，采用测量不确定度为 0.002mm 的外径千分尺检验圆柱棒的外径尺寸是适宜的。

4.1.4 常用的几种测量方法

用角尺测量垂直度时，角尺反转 180°，取二次测量结果的算术平均值作为测量结果；采用多面互比测量，利用最小二乘法检定平晶的平面度等，都是计量中常用的方法。本节介绍与长度计量有关的几种常用的测量方法。

1. 光隙法

光隙法是用眼睛观察通过实际间隙的可见光隙量的多少来判断间隙大小的一种测量方法。凡是小于 0.03mm 的间隙，只要能产生可见光隙，都可以用光隙法测量。光隙法由于操作方便，且测量准确度高，在计量检定、校准和长度测量中应用很广。

1）标准光隙的建立

标准光隙是由量块、刀口形直尺和平晶（或平板）组成。先将量块研合在平晶工作面上，首末两块量块的尺寸应相同，其余量块尺寸根据所需实际间隙选择，刀口直尺的刀刃和量块接触，形成标准光隙，如图 4-4 所示。如果被测件的实际间隙处于标准光隙 0.002mm 与 0.004mm 之间，则可断定被测件的平面度偏差在 0.003mm。

2）光隙法的应用

光隙法主要应用于以刀口形直尺为标准，检定（或校准）量具的直线度、平面度；仪器工作台的平面度以及直角尺的垂直度等的检定。在车间和计量室广泛用于利用标准样板（如半径样板、螺纹样板）来测量或检验工件的形状误差。

光源和照度直接影响光隙法测量的准确度。光源以平行光最适宜。因此一般用日光灯

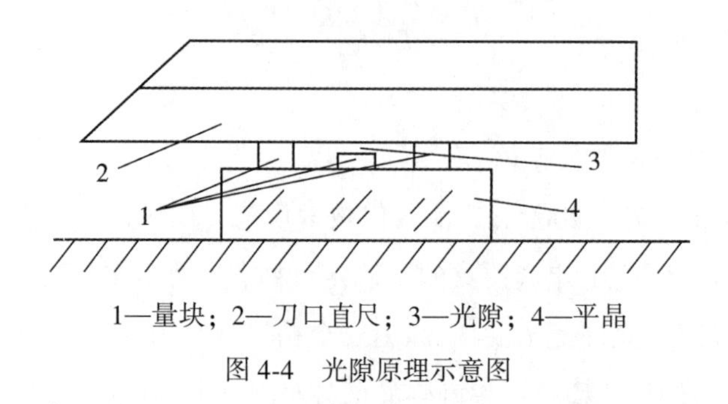

1—量块；2—刀口直尺；3—光隙；4—平晶

图 4-4　光隙原理示意图

为宜。光源的亮度必须比观察者一方强，其照度一般以 800lx 最适当。当采用日光灯时，光源与工件的距离为 90mm 左右。如采用点光源时，光源应略高于间隙的水平位置，这时，间隙最清晰。如果能采用如图 4-5 所示的检定装置效果更好。

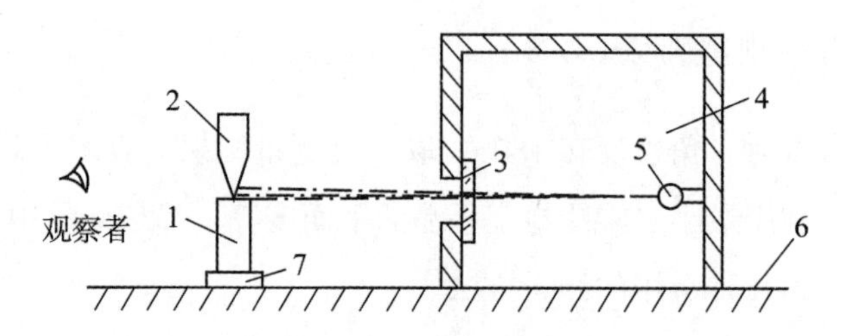

1—被测件；2—刀口形直尺；3—毛玻璃；4—灯光箱；5—光源；6—平台；7—支承块

图 4-5　光隙法应用

3）光隙法测量不确定度

影响光隙法测量准确度的因素除光源的形式、照度和距离以外，与接触的断面形状、宽度、表面粗糙度以及被测件的颜色、底衬有关。另外，当光隙很小时，由于光的干涉和衍射现象，就会产生彩色条纹，会给光隙大小的估计带来影响。因此，应根据不同的情况进行判断。经验对测量结果的影响也很重要，需要不断地实践，总结经验。

经大量的试验，光隙法测量的不确定度如表 4-2 所示。

表 4-2　**光隙法测量不确定度一览表**　（单位：μm）

实际间隙	测量不确定度（$k=2$）
1~5	0.7
5~10	1.5

续表

实际间隙	测量不确定度（$k=2$）
10~20	3.5
20~30	5

2. 技术光波干涉法

1）光的干涉现象

在日常生活中可经常观察到光的干涉现象，如雨后路面上的油膜、孩子们吹的肥皂泡等薄膜表面上都会看到绚丽多彩的条纹。在实验室里，把平面平晶放到量块上，用单色光源照射，能看到明暗相间的干涉条纹，如图 4-6 所示，这些就是光波的干涉现象。

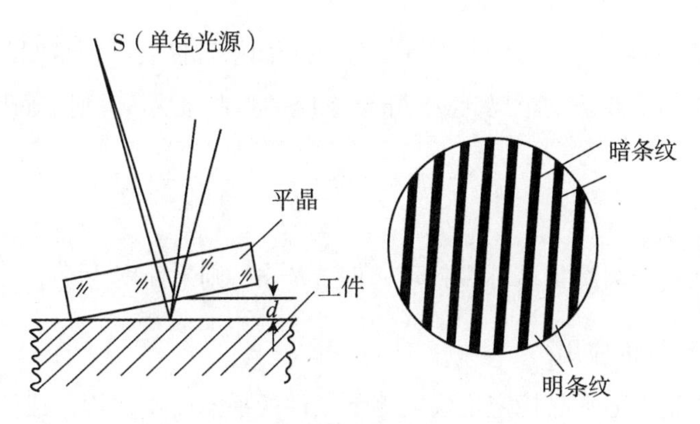

图 4-6　光的干涉现象

当同一光源发出的两列光波彼此相遇时，出现明暗相间的稳定条纹的现象，就称为光的干涉现象。

2）光干涉的条件

（1）两列波能产生干涉的必要条件（光的相干条件）：

①两列光波在叠加处的振动方向相同；

②两列光波的振动频率相同；

③两列光波在叠加点有固定相位差，不随时间而改变。

（2）两列波能够产生干涉的附加条件：

①两列光波在相遇点的光程差不能太大；

②两列光波振动的振幅相等或相差不大，即两列光波的亮度相差很小。

具备以上五个条件，就能产生稳定的光干涉现象。

3）光干涉产生明暗条纹的条件

如图 4-6 所示，从工件表面反射的光要比从平晶下表面反射的光多行进一段路程 Δ，这一段路程等于入射点处空气层厚度 d 的两倍。当 Δ 等于 λ、2λ、3λ……波长的整数倍时，这两部分光振动周期相同，互相加强形成亮条纹的中心。当 Δ 等于 $\lambda/2$、$3\lambda/2$、$5\lambda/2$……半波长的奇数倍时，这两部分光振动周期相反，互相抵消形成暗条纹的中心。光强的这种明暗交替的变化，形成明暗相间的干涉条纹。从以上分析可知：

（1）在同一明条纹（或暗条纹）处，空气厚度相同，即空气层厚度相等的各点，干涉情况完全一样，因此这种干涉条纹叫等厚干涉条纹；

（2）相邻两明条纹（或暗条纹）间，相当于空气层厚度变化了 $\lambda/2$；

（3）当空气劈尖角减小时，d 的变化减慢，条纹变宽。但不管条纹变宽或变密，相邻两明（或暗）条纹间对应的厚度变化总是 $\lambda/2$；

（4）若工件表面很平，干涉条纹是平行直线。如果工件表面稍微凹凸，干涉条纹将发生弯曲。若量出相邻干涉条纹距离为 a，干涉系统的弯曲量为 b，则平面度偏差 h 为：

$$h = \frac{b}{a} \times \frac{\lambda}{2} \tag{4-5}$$

若干涉条纹成一个圆圈状（称牛顿环）时，$b=a$，则平面度为 $\frac{\lambda}{2}$。

4）绝对光波干涉的应用

最常见的应用是平面平晶检定量块或测量工件的平面度。在检定或测量时，使平晶和工件接触并有一微小的倾角，如在白光下，便可看见彩色的干涉条纹；若在单色光下，可见明暗相间色的干涉条纹。

4.2　通用卡尺

通用卡尺是长度测量中最常用的量具之一。它具有结构简单、使用方便等优点，而被广泛使用。但卡尺不符合阿贝原则，存在原理误差与制造误差，精度较低，只能用于一般精度的测量。

通用卡尺根据其结构形式和测量参数不同，有游标卡尺、带表卡尺、数显卡尺、深度游标卡尺、数显深度卡尺、游标中心距卡尺、数显中心距卡尺、游标高度卡尺、数显高度卡尺、圆标高度卡尺、齿厚游标卡尺等。游标卡尺的测量范围有 0～125mm，0～200mm，0～300mm，0～500mm，300～800mm，400～1000mm，600～1500mm，800～2000mm 几种，分度值为 0.02mm，0.05mm，0.01mm 三种。

4.2.1 通用卡尺分类

1. 游标卡尺

利用游标尺和主尺相互配合进行测量和读数的量具，称为游标量具，主要包括：游标卡尺、高度游标卡尺、深度游标卡尺、游标量角尺（如万能量角尺）和齿厚游标卡尺等，用以测量零件的外径、内径、长度、宽度、厚度、高度、深度、角度以及齿轮的齿厚等，应用范围非常广泛。

游标卡尺是一种常用的量具，具有结构简单、使用方便、精度中等和测量尺寸范围大等特点，可以用它来测量零件的外径、内径、长度、宽度、厚度、深度和孔距等。

游标卡尺的结构形式主要为：

（1）测量范围为 0~125mm 的游标卡尺，结构为带有刀口形的上下量爪和带有深度尺的形式，如图 4-7 所示。

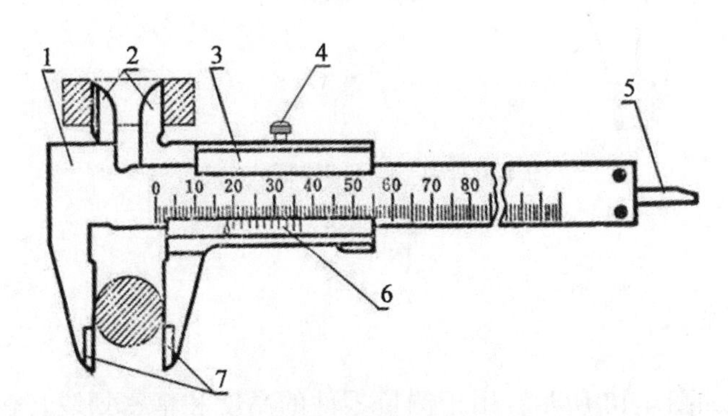

1—尺身；2—上量爪；3—尺框；4—紧固螺钉；5—深度尺；6—游标；7—下量爪

图 4-7 游标卡尺结构形式之一

（2）测量范围为 0~200mm 和 0~300mm 的游标卡尺，结构为带有内外测量面的下量爪和带有刀口形的上量爪的形式，如图 4-8 所示。

（3）测量范围为 0~200mm 和 0~300mm 的游标卡尺，结构为只带有内外测量面的下量爪的形式，如图 4-9 所示。而测量范围大于 300mm 的游标卡尺，其结构仅带有下量爪的形式。

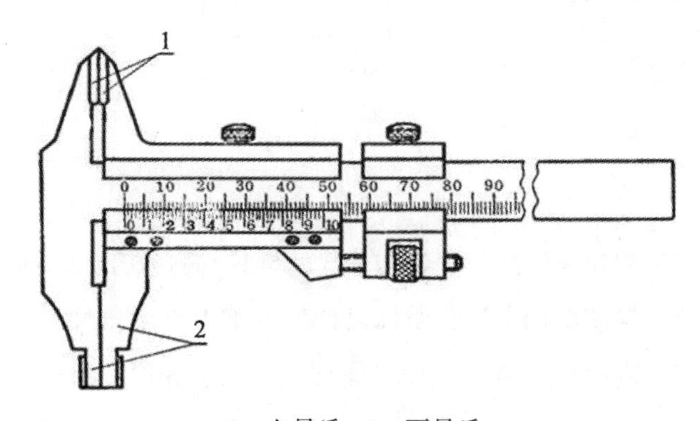

1—上量爪；2—下量爪

图 4-8　游标卡尺结构形式之二

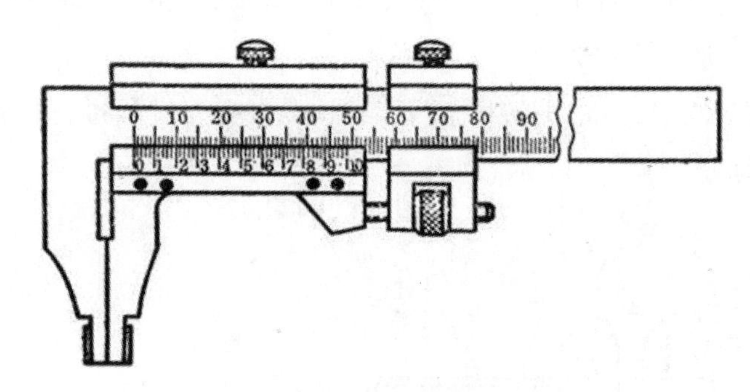

图 4-9　游标卡尺结构形式之三

2. 高度游标卡尺

高度游标卡尺如图 4-10 所示，用于测量零件的高度和精密划线。它的结构特点是用质量较大的基座 4 代替固定量爪 5，而可移动的尺框 3 则通过横臂装有测量高度和划线用的量爪，量爪的测量面上镶有硬质合金，提高量爪使用寿命。

高度游标卡尺的测量工作应在平台上进行。当量爪的测量面与基座的底平面位于同一平面时，如在同一平台平面上，主尺 1 与游标 6 的零线相互对准。所以在测量高度时，量爪测量面的高度，就是被测量零件的高度尺寸，它的具体数值与游标卡尺一样可在主尺（整数部分）和游标（小数部分）上读出。应用高度游标卡尺划线时，调好划线高度，用紧固螺钉 2 把尺框锁紧后，也应在平台上进行先调整再进行划线。图 4-11 为高度游标卡尺的应用。

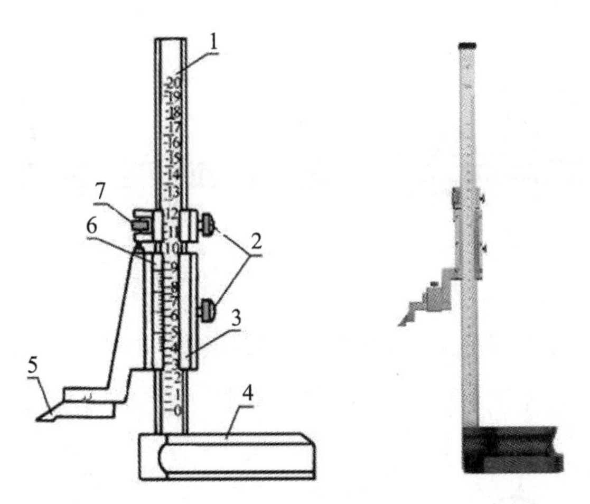

1—主尺；2—紧固螺钉；3—尺框；4—基座；5—量爪；6—游标；7—微动装置

图 4-10 高度游标卡尺

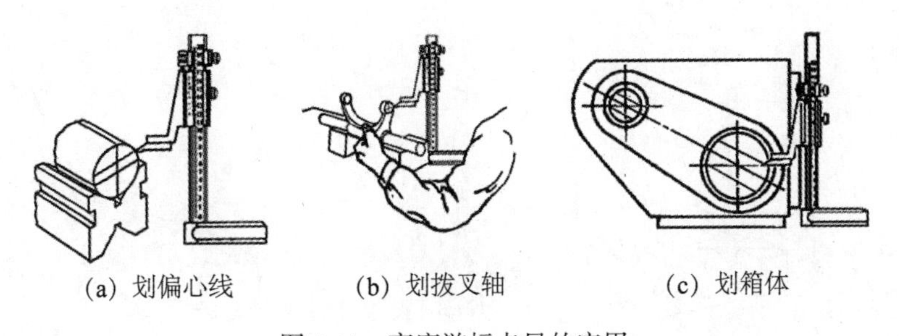

(a) 划偏心线　(b) 划拨叉轴　(c) 划箱体

图 4-11 高度游标卡尺的应用

3. 深度游标卡尺

深度游标卡尺如图 4-12 所示，用于测量零件的深度尺寸、台阶高低或槽的深度。它的结构特点是尺框 3 的两个量爪连成一起成为一个带游标的测量基座 1，基座的端面和尺身 4 的端面就是它的两个测量面。如测量内孔深度时应把基座的端面紧靠在被测孔的端面上，使尺身与被测孔的中心线平行，伸入尺身，则尺身端面至基座端面之间的距离，就是被测零件的深度尺寸。它的读数方法和游标卡尺完全一样。

测量时，先把测量基座轻轻压在工件的基准面上，两个端面必须接触工件的基准面，图 4-13（a）所示。

测量轴类等台阶时，测量基座的端面一定要压紧基准面，如图 4-13（b）、（c）所示，再移动尺身，直到尺身的端面接触到工件的量面（台阶面），然后用紧固螺钉固定尺框，

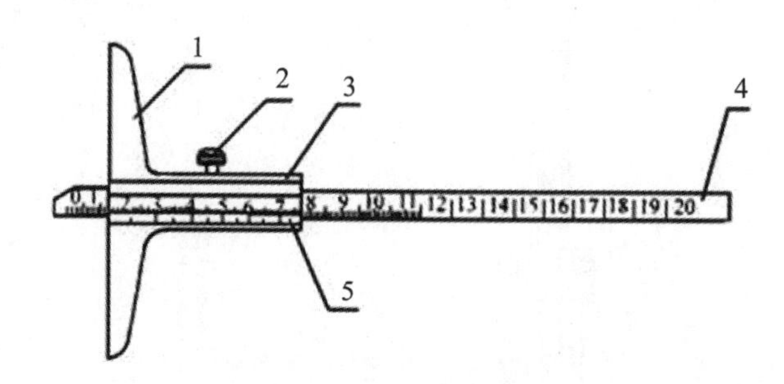

1—测量基座；2—紧固螺钉；3—尺框；4—尺身；5—游标

图 4-12　深度游标卡尺

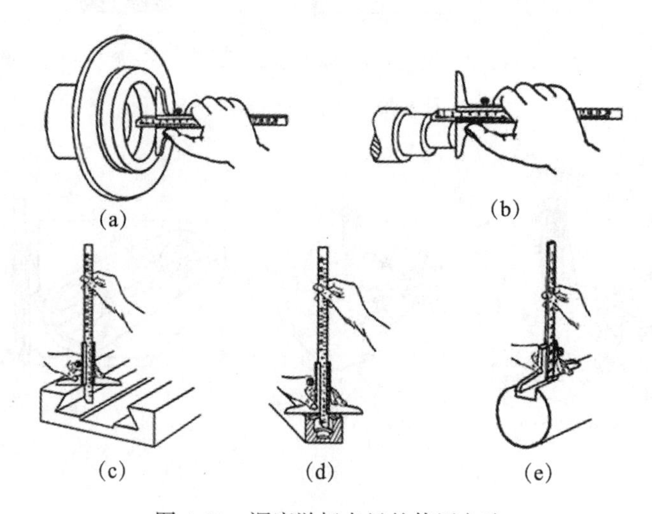

图 4-13　深度游标卡尺的使用方法

提起卡尺，读出深度尺寸。多台阶小直径的内孔深度测量，要注意尺身的端面是否在要测量的台阶上，如图 4-13（d）所示。当基准面是曲线时，如图 4-13（e）所示，测量基座的端面必须放在曲线的最高点上，测量出的深度尺寸才是工件的实际尺寸，否则会出现测量误差。

4. 齿厚游标卡尺

齿厚游标卡尺（图 4-14）用来测量齿轮（或蜗杆）的弦齿厚和弦齿顶。这种游标卡尺由两个互相垂直的主尺组成，因此它就有两个游标。图 4-14（a）中 A 的尺寸由垂直主尺上的游标调整；B 的尺寸由水平主尺上的游标调整。刻线原理和读法与一般游标卡尺相同。

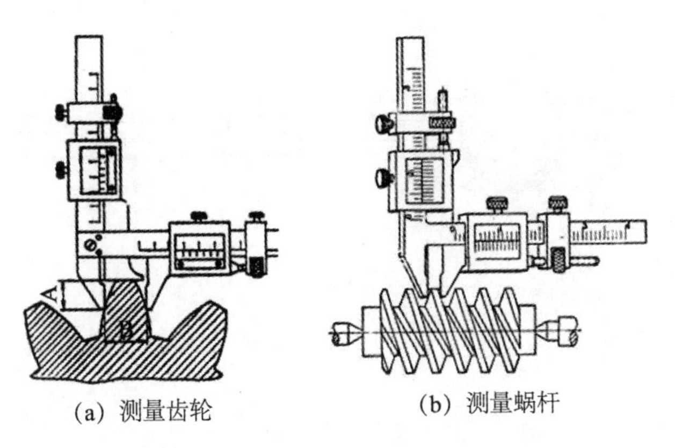

(a) 测量齿轮　(b) 测量蜗杆

图 4-14　齿厚游标卡尺测量齿轮与蜗杆

测量蜗杆时，将齿厚游标卡尺读数调整到等于齿顶高（蜗杆齿顶高等于模数 m_s），法向卡入齿廓，测得的读数是蜗杆中径（d_2）的法向齿厚。但图纸上一般注明的是轴向齿厚，必须进行换算。法向齿厚 S_n 的换算公式如下：

$$S_n = \frac{\pi m_s}{2}\cos\tau \tag{4-6}$$

5. 带表卡尺

长度游标卡尺、深度游标卡尺及厚度游标卡尺等都存在一个共同的问题，就是读数不很清晰，容易读错，有时不得不借放大镜将读数部分放大。

游标卡尺采用无视差结构，使游标刻线与主尺刻线处在同一平面上，消除了在读数时因视线倾斜而产生的视差。装有测微表的带表游标卡尺（图 4-15），它是运用齿条传动齿轮带动指针显示数值，主尺上有大致的刻度，结合指示表读数，是游标卡尺的一种，但比普通游标卡尺读数更为快捷、准确。带表游标卡尺的规格见表 4-3。

表 4-3　**带表游标卡尺规格**　（单位：mm）

测量范围	指示表读数值	指示表示值误差范围
0~150	0.01	1
0~200	0.02	1；2
0~300	0.05	5

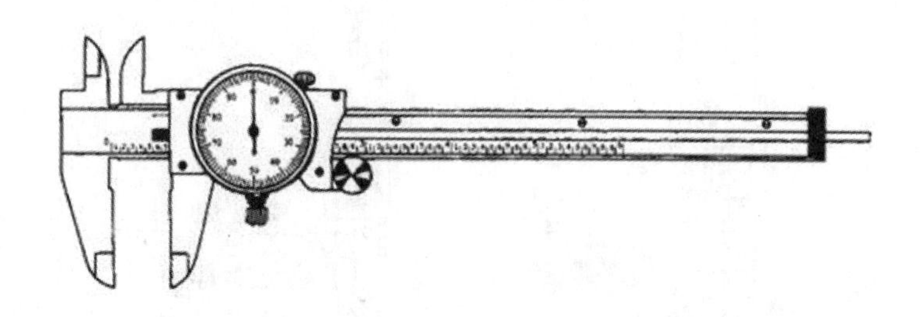

图 4-15　带表游标卡尺

6. 数显卡尺

带有数字显示装置的游标卡尺（图 4-16），在零件表面上量得尺寸时，就直接用数字显示出来，使用极为方便。数字显示游标卡尺的规格见表 4-4。

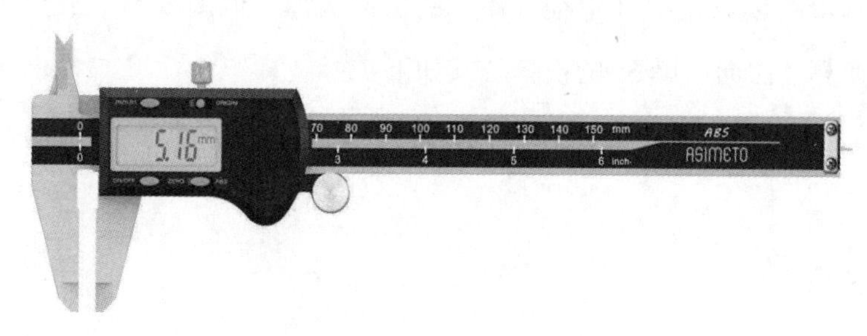

图 4-16　数显式游标卡尺

表 4-4　**数字显示游标卡尺**

名称	数显游标卡尺	数显高度尺	数显深度尺
测量范围/mm	0～150；0～200；0～300；0～500	0～300；0～500	0～200
分辨率/mm	0.01		
测量精度/mm	（0～200）0.03；（200～300）0.04；（300～500）0.05		
测量移动速度/（m/s）	1.5		
使用温度/℃	0～40		

7. 中心距卡尺

中心距卡尺（游标和数显）主要用于平面上两圆孔（柱孔及锥孔）轴心线之间距离的

测量，较之于普通卡尺测量更快捷、方便和准确。（见图 4-17、图 4-18）

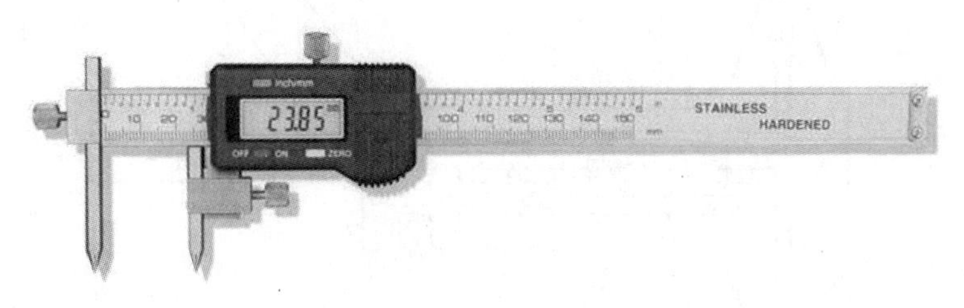

图 4-17 数显中心距卡尺实物图

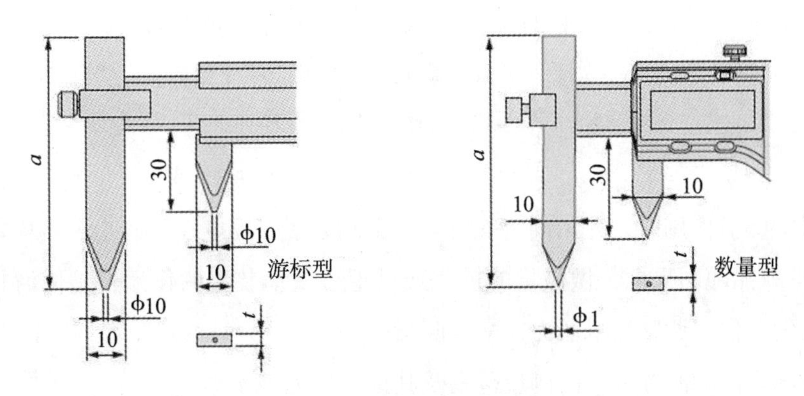

图 4-18 中心距卡尺示意图

4.2.2 游标卡尺的结构及读数原理

1. 游标卡尺的组成

游标卡尺主要由以下几部分组成：

（1）具有固定量爪的尺身，如图 4-19 中的 1。尺身上有类似钢尺一样的主尺刻度，如图 4-19 中的 6。主尺上的刻线间距为 1mm。主尺的长度决定于游标卡尺的测量范围。

（2）具有活动量爪的尺框，如图 4-19 中的 3。尺框上有游标，如图 4-19 中的 8，游标卡尺的游标读数值可制成为 0.1mm、0.05mm 和 0.02mm 三种。游标读数值，就是指使用这种游标卡尺测量零件尺寸时，卡尺上能够读出的最小数值。

（3）在 0~125mm 的游标卡尺上，还带有测量深度的深度尺。深度尺固定在尺框的背面，能随着尺框在尺身的导向凹槽中移动。测量深度时，应把尺身尾部的端面靠紧在零件的测量基准平面上。

（4）测量范围等于和大于 200mm 的游标卡尺，带有随尺框作微动调整的微动装置，

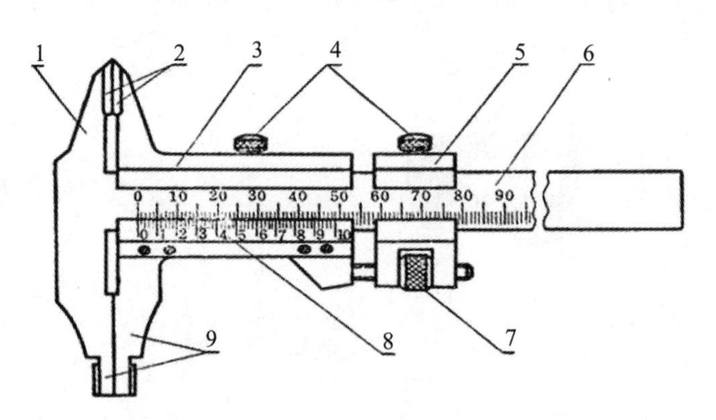

1—尺身；2—上量爪、3—尺框；4—紧固螺钉；5—微动装置；
6—主尺；7—微动螺母；8—游标；9—下量爪

图 4-19 游标卡尺结构形式

如图 4-19 中的 5。使用时，先用固定螺钉 4 把微动装置 5 固定在尺身上，再转动微动螺母 7，活动量爪就能随同尺框 3 做微量的前进或后退。微动装置的作用，是使游标卡尺在测量时用力均匀，便于调整测量压力，减少测量误差。

目前我国生产的游标卡尺的测量范围及其读数值见表 4-5。

表 4-5 **游标卡尺的测量范围和读数值**

测量范围/mm	游标读数值/mm	测量范围/mm	游标读数值/mm
0~25	0.02；0.05；0.10	300~800	0.05；0.10
0~200	0.02；0.05；0.10	400~1000	0.05；0.10
0~300	0.02；0.05；0.10	600~1500	0.05；0.10
0~500	0.05；0.10	800~2000	0.10

2. 游标卡尺的读数原理和读数方法

游标卡尺的读数机构，是由主尺和游标（如图 4-19 中的 6 和 8）两部分组成。当活动量爪与固定量爪贴合时，游标上的“0”刻线（简称游标零线）对准主尺上的“0”刻线，此时量爪间的距离为“0”，见图 4-19。当尺框向右移动到某一位置时，固定量爪与活动量爪之间的距离，就是零件的测量尺寸。此时零件尺寸的整数部分，可在游标零线左边的主尺刻线上读出来，而比 1mm 小的小数部分，可借助游标读数机构来读出，现把三种游标卡尺的读数原理和读数方法介绍如下。

1）游标读数值为 0. 1mm 的游标卡尺

如图 4-20（a）所示，主尺刻线间距（每格）为 1mm，当游标零线与主尺零线对准（两爪合并）时，游标上的第 10 刻线正好指向等于主尺上的 9mm，而游标上的其他刻线都不会与主尺上任何一条刻线对准。

游标每格间距 = 9mm÷10 = 0. 9mm；

主尺每格间距与游标每格间距相差 = 1mm−0. 9mm = 0. 1mm。

0. 1mm 即为此游标卡尺上游标所读出的最小数值，不能再读出比 0. 1mm 小的数值。

当游标向右移动 0. 1mm 时，则游标零线后的第 1 根刻线与主尺刻线对准。当游标向右移动 0. 2mm 时，则游标零线后的第 2 根刻线与主尺刻线对准；若游标向右移动 0. 5mm，如图 4-20（b）所示，则游标上的第 5 根刻线与主尺刻线对准，依次类推。由此可知，游标向右移动不足 1mm 的距离，虽不能直接从主尺读出，但可以由游标的某一根刻线与主尺刻线对准时，该游标刻线的次序数乘以其读数值而读出其小数值。例如，图 4-20（b）的尺寸即为：5×0. 1 = 0. 5mm。

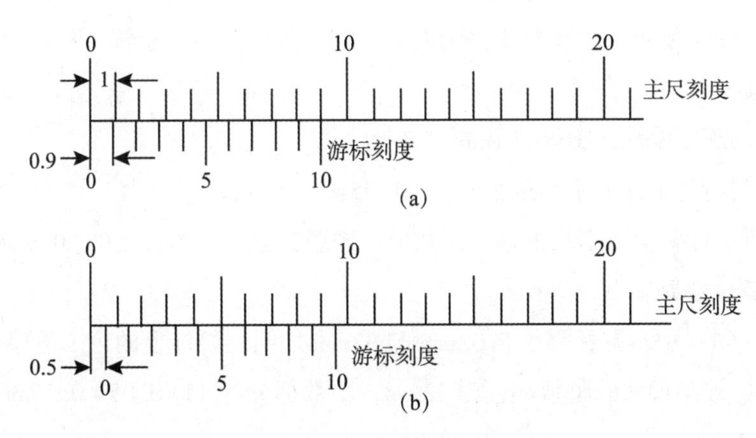

图 4-20　游标读数原理

另有 1 种读数值为 0. 1mm 的游标卡尺，如图 4-21（a）所示，是将游标上的 10 格对准主尺的 19mm，则游标每格 = 19mm÷10 = 1. 9mm，使主尺 2 格与游标 1 格相差 = 2−1. 9 = 0. 1mm。这种增大游标间距的方法，其读数原理并未改变，但使游标线条清晰，更容易看准读数。

在游标卡尺上读数时，首先要看游标零线的左边，读出主尺上尺寸的整数是多少毫米，其次是找出游标上第几根刻线与主尺刻线对准，该游标刻线的次序数乘以其游标读数值，读出尺寸的小数，整数和小数相加的总值，就是被测零件尺寸的数值。

在图 4-21（b）中，游标零线在 2mm 与 3mm 之间，其左边的主尺刻线是 2mm，所以被测尺寸的整数部分是 2mm，再观察游标刻线，这时游标上的第 3 根刻线与主尺刻线对准。所以，被测尺寸的小数部分为 3×0. 1＝0. 3mm，被测尺寸即为 2+0. 3＝2. 3mm。

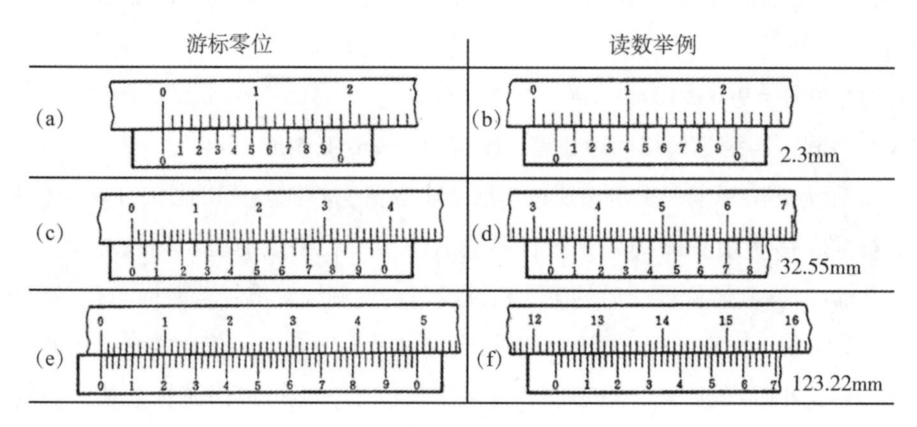

图 4-21　游标零位和读数举例

2）游标读数值为 0. 05mm 的游标卡尺

如图 4-21（c）所示，主尺每小格为 1mm，当两爪合并时，游标上的 20 格刚好等于主尺的 39mm，则：

游标每格间距＝39mm÷20＝1. 95mm；

主尺 2 格间距与游标 1 格间距相差＝2−1. 95＝0. 05mm。

0. 05mm 即为此种游标卡尺的最小读数值。同理，也有用游标上的 20 格刚好等于主尺上的 19mm，其读数原理不变。

在图 4-21（d）中，游标零线在 32mm 与 33mm 之间，游标上的第 11 格刻线与主尺刻线对准。所以，被测尺寸的整数部分为 32mm，小数部分为 11×0. 05＝0. 55mm，被测尺寸为 32+0. 55＝32. 55mm。

3）游标读数值为 0. 02mm 的游标卡尺

如图 4-21（e）所示，主尺每小格为 1mm，当两爪合并时，游标上的 50 格刚好等于主尺上的 49mm，则：

游标每格间距＝49mm÷50＝0. 98mm；

主尺每格间距与游标每格间距相差＝1−0. 98＝0. 02mm；

0. 02mm 即为此种游标卡尺的最小读数值。

在图 4-21（f）中，游标零线在 123mm 与 124mm 之间，游标上的 11 格刻线与主尺刻线对准。所以，被测尺寸的整数部分为 123mm，小数部分为 11×0. 02＝0. 22mm，被测尺寸为 123+0. 22=123. 22mm。

我们希望直接从游标尺上读出尺寸的小数部分，而不要通过上述的换算，为此，把游标的刻线次序数乘以其读数值所得的数值，标记在游标上，见图 4-21，这样就使读数方便了。

3. 游标卡尺的测量精度

测量或检验零件尺寸时，要按照零件尺寸的精度要求，选用相适应的量具。游标卡尺是一种中等精度的量具，它只适用于中等精度尺寸的测量和检验。用游标卡尺去测量锻铸件毛坯或精度要求很高的尺寸，都是不合理的。前者容易损坏量具，后者测量精度达不到要求，因为量具都有一定的示值误差，游标卡尺的示值误差见表 4-6。

表 4-6 **游标卡尺的示值误差**

游标读数值/mm	示值总误差/mm
0. 02	±0. 02
0. 05	±0. 05
0. 10	±0. 10

游标卡尺的示值误差，就是游标卡尺本身的制造精度，不论使用得怎样正确，卡尺本身就可能产生这些误差。例如，用游标读数值为 0. 02mm 的 0～125mm 的游标卡尺（示值误差为±0. 02mm），测量 Φ50mm 的轴时，若游标卡尺上的读数为 50. 00mm，实际直径可能是 Φ50. 02mm，也可能是 Φ49. 98mm。这不是游标卡尺的使用方法有什么问题，而是它本身制造精度所允许产生的误差。因此，若该轴的直径尺寸是 IT5 级精度的基准轴（$\Phi50^{0}_{0.025}$），则轴的制造公差为 0. 025mm，而游标卡尺本身就有±0. 02mm 的示值误差，选用这样的量具去测量，显然是无法保证轴径的精度要求的。

如果受条件限制（如受测量位置限制），其他精密量具用不上，必须用游标卡尺测量较精密的零件尺寸时，又该怎么办呢？此时，可以用游标卡尺先测量与被测尺寸相当的块规，消除游标卡尺的示值误差（称为用块规校对游标卡尺）。例如，要测量上述 Φ50mm 的轴时，先测量 50mm 的块规，看游标卡尺上的读数是不是正好为 50mm。如果不是正好为 50mm，则比 50mm 大的或小的数值，就是游标卡尺的实际示值误差，测量零件时，应把此误差作为修正值考虑进去。例如，测量 50mm 块规时，游标卡尺上的读数为 49. 98mm，即游标卡尺的读数比实际尺寸小 0. 02mm，则测量轴时，应在游标卡尺的读数上加上 0. 02mm，才是轴的实际直径尺寸，若测量 50mm 块规时的读数是 50. 01mm，则在测量轴时，应在读数上减去 0.01mm，才是轴的实际直径尺寸。另外，游标卡尺测量时的松紧程度（即测量压力的大小）和读数误差（即看准是哪一根刻线对准），对测量精度影响亦很大。所以，当必须用游标卡尺测量精度要求较高的尺寸时，最好采用和测量相等尺寸的块规相比较的办法。

4.2.3　游标卡尺的使用方法

量具使用得是否合理，不但影响量具本身的精度，而且直接影响零件尺寸的测量精度，甚至发生质量事故，对国家造成不必要的损失。所以，我们必须重视量具的正确使用，对测量技术精益求精，务必获得正确的测量结果，确保产品质量。

使用游标卡尺测量零件尺寸时，必须注意下列几点：

（1）测量前应把卡尺擦拭干净，检查卡尺的两个测量面和测量刃口是否平直无损，把两个量爪紧密贴合时，应无明显的间隙，同时游标和主尺的零位刻线要相互对准。这个过程称为校对游标卡尺的零位。

（2）移动尺框时，活动要自如，不应过松或过紧，更不能有晃动现象。用固定螺钉固定尺框时，卡尺的读数不应有所改变。在移动尺框时，不要忘记松开固定螺钉，亦不宜过松以免掉了。

（3）当测量零件的外尺寸时，卡尺两测量面的连线应垂直于被测量表面，不能歪斜。测量时，可以轻轻摇动卡尺，放正垂直位置，如图 4-22 所示。否则，量爪若在如图 4-22 所示的错误位置上，将使测量结果 a 比实际尺寸 b 要大；先把卡尺的活动量爪张开，使量爪能自由地卡进工件，把零件贴靠在固定量爪上，然后移动尺框，用轻微的压力使活动量爪接触零件。如卡尺带有微动装置，此时可拧紧微动装置上的固定螺钉，再转动调节螺母，使量爪接触零件并读取尺寸。决不可把卡尺的两个量爪调节到接近甚至小于所测尺寸，把卡尺强制卡到零件上去。这样做会使量爪变形，或使测量面过早磨损，使卡尺失去应有的精度。

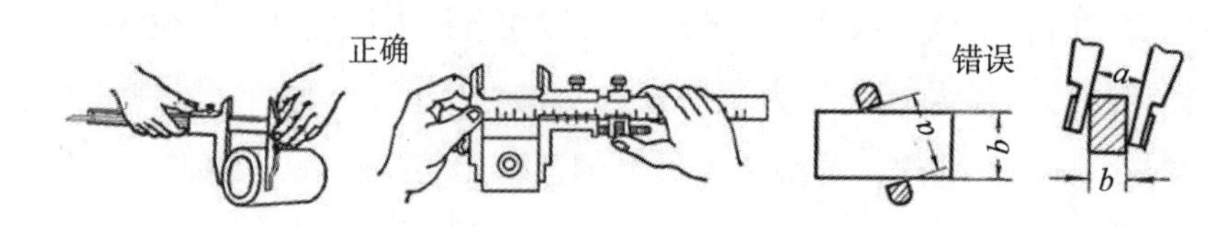

图 4-22　测量外尺寸时正确与错误的位置

测量沟槽时，应当用量爪的平面测量刃进行测量，尽量避免用端部测量刃和刀口形量爪去测量外尺寸。而对于圆弧形沟槽尺寸，则应当用刃口形量爪进行测量，不应当用平面形测量刃进行测量，如图 4-23 所示。

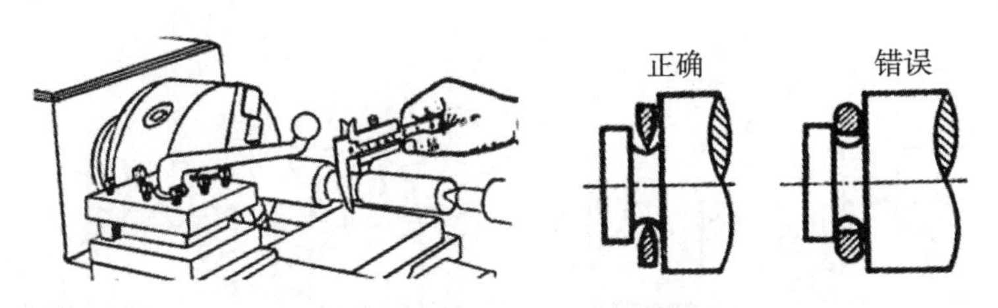

图 4-23　测量沟槽时正确与错误的位置

测量沟槽宽度时，也要放正游标卡尺的位置，应使卡尺两测量刃的连线垂直于沟槽，不能歪斜。否则，量爪若在如图 4-24 所示的错误位置上，也将使测量结果不准确（可能大也可能小）。

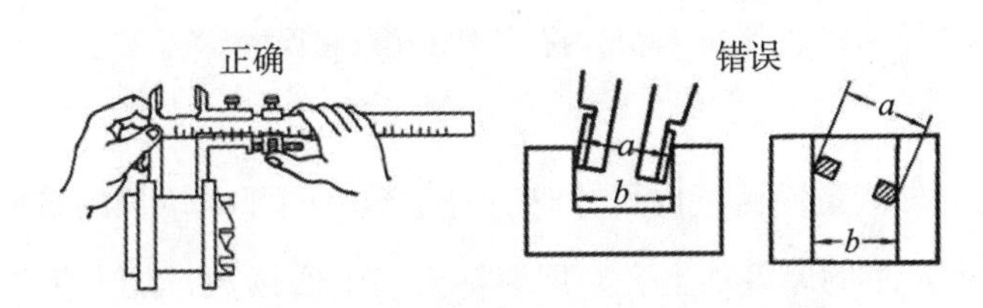

图 4-24　测量沟槽宽度时正确与错误的位置

（4）当测量零件的内尺寸时，如图 4-25 所示，要使量爪分开的距离小于所测内尺寸，进入零件内孔后，再慢慢张开并轻轻接触零件内表面，用固定螺钉固定尺框后，轻轻取出卡尺来读数。取出量爪时，用力要均匀，并使卡尺沿着孔的中心线方向滑出，不可歪斜，以免使量爪扭伤、变形和受到不必要的磨损，同时会使尺框走动，影响测量精度。

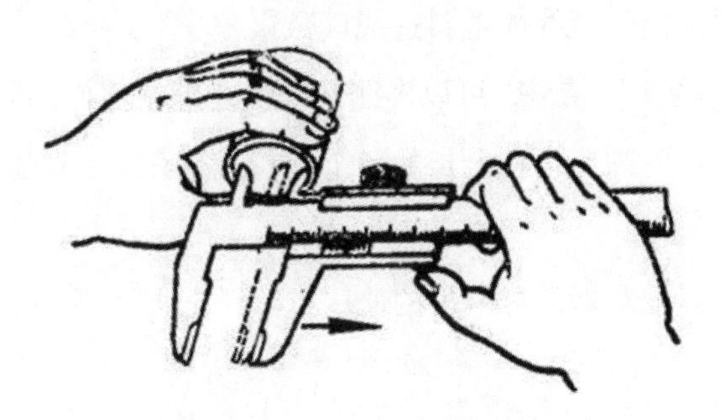

图 4-25　内孔径的测量方法

卡尺两测量刃应在孔的直径上，不能偏歪。如图 4-26 所示为带有刀口形量爪和带有圆柱面形量爪的游标卡尺，在测量内孔时正确的和错误的位置。当量爪在错误位置时，其测量结果将比实际孔径 D 要小。

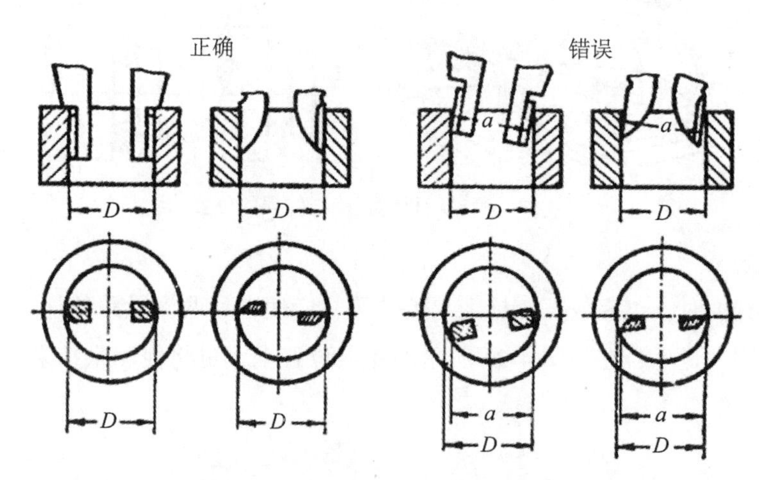

图 4-26　测量内孔径时正确与错误位置

（5）用下量爪的外测量面测量内尺寸时，对于带有圆弧内量爪的游标卡尺，在读取测量结果时，一定要把量爪的厚度加上去。即游标卡尺上的读数，加上量爪的厚度，才是被测零件的内尺寸。测量范围在 500mm 以下的游标卡尺，量爪厚度一般为 10mm。但当量爪磨损和修理后，量爪厚度就要小于 10mm，读数时这个修正值也要考虑进去。

（6）用游标卡尺测量零件时，不允许过分地施加压力，所用压力应使两个量爪刚好接触零件表面。如果测量压力过大，不但会使量爪弯曲或磨损，且量爪在压力作用下产生弹性变形，使测量的尺寸不准确（外尺寸小于实际尺寸，内尺寸大于实际尺寸）。

在游标卡尺上读数时，应把卡尺水平拿着，朝着亮光的方向，使人的视线尽可能和卡尺的刻线表面垂直，以免由于视线的歪斜造成读数误差。

（7）为了获得正确的测量结果，可以多测量几次。即在零件的同一截面上的不同方向进行测量。对于较长零件，则应当在全长的各个部位进行测量，务必获得一个比较正确的测量结果。

为了便于记忆，更好地掌握游标卡尺的使用方法，把上述提到的几个主要问题整理成顺口溜，供读者参考。

量爪贴合无间隙，主尺游标两对零。

尺框活动能自如，不松不紧不晃动。

测力松紧细调整，切勿当作卡规用。

量轴防歪斜，量孔防偏歪，

测量内尺寸，爪厚勿忘加。

面对光亮处，读数垂直看。

4.2.4 游标卡尺应用举例

1. 用游标卡尺测量 T 形槽的宽度

用游标卡尺测量 T 形槽的宽度，如图 4-27 所示。测量时将量爪外缘端面的小平面贴在零件凹槽的平面上，用固定螺钉将微动装置固定，转动调节螺母，使量爪的外测量面轻轻地与 T 形槽表面接触，并放正两量爪的位置（可以轻轻地摆动一个量爪，找到槽宽的垂直位置），读出游标卡尺的读数，如图 4-27 中用 A 表示。但由于它是用量爪的外测量面测量内尺寸的，卡尺上所读出的读数 A 是量爪内测量面之间的距离，因此必须加上两个量爪的厚度 b，才是 T 形槽的宽度。所以，T 形槽的宽度 $L=A+b$。

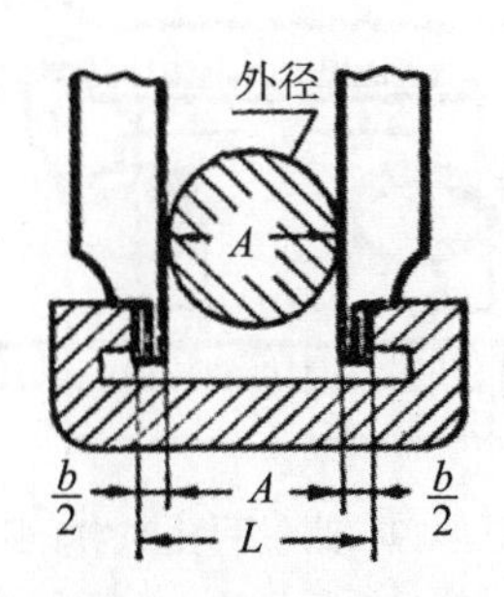

图 4-27 测量 T 形槽的宽度

2. 用游标卡尺测量孔中心线与侧平面之间的距离

用游标卡尺测量孔中心线与侧平面之间的距离 L 时，先要用游标卡尺测量出孔的直径 D，再用刃口形量爪测量孔的壁面与零件侧面之间的最短距离，如图 4-28 所示。

此时，卡尺应垂直于侧平面，且要找到它的最小尺寸，读出卡尺的读数 A，则孔中心线与侧平面之间的距离为：

$$L = A + \frac{D}{2} \tag{4-7}$$

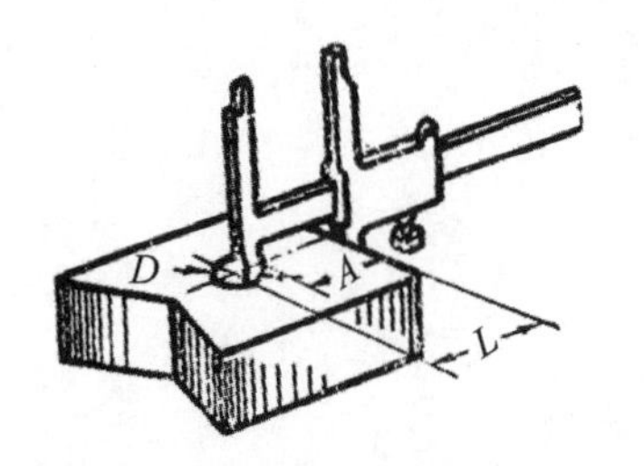

图 4-28　测量孔与侧面之间的距离

3. 用游标卡尺测量两孔的中心距

用游标卡尺测量两孔的中心距有两种方法：一种是先用游标卡尺分别量出两孔的内径 D_1 和 D_2，再量出两孔内表面之间的最大距离 A，如图 4-29 所示，则两孔的中心距：

$$L = A - \frac{1}{2}(D_1 + D_2) \tag{4-8}$$

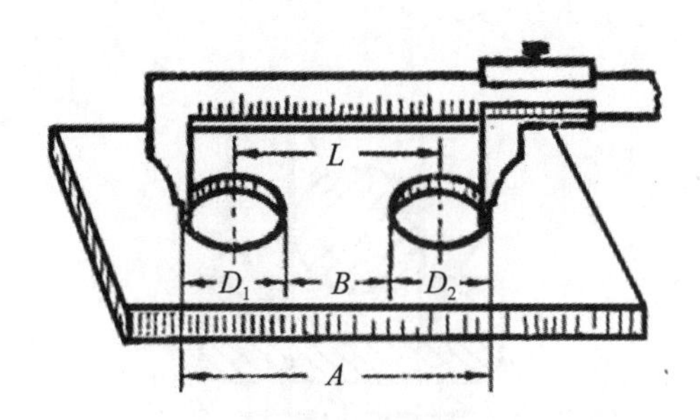

图 4-29　测量两孔的中心距

另一种测量方法，也是先分别量出两孔的内径 D_1 和 D_2，然后用刀口形量爪量出两孔内表面之间的最小距离 B，则两孔的中心距：

$$L = B + \frac{1}{2}(D_1 + D_2) \tag{4-9}$$

4.3　检定游标类量具标准器组

4.3.1　标准器组组成

检定游标类量具，测量器具及配套设备有：5 等量块（或者 6 等量块），工具显微镜或读数显微镜（影像测量仪），表面粗糙度比较样块，刀口形直尺，外径千分尺，2 级塞尺等。

在游标卡尺的首次检定和后续检定中，2 级塞尺用来检测卡尺各部分相对位置，工具显微镜或读数显微镜检测标尺标记的宽度和宽度差以及零值误差，表面粗糙度比较样块测量测量面的表面粗糙度，刀口形直尺测量测量面的平面度，外径千分尺测量圆弧内量爪的基本尺寸和平行度以及刀口内量爪的基本尺寸和平行度，5 等量块（或者 6 等量块）测量示值误差。

4.3.2 量块

量块是长度计量中最基本、也是使用最为广泛的实物量具之一。在长度计量的许多检定项目中，经常将量块作为计量标准器，对计量仪器、量具和量规等示值误差进行检定或校准，再通过这些计量器具对机械制造中的尺寸进行测量，从而使各种机械产品的尺寸溯源到长度基准。因此，量块是长度计量中最重要的计量标准器之一。

1. 量块概述

量块的外形有长方形、正方形和圆柱形 3 种，并有公制和英制量块两个系列。量块实物图见图 4-30，其中 12 块组 5 等量块如图 4-31 所示。

图 4-30 量块实物图

长方形的量块有 6 个面，其中有 2 个面为测量面，另外 4 个面为侧面。标称长度小于 5.5mm 的量块，代表其标称长度的数码刻印在上工作面上，与其相背的为下测量面。标称长度大于 5.5mm 的量块，代表其标称长度的数码刻印在面积较大的侧面上。当此侧面顺向面对观察者放置时，其右边的面为上测量面，左边的面为下测量面。

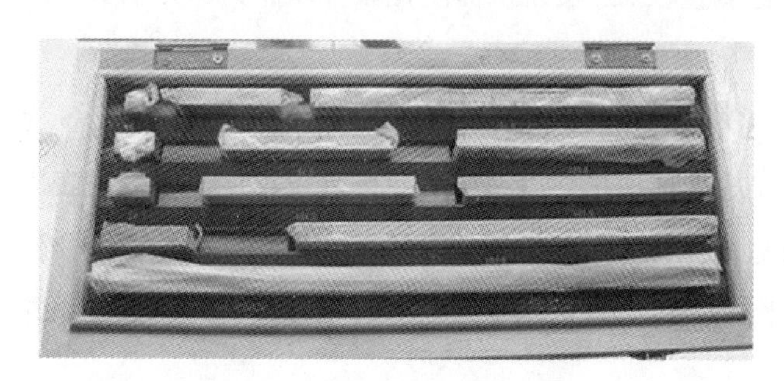

图 4-31　12 块组 5 等量块实物图

量块可以由几种耐磨材料制成。使用最普遍、由 GCr15 轴承钢制成的量块被称为钢制量块，其他还有硬质合金量块和陶瓷量块等。根据量块国家标准，在温度为 10~30℃范围内，钢制量块的热膨胀系数应为（11.5±1.0）$\times10^{-6}$℃$^{-1}$。

2. 量块的尺寸分布

量块是一种单值量具，即每块量块只有一个长度尺寸可供使用。但是利用其研合性，可将 2 块甚至多块量块研合在一起组成各种长度尺寸供测量时使用，使量块成为多值量具。为了使用较少的量块组成较多的尺寸，必须使量块具有成套性，并且量块的标称长度应分布合理。我国常用的量块的最小和最大标称长度分别为 0.5mm 和 1mm。100mm 以下的成套量块常用的有 91 块组、83 块组、46 块组、38 块组、10 块组、20 块组等。例如，最常用的 83 块组是由 0.5mm、1mm、1.005mm 的量块各 1 块；1.01~1.49mm，尺寸间隔为 0.01mm 的 49 块；1.5~1.9mm，尺寸间隔为 0.1mm 的 5 块；2.0~9.5mm，尺寸间隔为 0.5mm 的 16 块，以及 10~100mm、尺寸间隔为 10mm 的 10 块量块组成。常用的两组 10 块量块，习惯上被称为负 10 块和正 10 块。负 10 块由 0.991~1mm，尺寸间隔为 0.001mm 的 10 块量块组成。正 10 块由 1~1.009mm，尺寸间隔为 0.001mm 的 10 块量块组成。100mm 以上的量块习惯上被称为长量块，成套量块有 8 块组和 5 块组，习惯上称其为大 8 块和大 5 块。另外还有 12 块组量块，其尺寸为 10mm、20mm（两块）、41.2mm、51.2mm、81.5mm、101.2mm、121.5mm、121.8mm、191.8mm、201.5mm、291.8mm 共 12 块，用于检定卡尺类量具。20 块组量块有：5.12mm、10.24mm、15.36mm、21.5mm、25mm、30.12mm、35.24mm、40.36mm、46.5mm、50mm、55.12mm、60.24mm、65.36mm、71.5mm、75mm、80.12mm、85.24mm、90.36mm、96.5mm、100mm。

3. 量块的级和等

量块的级和等是量块生产、检定和使用工作中应掌握的重要概念。在量块生产时，应使用级的概念，即量块制造者应按照各级量块技术要求制造不同准确度级别的量块，并在量块出厂时注明其级别。而在量块检定时使用等的概念，即按照量块的测量不确定度和其他技术要求为被检量块定等，并在出具检定证书上标明其等别。

1）量块的级

量块主要是按照量块长度相对于标称长度的偏差来分级，同量各级量块对量块长度变动量和其他性能也有相应要求。根据量块国家标准的规定，量块分为 K、0、1、2、3 级 5 个准确度级别。

各级量块的技术指标见表 4-7。

表 4-7 **各级量块的技术指标**

级别	对标称长度偏差最大允许值的计算公式	长度变动量最大允许值的计算公式
K	$0.20\mu m+4\times10^{-6}l_n$	$0.05\mu m+0.2\times10^{-6}l_n$
0	$0.10\mu m+2\times10^{-6}l_n$	$0.10\mu m+0.3\times10^{-6}l_n$
1	$0.20\mu m+4\times10^{-6}l_n$	$0.16\mu m+0.45\times10^{-6}l_n$
2	$0.40\mu m+8\times10^{-6}l_n$	$0.30\mu m+0.7\times10^{-6}l_n$
3	$0.80\mu m+16\times10^{-6}l_n$	$0.50\mu m+1\times10^{-6}l_n$

注：l_n 为标称长度，单位 mm，下同。

从表 4-7 中可看出，对量块定级需满足两个条件，一是对标称长度的偏差，二是长度变动量。K 级量块的技术要求相对于其他级别比较特殊，因此 K 级量块也被称为校准级。对 K 级量块中心长度与标称长度的偏差要求相当于 1 级量块，而对其长度变动量的要求却高于 0 级量块。这是因为，高级别量块的制作成本比低级别量块的制作成本高得多，适当放宽其对标称尺寸的偏差要求有利于降低成本。因为高级别量块一般按等使用，即根据检定结果使用其实测尺寸，因此即使与标称长度的偏差稍大一些，通过检定得到其实际尺寸，这样并不妨碍其作为高级别量块使用。

2）量块的等

量块主要以其长度的测量不确定度来分等，同时量块各等对量块长度变动量和其他性能也有相应要求。根据量块国家标准的规定，量块分为 1、2、3、4、5 等。各等量块的技术指标见表 4-8。

表 4-8　　各等量块的技术指标

等别	长度测量不确定度最大允许值的计算公式	长度变动量最大允许值的计算公式
K	$0.02\mu m+0.2\times10^{-6}l_n$	$0.05\mu m+0.2\times10^{-6}l_n$
0	$0.05\mu m+0.5\times10^{-6}l_n$	$0.10\mu m+0.3\times10^{-6}l_n$
1	$0.10\mu m+1\times10^{-6}l_n$	$0.16\mu m+0.45\times10^{-6}l_n$
2	$0.20\mu m+2\times10^{-6}l_n$	$0.30\mu m+0.7\times10^{-6}l_n$
3	$0.50\mu m+5\times10^{-6}l_n$	$0.50\mu m+1\times10^{-6}l_n$

从表 4-8 可看出，决定量块的等应满足两个条件，一是对量块长度测量结果的不确定度，二是长度变动量。其中的测量不确定度要求主要取决于测量所使用的仪器和测量方法，也包括对被检量块本身的质量要求。例如，量块的表面粗糙度、平面度、研合性、长度变动量等。因此，对拟按某等检定的量块需要首先检定其表面质量及其长度变动量等是否满足要求。

3）级和等的相互关系

级和等虽然是两个概念，但相互间又有关联。从以上对不同级和等的技术要求可以看出，它们对长度变动量都有要求，量块的级别或等别越高，对长度变动量的要求也越高，而且一定级别与一定等别量块的长度变动量要求一一对应。因此，对首次拟按等检定量块的初始级别是有要求的。按照计量检定规程 JJG 146—2011《量块检定规程》，按等检定量块的初始级别应不低于表 4-9 的规定。

表 4-9　　按等检定量块的初始级别

首次拟检定量块的等	量块最低应具备的初始级别
1	K
2	0
3	1
4	2
5	3

4.3.3 平板和刀口形直尺

1. 平板和刀口形直尺概述

平板是以平面度为主要指标的计量器具，主要用于工件检验或划线。刀口形直尺是以直线度为主要指标的计量器具，以光隙法测量工件表面的直线度和平面度。

平板按其材料分为铸铁平板（图 4-32）和岩石平板（图 4-33）；按其结构型式铸铁平板分为筋板式和箱体式；岩石平板可分为凸缘和无凸缘的。按其准确度级别分为 0 级、1 级、2 级和 3 级。其中 2 级以上平板主要用于检验，3 级平板用于划线。平板有三个主支承点，支承点位置符合最小变形原则，一般取在平板边长的 2/9 处。对于大于 1000mm×1000mm 的平板，应增加辅助支承点。辅助支承点数应控制在最小的限度。

图 4-32　铸铁平板

图 4-33　岩石平板

刀口形直尺分为刀口尺、三棱尺和四棱尺（分别见图 4-34、图 4-35、图 4-36），刀口形直尺简图及工作棱边长度见表 4-10。

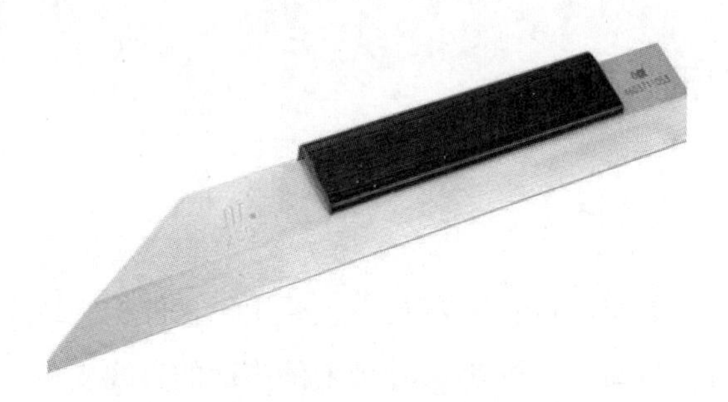

图 4-34　刀口形直尺

图 4-35　三棱尺

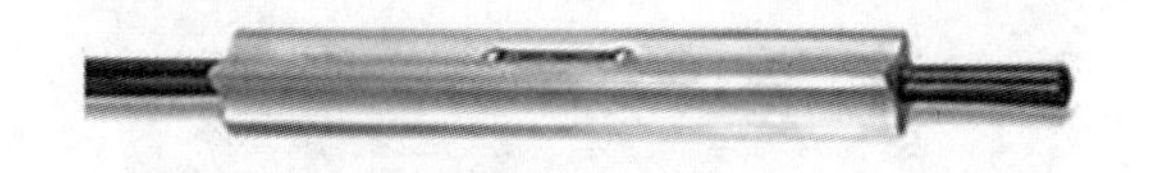

图 4-36　四棱尺

表 4-10　**刀口形直尺简图及工作棱边长度**

型　式	简　图	工作棱边长度/mm
刀口尺		75、125、175、200、225、300、400、500
三棱尺		175、200、225、300、500
四棱尺		125、175、200、225、300、400、500

2. 平板的主要技术要求

平板平面度最大允许误差计算公式：

$$t = c_1 \times l + c_2 \tag{4-10}$$

式中：t——平板工作面平面度允许限，μm；

l——平板对角线公称长度（修约到100mm），mm；

c_1、c_2——与平板准确度级别有关的系数，见表4-11。

表4-11 **c_1和c_2的值**

平板准确度级别	c_1	c_2
0	0.003	2.5
1	0.006	5
2	0.012	10
3	0.024	20

注：①与平板准确度级别相应的平面度允许限应修约到：0级平板为0.5μm；1级、2级和3级平板为1μm。

②按此公式计算的平面度为允许限值是在温度为20℃条件下，且平板工作面已调整至水平或工作面平面度最小的情况下得到的。

3. 刀口形直尺的主要技术要求

刀口形直尺工作棱边的直线度应符合表4-12的要求。

表4-12 **刀口形直尺工作棱边直线度的最大允许误差**

工作棱边长度L/mm	75	125	175	200	225	300	400	500
直线度最大允许误差MPES/μm	1.0	1.0	1.0	2.0	2.0	3.0	3.0	4.0

4.3.4 塞尺

1. 塞尺概述

塞尺是一种结构简单的片状定值量具，又称为厚薄规。塞尺是具有准确厚度尺寸的单片或成组的薄片，主要用于测量间隙。

2. 塞尺片结构和技术要求

塞尺片的厚度为0.02~3mm，长度为75~300mm，其实物图如图4-37所示，结构如图4-38、图4-39所示，塞尺片有Ⅰ型和Ⅱ型两种。

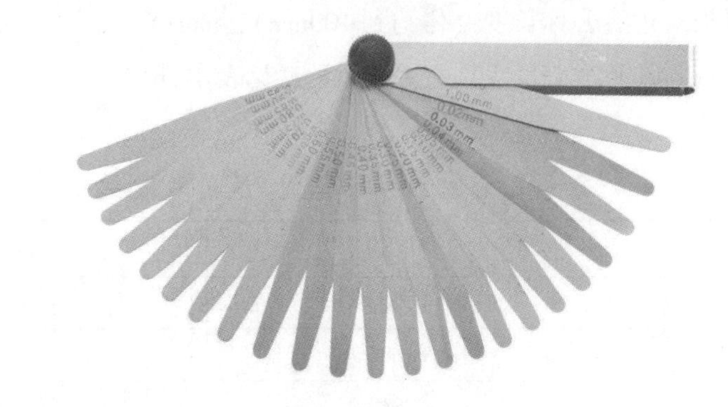

图 4-37　塞尺实物

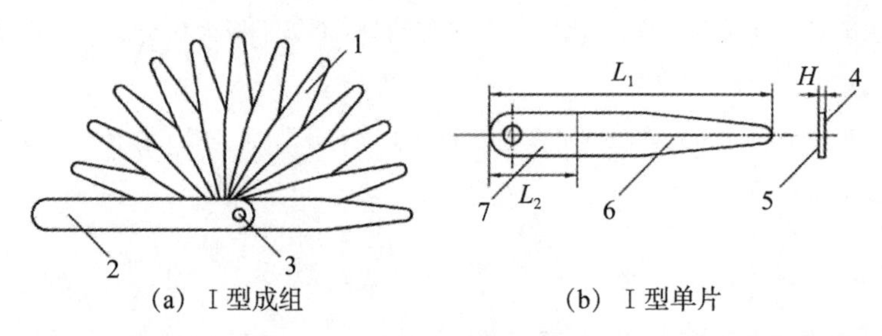

（a）Ⅰ型成组　　　　（b）Ⅰ型单片

1—塞尺片；2—保护板；3—连接件；4—正面（刻字面）；5—反面；6—工作区；7—非工作区

图 4-38　Ⅰ型塞尺

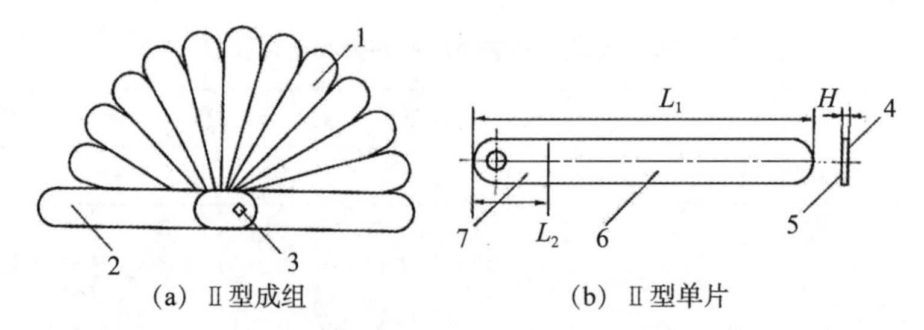

（a）Ⅱ型成组　　　　（b）Ⅱ型单片

1—塞尺片；2—保护板；3—连接件；4—正面（刻字面）；5—反面；6—工作区；7—非工作区

图 4-39　Ⅱ型塞尺

表 4-13　　**塞尺厚度极限偏差和弯曲度**

塞尺厚度 d/mm	塞尺厚度极限偏差 F_m/mm		塞尺弯曲度/mm
	首次检定	后续检定	
0. 02≤d≤0. 10	+0. 005 −0. 003	+0. 005 −0. 005	—

续表

塞尺厚度 d/mm	塞尺厚度极限偏差 F_m/mm		塞尺弯曲度/mm
	首次检定	后续检定	
$0.10<d\leq0.30$	+0.008 −0.005	+0.008 −0.008	≤0.006
$0.30<d\leq0.60$	+0.012 −0.007	+0.012 −0.012	≤0.009
$0.60<d\leq1.00$	+0.016 −0.009	+0.016 −0.016	≤0.012
$1.00<d\leq2.00$	+0.028 −0.015	+0.028 −0.028	≤0.021
$2.00<d\leq3.00$	+0.048 −0.025	+0.048 −0.048	≤0.036

4.3.5 电脑影像测量仪

影像测量仪是建立在CCD数位影像的基础上，依托于计算机屏幕测量技术和空间几何运算的强大软件能力而产生的。计算机在安装上专用控制与图形测量软件后，变成了具有软件灵魂的测量大脑，是整个设备的主体。它能快速读取光学尺的位移数值，通过建立在空间几何基础上的软件模块运算，瞬间得出所要的结果；并在屏幕上产生图形，供操作员进行图影对照，从而能够直观地分辨测量结果可能存在的偏差。

影像测量仪是一种由高解析度CCD彩色镜头、连续变倍物镜、彩色显示器、视频十字线显示器、精密光栅尺、多功能数据处理器、数据测量软件与高精密工作台结构组成的高精度光学影像测量仪器。如图4-40所示。

1. 影像测量仪结构组成

仪器特点：

（1）采用彩色CCD摄像机；

（2）变焦距物镜与十字线发生器作为测量瞄准系统；

（3）由二维平面工作台、光栅尺与数据箱组成数字测量及数据处理系统；

（4）仪器具有多种数据处理、显示、输入、输出功能，特别是工件摆正功能非常实用；

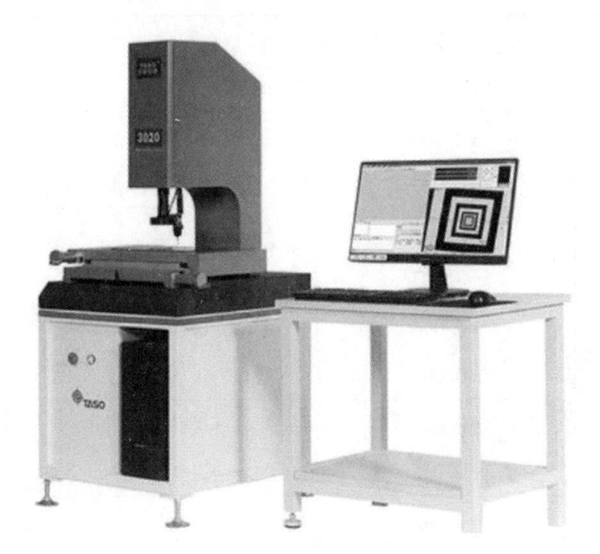

图 4-40　电脑影像测量仪

（5）与电脑连接后，采用专门测量软件可对测量图形进行处理。

2. 影像测量仪应用领域

仪器适用于以二维平面测量为目的的一切应用领域。这些领域有：机械、电子、模具、注塑、五金、橡胶、低压电器、磁性材料、精密五金、精密冲压、接插件、连接器、端子、手机、家电、计算机（电脑）、液晶电视（LCD）、印刷电路板（线路板、PCB）、汽车、医疗器械、钟表、螺丝、弹簧、仪器仪表、齿轮、凸轮、螺纹、半径样板、螺纹样板、电线电缆、刀具、轴承、筛网、试验筛、水泥筛、网板（钢网、SMT 模板）等。

3. 影像测量仪工作原理

影像测量仪是基于机器视觉的自动边缘提取、自动理匹、自动对焦、测量合成、影像合成等人工智能技术，具有点哪走哪自动测量、CNC 走位自动测量、自动学习批量测量、影像地图目标指引、全视场鹰眼放大等优异的功能。同时，基于机器视觉与微米精确控制下的自动对焦过程，可以满足清晰影像下辅助测量需要，亦可加入触点测头完成坐标测量。具有支持空间坐标旋转的优异软件性能，可在工件随意放置或使用夹具的情况下进行批量测量与 SPC 结果分类。

4. 全自动影像测量仪

全自动影像测量仪，是在数字化影像测量仪（又名 CNC 影像仪）基础上发展起来的人工智能型现代光学非接触测量仪器。其承续了数字化仪器优异的运动精度与运动操控性能，融合机器视觉软件的设计灵性，属于当今最前沿的光学尺寸检测设备。全自动影像测量仪能够便捷而快速地进行三维坐标扫描测量与SPC结果分类，满足现代制造业对尺寸检测日益突出的要求：更高速、更便捷、更精准的测量需要，解决制造业发展中又一个瓶颈技术。

全自动影像测量仪是影像测量技术的高级阶段，具有高度智能化与自动化特点。其优异的软硬件性能让坐标尺寸测量变得便捷而惬意，拥有基于机器视觉与过程控制的自动学习功能，依托数字化仪器高速而精准的微米级走位，可自学并记忆测量过程的路径、对焦、选点、功能切换、人工修正、灯光匹配等操作过程。全自动影像测量仪可以轻松学会操作员的所有实操过程，结合其自动对焦和区域搜寻、目标锁定、边缘提取、理匹选点的模糊运算实现人工智能，可自动修正由工件差异和走位差别导致的偏移，实现精确选点，具有高精度重复性。从而使操作人员从疲劳的精确目视对位、频繁选点、重复走位、功能切换等单调操作和日益繁重的待测任务中解脱出来，成百倍地提高工件批测效率，满足工业抽检与大批量检测需要。

全自动影像测量仪具有人工测量、CNC扫描测量、自动学习测量三种方式，并可将三种方式的模块叠加进行复合测量。可扫描生成鸟瞰影像地图，实现点哪走哪的全屏目标牵引，测量结果生成图形与影像地图图影同步，可点击图形自动回位、全屏鹰眼放大。可对任意被测尺寸通过标件实测修正造影成像误差，并对其进行标定，从而提高关键数据的批测精度。全自动影像测量仪有着友好的人机界面，支持多重选择和学习修正。

全自动影像测量仪的优秀性能使其在各种精密电子、晶圆科技、刀具、塑胶、弹簧、冲压件、接插件、模具、军工、二维抄数、绘图、工程开发、五金塑胶、PCB板、导电橡胶、粉末冶金、螺丝、钟表零件、手机、医药工业、光纤器件、汽车工程、航天航空等领域具有广泛的运用空间。

5. 影像测量仪常见故障及原因

1）影像测量仪故障

（1）蓝屏；

（2）主机和光栅尺、数据转换盒接触不良造成无数据显示；

（3）透射、表面光源不亮；

（4）二次元打不开；

（5）全自动影像测量仪开机找不到原点或无法运动。

2）影像测量仪故障原因

由于返厂维修周期长，价格昂贵，最重要的是耽误了客户的正常工作，造成问题出现的原因很多，但无外乎以下几个原因：

（1）操作软件文件丢失或CCD视频线接触不良；

（2）光栅尺或数据转换盒损坏；

（3）电源板损坏；

（4）加密狗损坏或影像测量仪软件操作系统崩溃。

以上问题可能只出现一个，也有可能几个问题一起出现。

6. 影像测量仪软件种类

二次元测量仪软件在国内市场中种类比较多，从功能上主要划分为以下两种：

第一种是二次元测量仪测量软件，其与基本影像仪测量软件类似，其功能特点主要是以十字线感应取点，功能比较简单，对一般简单的产品二维尺寸测量都可以满足，无须进行像素校正即可直接进行检测，但对使用人员的操作要求比较高，认为判断误差影响比较大，在早期二次元测量软件中使用广泛。

另一种是2.5D影像测量仪测量软件。在影像测量领域，我们常见二次元、2.5次元、三次元等各种不同的概念。所谓二次元，即为二维尺寸检测仪器，2.5次元在影像测量领域中是在二维与三维之间的一种测量解决方案，定义是在二次元影像测量仪的基础上多加光学影像和接触探针测量功能，在测量二维平面长宽角度等尺寸外，为需要进行光学辅助测高的情况提供了一个比较好的解决方案。

7. 影像测量仪仪器优点

（1）装配2个可调的光源系统，不仅能观测到工件轮廓，而且对于不透明的工件的表面形状也可以测量；

（2）使用冷光源系统，可以避免容易变形的工件在测量时因为热而变形产生误差。

（3）工件可以随意放置；

（4）仪器操作容易掌握；

（5）测量方便，只需要用鼠标操作；

（6）*Z*轴方向加探针传感器后可以做2.5D的测量。

8. 影像测量仪测量功能

（1）多点测量点、线、圆、弧、椭圆、矩形，提高测量精度；

（2）组合测量、中心点构造、交点构造、线构造、圆构造、角度构造；

（3）坐标平移和坐标摆正，提高测量效率；

（4）聚集指令，同一种工件批量测量更加方便快捷，提高测量效率；

（5）测量数据直接输入 AutoCAD 中，成为完整的工程图；

（6）测量数据可输入 Excel 或 Word 中进行统计分析，可割出简单的 Xbar-S 管制图，求出 Ca 等各种参数；

（7）多种语言界面切换；

（8）记录用户程序、编辑指令、教导执行；

（9）大地图导航功能、刀模具专用立体旋转灯、3D 扫描系统、快速自动对焦、自动变倍镜头；

（10）可选购接触式探针测量，软件可以自由实现探针/影像相互转换，用于接触式测量不规则的产品，如椭圆、弧度、平面度等尺寸；也可以直接用探针打点然后导入逆向工程软件做进一步处理；

（11）影像测量仪还可以检测圆形物体的圆度、直线度以及弧度；

（12）平面度检测，通过激光测头来检测工件平面度；

（13）针对齿轮的专业测量功能；

（14）针对全国各大计量院所用试验筛的专项测量功能；

（15）图纸与实测数据的比对功能。

9. 影像测量仪维护保养

（1）仪器应放在清洁干燥的室内（室温 20℃±5℃，湿度低于 60%RH），避免光学零件表面污损、金属零件生锈、尘埃杂物落入运动导轨，影响仪器性能。

（2）仪器使用完毕，工作面应随时擦干净，最好再罩上防尘套。

（3）仪器的传动机构及运动导轨应定期上润滑油，使机构运动顺畅，保持良好的使用状态。

（4）工作台玻璃及油漆表面脏了，可以用中性清洁剂与清水擦干净。绝不能用有机溶剂擦拭油漆表面，否则，会使油漆表面失去光泽。

（5）仪器 LED 光源使用寿命很长，但当有灯泡烧坏时，请通知厂商，由专业人员更换。

（6）仪器精密部件，如影像系统、工作台、光学尺以及 Z 轴传动机构等均需精密调校，所有调节螺丝与紧固螺丝均已固定，请勿自行拆卸，如有问题请通知厂商解决。

（7）软件已对工作台与光学尺的误差进行了精确补偿，请勿自行更改。否则，会产生错误的测量结果。

（8）仪器所有电气接插件一般不要拔下，如已拔掉，则必须按标记正确插回并拧紧螺丝。不正确的接插，轻则影响仪器功能，重则可能损坏系统。

10. 影像测量仪测量方式

（1）物件被测面的垂直测量；

（2）压线相切测量；

（3）高精度大倍率测量；

（4）轮廓影像柔和光测量；

（5）圆及圆弧均匀取点测量。

4.3.6　表面粗糙度比较样块

表面粗糙度比较样块是以比较法来检查机械零件加工表面粗糙度的一种工作量具。通过目测或放大镜与被测加工件进行比较，判断表面粗糙的级别。如图 4-41 所示。表面粗糙度比较样块的技术参数如表 4-14 所示。

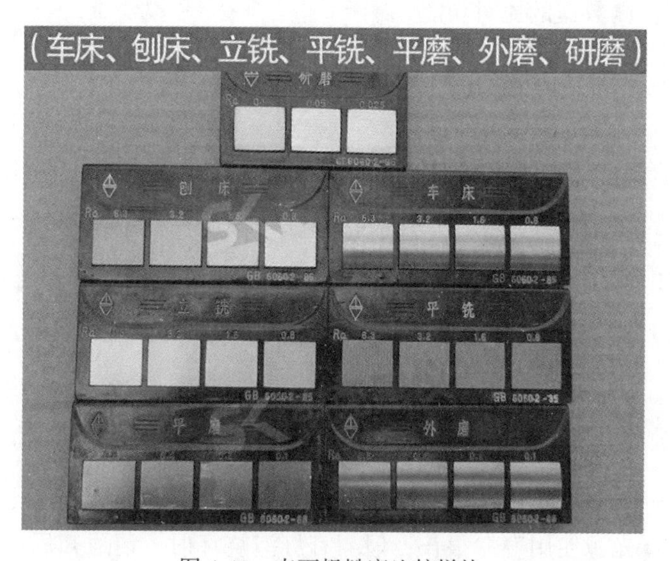

图 4-41　表面粗糙度比较样块

表 4-14　　表面粗糙度比较样块技术参数

加工方法	标称值/μm	加工方法	标称值/μm
平磨	0.80	立铣	6.30
	0.40		3.20
	0.20		1.60
	0.10		0.80
外磨	0.80	车制	6.30
	0.40		3.20
	0.20		1.60
	0.10		0.80

制造材料：除研磨样块采用 GCr15 材料外其余样块采用 45 优质碳素结构钢制成。

规格分为三种：

（1）七组样块（车床、刨床、立铣、平铣、平磨、外磨、研磨）；

（2）六组样块（车床、立铣、平铣、平磨、外磨、研磨）；

（3）单组形式（车床样块、刨床样块、立铣样块、平铣样块、平磨样块、外磨样块、研磨样块）。

比较样块在使用时应尽量和被检零件处于同等条件下（包括表面色泽、照明条件等），不得用手直接接触比较样块，应严格防锈处理，以防锈蚀，并避免划伤。

4.3.7 外径千分尺

外径千分尺，也叫螺旋测微器，常简称为“千分尺”。它是比游标卡尺更精密的长度测量仪器，精度有 0.01mm、0.02mm、0.05mm 几种，加上估读的 1 位，可读取到小数点后第 3 位（千分位），故称千分尺。千分尺常用规格有 0~25mm、25~50mm、50~75mm、75~100mm、100~125mm 等若干种。

外径千分尺（图 4-42）用来测量游标卡尺的圆弧内量爪及刀口内量爪的基本尺寸和平行度。

外径千分尺的结构由固定的尺架、测砧、测微螺杆、固定套管、微分筒、测力装置、锁紧装置等组成。固定套管上有一条水平线，这条线上、下各有一列间距为 1mm 的刻度线，上面的刻度线恰好在下面两条相邻刻度线的中间。微分筒上的刻度线是将圆周分为 50 等分的水平线，它是旋转运动的。从读数方式上来看，常用的外径千分尺有普通式、带表示和电子数显式三种类型。

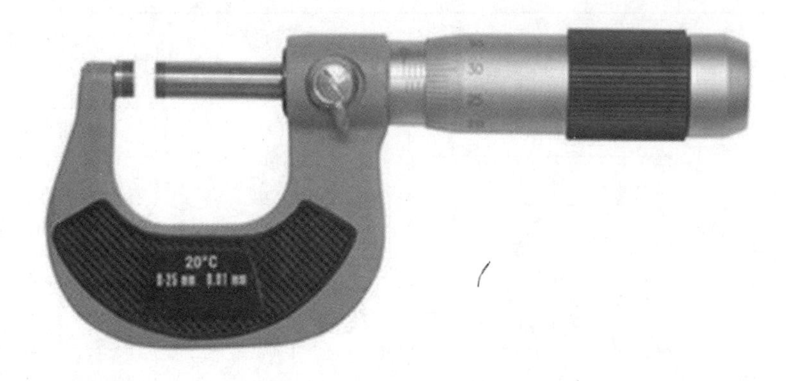

图 4-42　外径千分尺

读数原理：根据螺旋运动原理，当微分筒（又称可动刻度筒）旋转一周时，测微螺杆前进或后退一个螺距——0.5mm。这样，当微分筒旋转一个分度后，它转过了 1/50 周，这时螺杆沿轴线移动了 1/50×0.5mm＝0.01mm，因此，使用千分尺可以准确读出 0.01mm 的数值。

4.3.8　检定游标类量具标准器组检定周期

检定游标类量具标准器组的标准设备的检定，周期均为 1 年。

4.4　通用卡尺检定规程

JJG 30—2012《通用卡尺检定规程》适用于分度值或分辨力为 0.01mm、0.02mm、0.05mm 和 0.10mm，测量范围为 0～2000mm 的各种规格游标、带表或数显卡尺、Ⅰ型深度卡尺的首次检定、后续检定和使用中检查，其他类型卡尺也可参照执行。本教材以 JJG 30—2012《通用卡尺检定规程》为例，简述通用卡尺的检定。

4.4.1　计量器具控制

1. 检定条件

检定室内温度（20±5）℃。检定室内相对湿度不超过 80%。检定前，应将被检卡尺及量块等检定用设备置于平板或木桌上，其平衡温度时间见表 4-15 的规定。

表 4-15 **平衡温度时间**

测量范围/mm	平衡温度时间/h	
	置于平板上	置于木桌上
300	1	2
500	1.5	3
2000	2	4

2. 检定项目和检定设备

通用卡尺的检定项目和检定设备如表 4-16 所示。

表 4-16 **检定项目和检定设备**

序号	检定项目	主要检定设备	检定类别		
			首次检定	后续检定	使用中检验
1	外观	—	+	+	+
2	各部分相互作用	—	+	+	+
3	各部分相对位置	塞尺 MPE：12μm，工具显微镜 MPEV：3μm 或读数显微镜 MPEV：10μm	+	+	-
4	标尺标记的宽度和宽度差	工具显微镜 MPEV：3μm 或读数显微镜 MPEV：10μm	+	-	-
5	测量面的表面粗糙度	表面粗糙度比较样块 MPE：+12%～-17%	+	-	-
6	测量面的平面度	刀口形直尺 MPE：2μm	+	+	-
7	圆弧内量爪的基本尺寸和平行度	外径千分尺 MPE：±4μm，测量力 6～7N	+	+	-
8	刀口内量爪的平行度	10mm 3 级量块或 5 等量块，外径千分尺 MPE：±4μm，测量力 6～7N	+	+	-
9	零值误差	1 级平板，工具显微镜 MPEV：3μm 或读数显微镜 MPEV：10μm	+	+	+
10	示值变动性	3 级或 5 等量块，1 级平板	+	+	+
11	漂移	—	+	+	+

续表

序号	检定项目	主要检定设备	检定类别		
			首次检定	后续检定	使用中检验
12	示值误差和细分误差	3 级或 5 等量块，1 级平板，内尺寸测量专用检具	+	+	+

注：表中“+”表示应检定，“-”表示可不检定。

4.4.2　检定

1. 外观检查

目力观察：

（1）卡尺表面应镀层均匀、标尺标记应清晰，表蒙透明清洁。不应有锈蚀、碰伤、毛刺、镀层脱落及明显划痕，无目力可见的断线或粗细不匀等，以及影响外观质量的其他缺陷。

（2）卡尺上必须有制造厂名或商标、分度值和出厂编号。

（3）使用中和后续检定的卡尺，允许有不影响使用准确度的外观缺陷。

2. 各部分相互作用

目力观察和手动试验：

（1）尺框沿尺身移动应手感平稳，不应有阻滞或松动现象。数字显示应清晰、完整，无黑斑和闪跳现象。各按钮功能稳定、工作可靠。

（2）各紧固螺钉和微动装置的作用应可靠。

（3）主尺尺身应有足够的长度裕量，以保证在测量范围上限时尺框及微动装置在尺身之内。

3. 各部分相对位置

目力观察或用塞尺进行比较测量：

（1）游标尺刻线与主标尺刻线应平行，无目力可见的倾斜。

（2）游标尺标记表面棱边至主标尺标记表面的距离应不大于 0. 30mm。

（3）圆标尺的指针尖端应盖住短标尺标记长度的 30%～80%。指针末端与标尺标记表面之间的间隙应不超过表 4-17 的规定。

表 4-17　　**指针末端与标尺标记表面之间的间隙**

分度值/mm	指针末端与标尺标记表面之间的间隙/mm
0.01，0.02	0.7
0.05	1.0

（4）卡尺两外量爪合并时，应无目力可见的间隙。

4. 标尺标记的宽度和宽度差

用工具显微镜或读数显微镜测量。对于游标卡尺应分别在主标尺和游标尺上至少各抽测 3 条标记测量其宽度，标记宽度差以受测所有标记中的最大与最小宽度之差确定。对于带表卡尺应分别在主标尺和圆标尺上至少各抽测 3 条标记测量其宽度，同时测量指针末端宽度，其宽度差以受测所有标记和指针末端中的最大与最小宽度之差确定。

游标卡尺的主标尺和游标尺的标记宽度和宽度差应符合表 4-18 的规定。

表 4-18　　**标尺标记的宽度和宽度差**

分度值/mm	标尺标记宽度/mm	标尺标记宽度差/mm
0.02	0.08~0.18	0.02
0.05		0.03
0.10		0.05

带表卡尺的主标尺标记和圆标尺标记宽度及指针末端宽度应为 0.10~0.20mm。宽度差应不超过 0.05mm。

5. 测量面的表面粗糙度

用表面粗糙度比较样块进行比较测量。进行比较时，所用的表面粗糙度样块和被检测量面的加工方法应相同，表面粗糙度样块的材料、形状、表面色泽等也应尽可能与被检测量面一致。当被检测量面的加工痕迹深浅不超过表面粗糙度比较样块工作面加工痕迹深度时，则被检测量面的表面粗糙度一般不超过表面粗糙度比较样块的标称值。测量面的表面粗糙度应符合表 4-19 的规定。

表 4-19　**测量面的表面粗糙度**

<table>
<tr><th rowspan="2">分度值（分辨力）/mm</th><th colspan="4">表面粗糙度 R_a/μm</th></tr>
<tr><th>外量爪测量面</th><th>内量爪测量面</th><th>深度卡尺的尺框测量面和尺身测量面</th><th>深度测量杆的测量面</th></tr>
<tr><td>0.01，0.02</td><td>0.2</td><td rowspan="2">0.4</td><td>0.2</td><td rowspan="2">0.8</td></tr>
<tr><td>0.05，0.10</td><td>0.4</td><td>0.4</td></tr>
</table>

6. 测量面的平面度

测量面的平面度应符合表 4-20 的规定。

表 4-20　**测量面的平面度**

测量范围/mm	外量爪测量面的平面度/mm	深度卡尺的尺框测量面和尺身测量面在同一平面时的平面度/mm
$0<L\leqslant1000$	0.003	0.005
$1000<L\leqslant2000$	0.005	0.006

注：测量面边缘 0.2mm 范围内允许塌边。

卡尺外量爪测量面的平面度，深度卡尺尺框测量面和尺身测量面位于同一平面时的平面度用刀口形直尺以光隙法测量。深度卡尺测量时先将尺框测量面置于 1 级平板上，移动尺身使其测量面与平板接触，紧固螺钉使尺框测量面和尺身测量面处在同一平面。

测量时，分别在卡尺外量爪测量面、深度卡尺尺框测量面和尺身测量面的公共面的长边、短边和对角线位置上进行（见图 4-43）。其平面度根据各方位的间隙情况确定。当所有检定方位上出现的间隙均在中间部位或两端部位时，取其中一方位间隙量最大的作为平面度。当其中有的方位中间部位有间隙，而有的方位两端部位有间隙，则平面度以中间和两端最大间隙量之和确定。

7. 圆弧内量爪的基本尺寸偏差和平行度

两量爪合并时，圆弧内量爪的基本尺寸，首次检定的一般为 10mm 或 20mm 整数，其偏差应符合表 4-21 的规定；后续检定的基本尺寸允许为 0.1mm 的整数倍，保证使用的情况下可为卡尺分度值的整数倍，并在证书内页上注明。圆弧内量爪两测量面的平行度应不

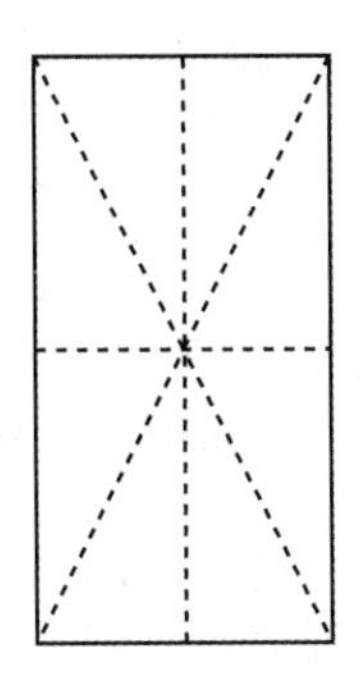

图 4-43　光隙法检定测量面平面度

超过表 4-21 中的规定。

测量时合并两量爪，用外径千分尺沿卡尺内量爪在平行于尺身方向的里端和外端分别测量，将测得值与基本尺寸之差中绝对值最大的作为测量结果。在其他任意方向测量时，实测偏差均不应超过平行于尺身方向的实测偏差。

平行度以里端和外端测量值的差值确定。

表 4-21　**圆弧内量爪的基本尺寸和平行度**

分度值/mm	圆弧内量爪尺寸偏差/mm	平行度/mm
0.01，0.02	0.01	0.01
0.05	0.02	
0.10	0.03	

8. 刀口内量爪的平行度

刀口内量爪的平行度应不超过 0.01mm。

将 1 块尺寸为 10mm 或 20mm 的 3 级或 5 等量块的长边夹持于两外测量爪测量面之间，紧固螺钉后，该量块应能在量爪测量面间滑动而不脱落。用外径千分尺沿刀口内量爪在平行于尺身方向测量，以刀口内量爪全长范围内最大与最小尺寸之差确定。

9. 零值误差

（1）游标卡尺量爪两测量面相接触（游标深度卡尺的尺框测量面和尺身测量面在同一平面）时，游标上的“零”标记和“尾”标记与主标尺相应标记应相互重合。其重合度应符合表 4-22 的规定。

表 4-22　　“零”标记和“尾”标记与主标尺相应标记重合度

分度值/mm	“零”标记重合度/mm	“尾”标记重合度/mm
0. 02	±0. 005	±0. 010
0. 05		±0. 020
0. 10	±0. 010	±0. 030

（2）带表卡尺量爪两测量面相接触时，圆标尺的指针应位于 12 点钟方位，左右偏位不大于一个标尺分度，此时毫米读数部位相对主标尺“零”标记的位置离线不大于标记宽度，压线不大于标记宽度的 1/2。

移动尺框，使游标卡尺或带表卡尺量爪两外测量面接触。对于游标深度卡尺，将尺框测量面与尺身测量面同时与平板接触。分别在尺框紧固和松开的情况下，用目力观察其重合度。必要时，用工具显微镜或读数显微镜测量。

10. 示值变动性

带表卡尺不超过分度值的 1/2。数显卡尺不超过 0. 01mm。

在相同条件下，移动尺框，使数显卡尺或带表卡尺量爪两外测量面接触；对于数显深度卡尺，将基准面与平板接触，移动尺身，使测量面与平板接触。重复测量 5 次并读数。示值变动性以最大与最小读数的差值确定。

11. 漂移

数显卡尺的数字漂移在 1h 内不大于一个分辨力，带有自动关机功能的数显卡尺可不检此项。

目力观察。在测量范围内的任意位置紧固尺框，在 1h 内每隔 15min 观察 1 次，记录实测值，取最大漂移的绝对值作为测量结果。

12. 示值误差和细分误差

游标、带表或数显卡尺外量爪、刀口内量爪的示值误差、深度卡尺的示值误差以及数显类卡尺的细分误差应符合表 4-23 的规定。带深度测量杆的卡尺，深度测量杆在 20mm 点的示值误差应符合表 4-23 的规定。

游标、带表或数显卡尺外量爪示值误差在里外端两位置测量时，其读数之差不大于相应测量范围内最大允许误差的绝对值。

表 4-23　　**示值最大允许误差**

<table>
<tr><th rowspan="3">测量范围/mm</th><th colspan="3">分度值（分辨力）/mm</th></tr>
<tr><th>0.01，0.02</th><th>0.05</th><th>0.10</th></tr>
<tr><th colspan="3">示值最大允许误差</th></tr>
<tr><td>70</td><td>±0.02</td><td rowspan="2">±0.05</td><td rowspan="4">±0.10</td></tr>
<tr><td>200</td><td>±0.03</td></tr>
<tr><td>300</td><td>±0.04</td><td rowspan="2">±0.08</td></tr>
<tr><td>500</td><td>±0.05</td></tr>
<tr><td>1000</td><td>±0.07</td><td>±0.10</td><td>±0.15</td></tr>
<tr><td>1500</td><td>±0.11</td><td>±0.15</td><td>±0.20</td></tr>
<tr><td>2000</td><td>±0.14</td><td>±0.20</td><td>±0.25</td></tr>
</table>

1）示值误差

用 3 级或 5 等量块测量。测量点的分布：对于测量范围在 300mm 内的卡尺，不少于均匀分布 3 点，如 0~300mm 的卡尺，其测量点为 101.30mm、201.60mm、291.90mm 或 101.20mm、201.50mm、291.80mm；对于测量范围大于 300mm 的卡尺，不少于均匀分布 6 点，如 0~500mm 的卡尺，其测量点为 80mm、161.30mm、240mm、321.60mm、400mm、491.90mm 或 80mm、161.20mm、240mm、321.50mm、400mm、491.80mm。根据实际使用情况可以适当增加测量点位。

对于游标卡尺、数显卡尺、带表卡尺，对每一测量点均应在量爪的里端和外端两个位置分别测量，量块工作面的长边和卡尺测量面长边应垂直（见图 4-44）。

对于测量范围大于 1000mm 的卡尺，检定时应用等高块将尺身支起，第一支点在主标尺零标记外侧 50mm 以内，第二支点在尺框内侧 100mm 以内，第三支点在测量上限标记外侧 50mm 以内（见图 4-45）。

对于深度卡尺，测量时按受检尺寸依次将两组同一尺寸的量块平行放置在 1 级平板上，使基准面的长边和量块工作面的长边方向垂直接触，再移动尺身，使其测量面和平板接触，测量时，量块应分别置于基准面的里端和外端两位置，见图 4-46。

示值误差的测量应在螺钉紧固和松开两种状态下进行。无论尺框紧固与否，卡尺的测量面和基准面与量块表面接触应能正常滑动。接触时，有微动装置的应使用微动装置。

上述在里端和外端两个位置的示值误差测量结果均应符合表 4-23 的规定。

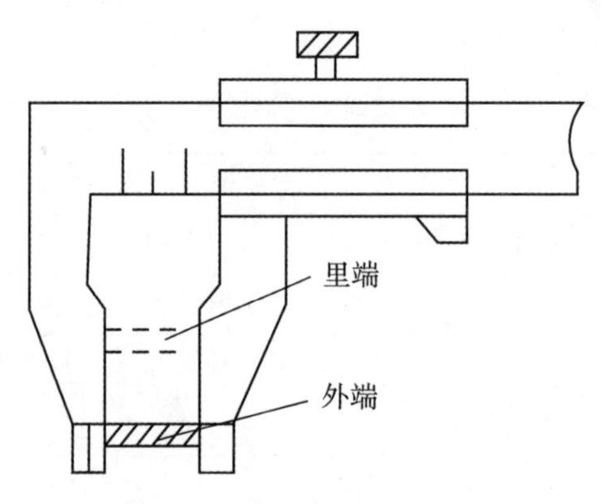

图 4-44　卡尺测量面检定位置

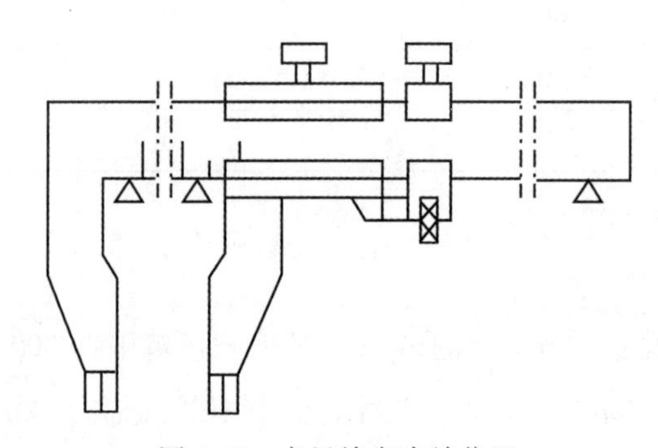

图 4-45　卡尺检定支放位置

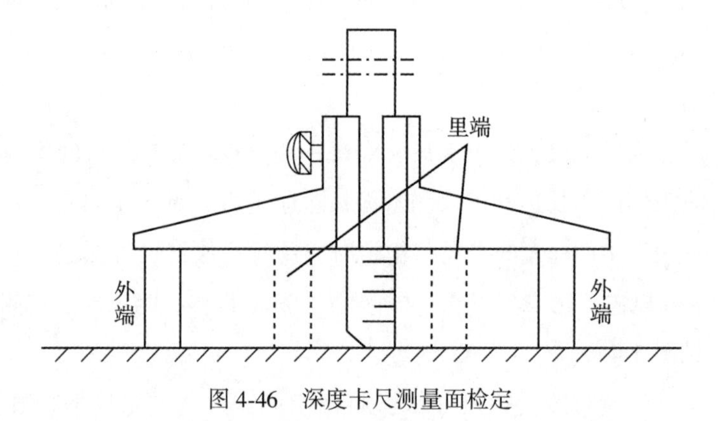

图 4-46　深度卡尺测量面检定

刀口外量爪和刀口内量爪的示值误差的检定方法同上。测量时，每一测量点应在刀口外量爪的中间位置进行测量。检定刀口内量爪的示值误差时应使用量块和内测量专用检具或相应的标准内尺寸作为内尺寸测量标准。

对于带有深度测量杆的卡尺，测量深度测量示值误差时，用两块尺寸为 20mm 的量块置于1级平板上，使基准面与量块接触，测量杆测量面与平板接触，然后在尺身上读数。

2）细分误差

对于数显类卡尺除检定相应测量点的示值误差外，还应在测量范围内至少选取包含传感器主栅一个节距内近似均匀分布的5个点进行细分误差测量，也可选择测量范围内包含细分误差受检点近似均匀分布的5个测量点。如对于栅距为5.08mm，测量范围0~300mm的卡尺，除选择示值误差测量点外，还应选择1mm、2mm、3mm、4mm、5mm或61mm、122mm、183mm、244mm、295mm作为细分误差的测量点。根据实际情况可以适当增加相应测量点位。

细分误差的检定方法与示值误差检定方法相同。

各点示值误差和细分误差以该点读数值与量块尺寸之差确定。

$$e = L - L_0 \tag{4-11}$$

式中：e——卡尺的示值误差；

L——卡尺的读数值；

L_0——量块的长度。

13. 检定结果的处理

经检定符合规程要求的发给检定证书；不符合要求的发给检定结果通知书，并注明不合格项目。

14. 检定周期

检定周期可根据使用的具体情况确定，一般不超过1年。

4.5 游标卡尺故障判断与维修

4.5.1 游标卡尺的日常维护和使用注意事项

1. 游标卡尺的日常维护

（1）游标卡尺使用完毕，用软布擦拭干净，两量爪合拢并拧紧紧固螺钉，放入卡尺盒内盖好。如图4-47所示。

（2）游标卡尺长期不用时应将它擦上黄油或机油，放置在干燥的地方。注意避免接触腐蚀性的气体。如图4-48所示。

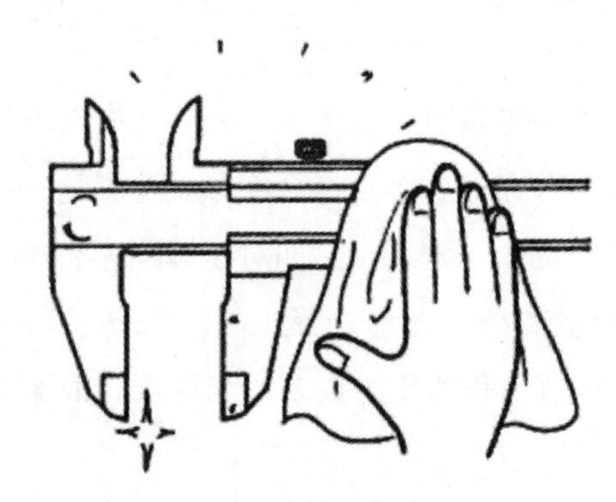

图 4-47　卡尺的维护之一

图 4-48　卡尺的维护之二

（3）当出现测量数值的不确定性过大，应重新确认归零是否良好，测量面是否有杂质或异物，如没有上述问题，应留意测量时速度是否过快和测量面是否已经有损伤。

（4）如出现无法消除的故障或出现量爪损伤，严禁私自装配和维修，请及时送至计量室进行检修和校准。

（5）在工作现场用的计量器具，测量完工件后应将游标卡尺放在指定位置，不能放置于工件上。

（6）游标卡尺要轻拿轻放，不得碰撞或跌落地下，特别是内量爪的尖部。使用时不要用来测量粗糙的物体，更不能受过重的冲击，不要掉落冲撞，不能当作其他物品使用以免损坏量爪。如图 4-49 所示。

2. 游标卡尺的使用注意事项

（1）测量时，应先拧松紧固螺钉，移动游标不能用力过猛。两量爪与待测物的接触不宜过紧。不能使被夹紧的物体在量爪内挪动。

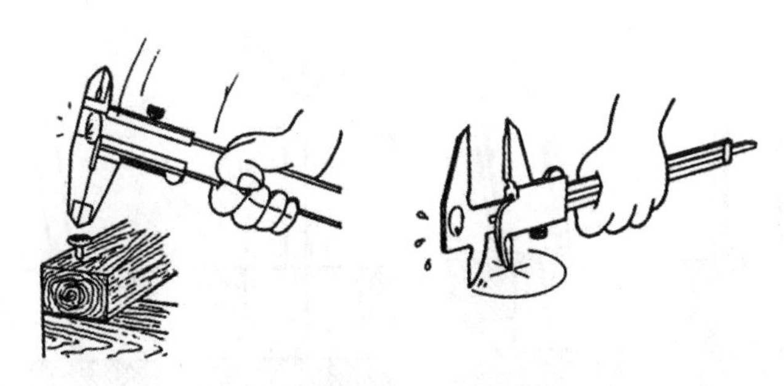

图 4-49 游标卡尺的错误使用

(2) 读数时，视线应与尺面垂直，不可从侧面或斜视读数（图 4-50）。如需固定读数，可用紧固螺钉将游标固定在尺身上，防止滑动。

图 4-50 卡尺正确读数与错误读数

(3) 实际测量时，对同一长度应多测几次，取其平均值来消除偶然误差。

(4) 深度游标卡尺的尺身测量面小，容易磨损，必须正确使用，使用时必须加以注意。如图 4-51 所示。

(5) 使用完毕后，将高度尺擦干净装入盒内存放在干燥处保存，不能将高度尺放在潮湿、有酸性、磁性以及高温或振动的地方。没有盒装的高度尺不允许倒着放，也不允许斜靠在其他物品上，用完后应将尺框移动到最低的位置按要求放好。

4.5.2 游标卡尺示值误差分析

游标卡尺产生误差的原因很多，如测量面与主尺基面不垂直，主尺弯曲，测量面平面

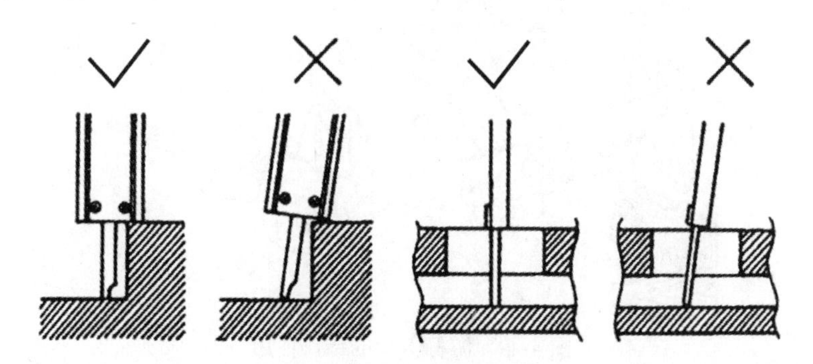

图 4-51　深度游标卡尺的正确使用和错误使用

度和平行度不好，零位不准，游框基面不平直，卡尺弹簧形状不正确、失效，游标安装倾斜，游标与主尺刻度有误差，游标与主尺间间隙过大，内量爪测量面几何形状不对，以及测深尺弯曲、松动，测深尺端面与主尺端面不在同一平面内，测深尺槽与主尺基面不平行等。下面将对影响卡尺示值误差的几种缺陷进行分析，并在下节介绍修理方法。

1. 测量面与主尺基面不垂直

如图 4-52 所示是测量面与主尺基面纵向不垂直情况，倾斜角为 α。此时被测尺寸 AC 小于两测面移开的距离 AB（即读数 L），将产生正值示值误差 ΔL：

$$\Delta L = L - AC = L - L\cos\alpha = L(1 - \cos\alpha) \tag{4-12}$$

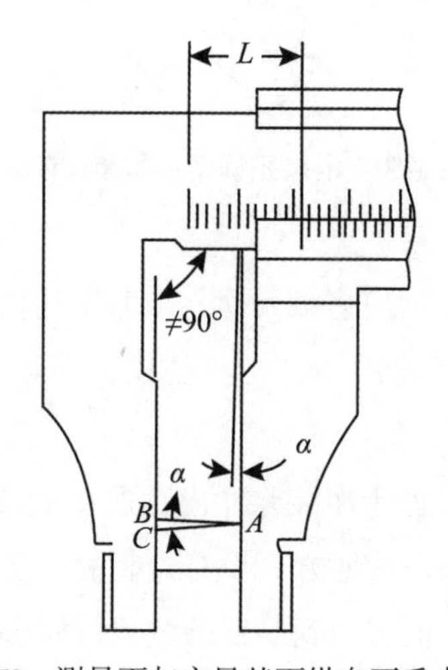

图 4-52　测量面与主尺基面纵向不垂直情况

设 $\alpha = 5°$，当被测尺寸 $L = 200\text{mm}$ 时，示值误差为：

$$\Delta L = L(1 - \cos\alpha) = 200(1 - 0.9962) = 0.76\text{mm} \tag{4-13}$$

此误差大大超过了卡尺的示值允差（0.02～0.1mm），所以测量面与主尺基面纵向垂直度应严格控制。

将式（4-13）稍加变化，可得：

$$\alpha = \arccos - 1(1 - \Delta L/L) \tag{4-14}$$

将卡尺的测量上限和示值允差代入式（4-14），即可得出各种卡尺的测量面对主尺基面的纵向垂直度允许偏差（见表4-24），供修理卡尺时参考。

表4-24 **各种卡尺测量面对主尺基面的纵向垂直度允许偏差**

游标分度值/mm	偏差（±）	卡尺测量上限/mm								
		125	150	180	200	250	300	400	500	800
0.02	示值允差/mm	0.02								
	垂直度允差	1°2′	58′	54′	48′	44′	40′	44′	38′	34′
0.06	示值允差/mm	0.06								
	垂直度允差	1°36′	1°30′	1°20′	1°16′	1°8′	1°4′	56′	48′	40′
0.1	示值允差/mm	0.1								
	垂直度允差	2°16′	2°6′	1°54′	1°48′	1°36′	1°30′	1°16′	1°8′	56′

结论：当 α 为一定值时，测量面对主尺基面纵向不垂直引起的正值误差，随测量范围的增大而成正比增大。换言之，测量范围愈大，游标值愈小，对测量面与主尺基面的垂直度要求愈高。

图4-53是测量面对主尺基面横向不垂直情况。分析方法和结论与纵向不垂直相同。这种情况多发生在修磨测量面时由于掌握不好时，并容易被忽视，修理中应注意。

2. 主尺弯曲

主尺弯曲有两种情况：一种是主尺在刻度平面内弯曲（图4-54（a）），另一种是主尺在与刻度平面相垂直的平面内弯曲（图4-54（b））。主尺弯曲不但影响示值，也影响游框滑动时的平滑性。

主尺在刻度平面内弯曲，主要表现为活动量爪倾斜，这时被测长度成为弯曲主尺的弦长，因而产生示值误差。误差正负随弯曲方向而不同。

当弯曲面向量爪一边时（图4-55（a）），由于活动量爪向内倾斜，所以被测尺寸 L 比卡尺读数小，即产生正误差。如果活动量爪不倾斜，只是主尺弯曲（图4-55（b）），

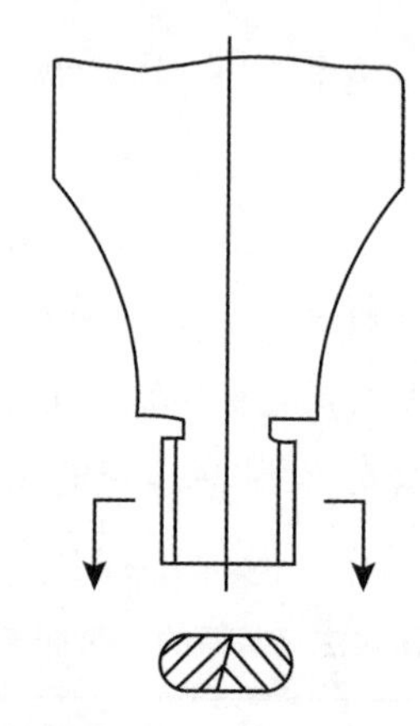

图 4-53　测量面对主尺基面横向不垂直情况

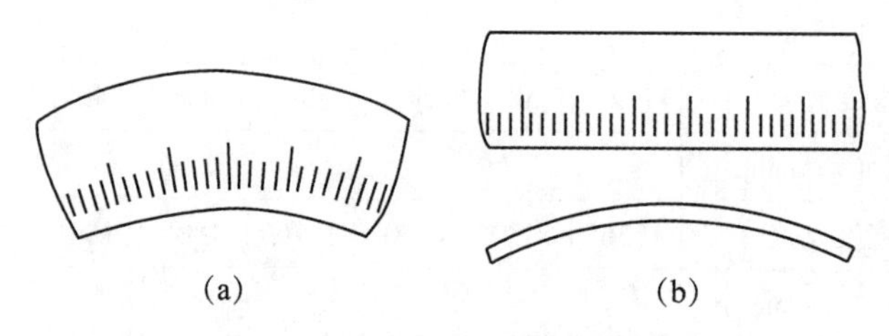

图 4-54　主尺弯曲情况之一

被测尺寸也比读数小，同样产生正误差。实际上，上述两种情况的影响同时存在，所产生的误差是这两种情况误差之和。

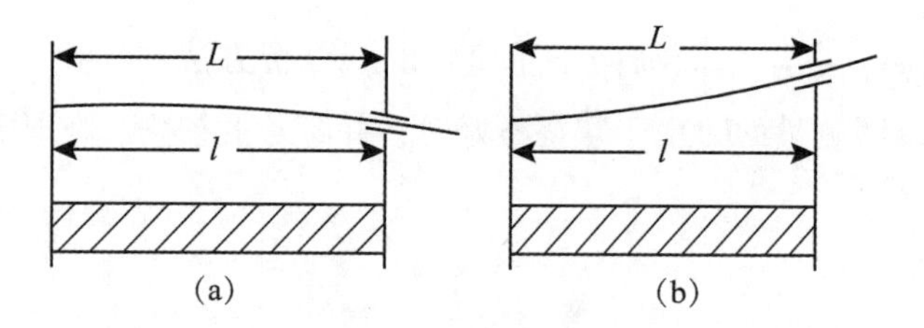

图 4-55　主尺弯曲情况之二

由图 4-55 中的几何关系，不难求出因量爪倾斜所产生的误差 δ 为：

$$\delta = 4th/s \tag{4-15}$$

两量爪同时倾斜，总误差为：

$$\Delta = 2\delta = 8th/s \tag{4-16}$$

式中：t——主尺弯曲度（主尺基面直线度）；

h——量爪长度；

s——卡尺长度（测量上限）。

例：求测量上限为300mm卡尺主尺弯曲引起的示值误差。

已知 $t=0.02$mm，$h=60$mm，$s=300$mm，则 $\Delta=8\times0.02\times60/300=0.032$mm。

由此可知，主尺弯曲（或主尺基面不平直）对卡尺示值影响也很大，不容忽视。

当弯曲面背向量爪时，活动量爪向外倾斜读数变小，产生负误差；如果活动量爪不倾斜，只是主尺向外弯曲，读数将比被测尺寸大，将产生正误差。由于上述两种影响同时存在，作用相反，故对示值的影响会互相抵消一部分，示值误差为正负误差绝对值之差。

主尺在与刻度平面相垂直的平面内弯曲，主要影响游框滑动的平滑性，但由于量爪出现横向倾斜，因而产生正值示值误差。

3. 其他缺陷

测量面的平面度和平行度误差可直接造成示值误差。如测量面端部磨损造成的平面度误差，两测量面由于修理方法不当而造成的平行度误差，均直接反映为卡尺的示值误差。

主尺基面和游框基面不平直，会使卡尺在测量中主尺与游框的相对位置发生变化，造成两测量面不平行，以及主尺与游标刻线相对位置发生变化，从而影响示值和示值稳定性。

零位不准会带来固定的示值误差。游标安装倾斜也会造成误差。

4.5.3　游标卡尺的修理

根据上述分析可知，造成示值误差的因素主要是主尺、游框、量爪测量面的缺陷，以及零位不准等。

1. 主尺的检查与修理

主尺弯曲可用长刀口尺放在主尺基面和刻度平面上检查，根据光隙估计其弯曲方向。修理后的卡尺，当两测量面密合时，如果用量块检定示值时发现有较大误差，并且当量块工作面与卡尺固定量爪测量面按长边方向平行地贴在一起，使活动量爪接触量块时，量块与活动量爪之间有间隙，则说明主尺有弯曲现象。间隙在量爪根部，说明弯曲凹面向着量爪一边；间隙在量爪端部，说明弯曲凹面背向量爪一边。

具有两面外测量爪的卡尺，当测量面研磨后，在零位时两面均不露缝的情况下，可用以下方法检查主尺弯曲：用一块量块夹持在卡尺平测量面间，用紧固螺钉将游框固定。取出量块，再用卡尺另一面的刀口形量爪去卡该量块。如果主尺弯曲，则会出现以下两种情况：

（1）刀口形量爪卡不进量块，这时说明主尺凹面背向平测面量爪；

（2）能卡进量块，并且量爪端部出现间隙，则说明主尺凹面朝向平测面量爪。

主尺整个长度内弯曲情况可用不同尺寸的量块来检查。

主尺弯曲，可将其放在木板上用硬木锤或表面光滑的紫铜锤矫直，也可用虎钳和垫块矫直。

主尺弯曲矫正后，再修主尺基面。使用后的卡尺，主尺基面会产生局部磨损，一般出现中间凹、两端凸的现象。修理方法如下：以磨损较多处为准，在油石平板上磨去突出部分，使基面大致平直，然后用 W20 金刚砂在研磨平板上精研，并用刀口尺或着色法检查。其粗糙度应达到 0. 4μm 以上。

为了提高工效，可利用夹具修磨和研磨。夹具的设计应保证满足以下要求：

（1）主尺基面应与刻度平面垂直；

（2）主尺宽度与厚度应一致。用一级千分尺检查其宽度，在 100mm 内宽度差应不超过 0. 01mm；

（3）对于三用卡尺，主尺基面应与测深尺槽长向平行。有条件的单位，可利用台钻或车床安装碗形砂轮或用万能工具磨床修磨。

2. 游框的修理

1）游框基面的修理

游框基面由两个小突台构成，其平直性用着色法检查，即在修好的主尺基面上均匀涂上一薄层红粉，装入游框来回抽动几次，根据游框基面上红粉的均匀程度判断其平直性。若不平直可用小锉刀修去基面突出部分，大致取直后，用矩形铸铁研磨器研磨。

使用过久的卡尺，基面突台常被磨平，这时可将两个突台全部锉掉，用锡焊上或用环氧树脂粘上两块 0. 3~0. 5mm 厚的铜片（图 4-56），然后修磨平直。此法简单易行，耐磨，便于多次修理。

注意事项：①基面与游标刻线和测量面垂直；②游框基面最好修成与测量面成钝角，以增大研磨余量。

2）游框、游标与主尺间隙的修理

间隙过大会引起游框摆动和显著视差。修理方法很多，最简单的方法是用成型垫铁垫在游框的斜面上，在虎钳中挤压。挤压时不要抽出主尺，以免过量。另外，也可在游框内底面上用锡焊上两条适当厚度的铜片或钢片（图 4-57）。对于活游标卡尺，也可用小锉将游标底面修得向内倾斜一些（图 4-58）。

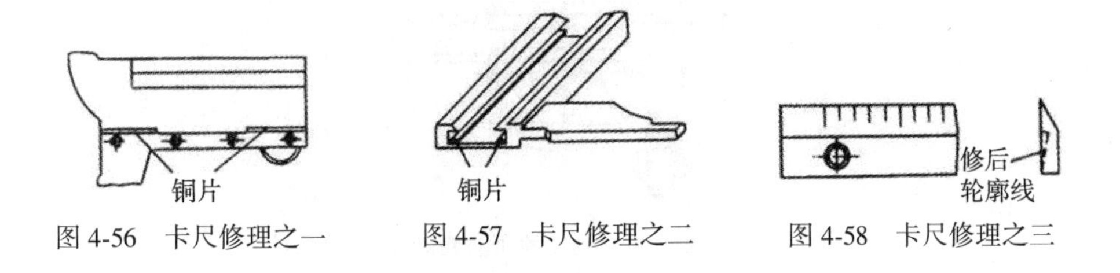

图 4-56　卡尺修理之一　　图 4-57　卡尺修理之二　　图 4-58　卡尺修理之三

3. 测量面的修理

卡尺测量面的修理目前仍普遍采用手工研磨方法，同时修复两量爪测量面的平面度和平行度。操作时，将卡尺夹在虎钳上，操作者取坐势，左手捏紧两量爪，施加一定的研磨压力，右手前后推拉，并同时转动研磨器。

在研修量爪测量面时，要注意以下要领和事项：

（1）粗研时研磨压力不应太大，量爪受压位置应在测量面凸部。研磨中应经常调换两量爪的上下位置，这样不易磨偏。

（2）根据测量面上的研磨痕迹检查是否磨偏：痕迹在两测量面的相对位置上属正常；在对角线方向说明磨偏。

（3）研磨中随时用直角刀口尺检查测量面与主尺基面的垂直性。当刀口尺平面与测量面贴合后，如主尺基面与刀口尺刃口间出现楔形间隙，说明纵向不垂直；刀口尺刃口发生倾斜，说明横向不垂直。

（4）先用直径为 15mm 左右研磨器研磨两测量面局部接触部位。基本磨平后，再换用直径较大的研磨器。对于端部为窄平面的外量爪，由于窄平面磨削较快，施力方向要倾斜 45°，如图 4-59 所示。此力可分解为水平和垂直分力。水平分力使游框基面与主尺基面紧密贴合，垂直分力使两测量面与研磨器紧密接触，提供研磨压力。研磨后，可有效地使同一量爪的宽平面和窄平面同时吻合。

（5）两测量面中有一面已磨平，并与主尺基面垂直后，可只在研磨器一面涂研磨剂，只研磨另一测量面。

（6）在研磨中，注意使研磨器均匀磨损，并不断在研磨平板上修整，保证其平面度和平行度误差不超过 2μm 和 4μm。

（7）两测量面平面度合格后，如果合拢时尚有少许间隙，可不必再研，只要在固定量爪根部适当位置轻敲一下，即可消除间隙。如出现带有彩色的间隙，间隙大小为 1～2μm，

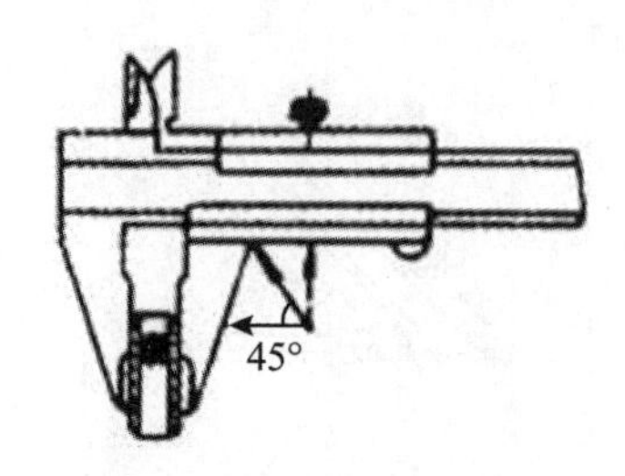

图 4-59　卡尺的研磨修理

对卡尺示值影响不大。

4. 卡尺零位的对准

1）零位的调整

卡尺测量面磨损和修磨后，游标的零刻线移向主尺零线的左边，零位就变负了。对于活游标卡尺，如果测量面磨损较少，只要将测量面磨好以后，调整一下活游标的位置就行了。

但是，活游标的调整范围通常不大，测量面磨损严重或多次修磨后，就无法保证对准零位。为此可采用图 4-60 所示方法改装调零结构，扩大调整量。

改装方法如下：在游框 2 的 B 端面钻一直径 2.5mm 的长孔。用什锦锉将游框上的 4 个螺孔修成长圆孔。然后将一根直径稍小于 2.5mm 的铁棍 1 插入长孔中，使铁棍上事先加工好的 4 个 M1.4 的螺孔与游框上的 4 个长圆孔对准，装上游标 3，用 4 个螺钉 4 通过游标和游框旋在铁棍上。

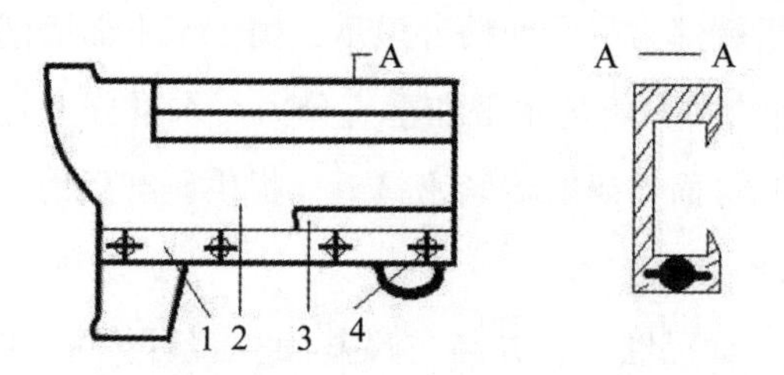

1—铁棍；2—游框；3—游标；4—螺钉

图 4-60　卡尺调零结构修理

调整零位时，旋松螺钉 4，游标带着铁棍可在游框长圆孔范围内左右移动，将游标零刻线对准主尺零刻线后，旋紧 4 个螺钉，将游标紧固在游框上。由于长圆孔可以开得很长，游标能在很大的范围内进行调整，因而扩大了调整量。如此改装后，调整极为方便，卡尺外观不受任何影响。

在游框上钻细长孔比较困难，为此可采用图 4-61 所示钻模加工。将游框 5 放在基体 3 上，一侧靠紧垫铁 6 定位，垫铁靠紧钻模基面 A。游框两端用挡块 2 和 7 限位，并用两个压板 4 压紧。挡块 2 是可调的，以适应长短不同的游框。游框装夹后，将基体 B 和 C 面分别放在钻床工作台上，从两头通过钻套 8 和 1 对游框钻孔。由于钻套轴线与 A 面平行，A 面与 B、C 面垂直，故能保证不致钻偏。垫铁 6 两工作面要求平行。游框上的钻孔位置可由垫铁的厚度进行调整。

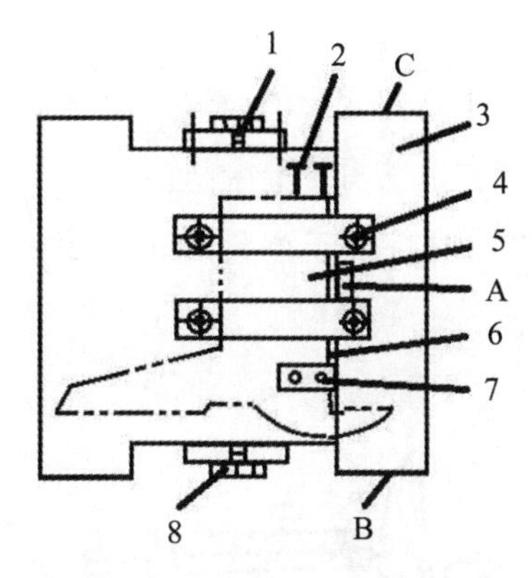

1—钻套；2—可调挡块；3—基体；4—压板；5—游框；6—垫铁；7—挡块；8—钻套

图 4-61　卡尺游框修理

铁棍上 4 个螺孔的底孔可用图 4-62 所示的自制钻模加工。图中钻套板 2 可在基体 1 上的滑槽 5 中滑动，并可用螺母 6 固紧，其位置根据游框上的孔位置确定。钻孔时，铁棍 4 放在基体的 V 形槽中，在长度方向上用螺钉 3 定位，并用钻套板压紧，然后通过钻套 7 钻孔。钻模要求：V 形槽轴线与滑槽轴线应平行，以保证铁棍上 4 个孔的连线与铁棍轴线平行；滑槽与钻套板的凸台动配合，配合间隙不超过 0.02mm。

2）卡尺测量面修磨余量的获得

卡尺测量面修磨后，零位可能会无法对准（变负），可通过调整游标位置使零位对准。但是，游标的调整量毕竟有限，而且对于死游标卡尺，此法就无能为力了。为此本节介绍一种无须调整游标而使零位对准的方法，即获得卡尺测量面修磨余量的方法。所谓修磨余量，就是在保证测量面修磨合格的同时又使零位对准的情况下，测量面上需要磨去的余量。

（1）敲击法获得修磨余量

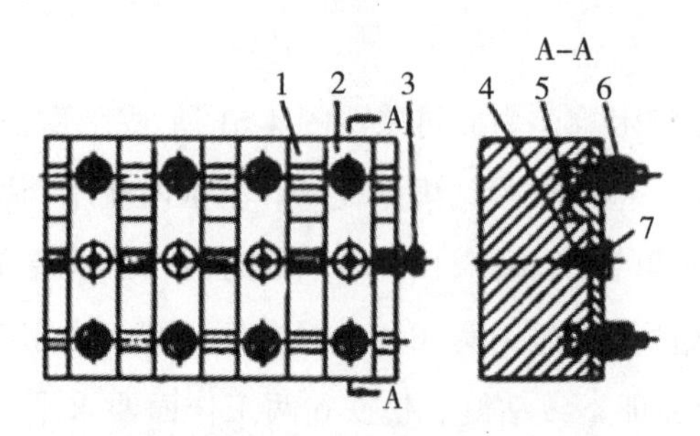

1—基体；2—钻套板；3—螺钉；4—铁棍；5—滑槽；6—螺母；7—钻套

图 4-62　卡尺游框压板修理

敲击法是利用金属受力后产生延伸变形的原理，使量爪向内倾斜的一种操作方法，从而改变测量面与刻线的相对位置，以获得修磨余量。

图 4-63 是卡尺正常磨损的情况。由于测量面前端磨损较多，根部磨损较少，出现“张嘴”现象。

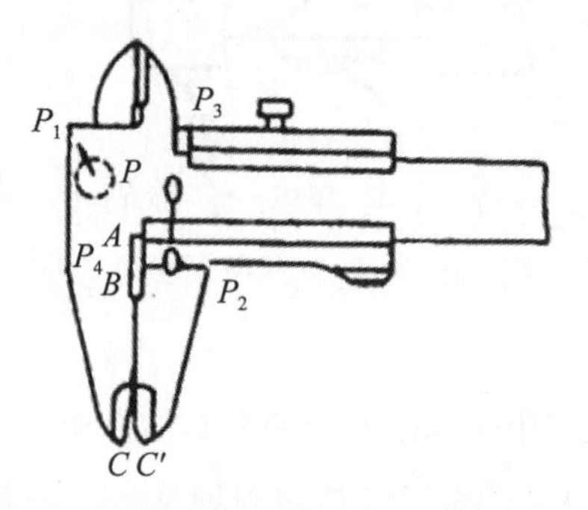

图 4-63　卡尺测量面前端磨损情况

这时如果按 CC' 点将测量面修平，零位就要变负，负值等于 CC' 间的距离。为了获得修磨余量，可用锤子在 P_1 处敲击，使整个量爪以 A 点为中心向内变形。这时测量面上各点围绕 A 点向右移动，移动距离随各点到 A 点的距离（回转半径）不同而不同：A 点是回转中心，不动；AB 距离较大，B 点移动量也较大；C 点到 A 点的半径最长，所以 C 点的移动距离最大。这样就补偿了测量面端磨损多，根部磨损少的现象，同时在测量面 CB 上也就取得了修磨余量。退刀槽 AB 越长，越易获得修磨余量。

经过敲击和量爪的移位，如果测量面磨损不太严重，“张嘴”间隙则完全消失，根部出现间隙（图 4-64（a））；如果端部磨损严重，两测量面变成中间接触，两端均出现间隙，但“张嘴”间隙大大减小（图 4-64（b））。在这两种情况下，卡尺零位均变正。只要零位正值 Δ 大于测量面间的最大间隙 Δ'，就能保证在测量面研磨合格后，零位不变负。零位正值比最大间隙大得愈多，研磨余量也愈大。为了提高工效，在敲击时注意量爪变形量，使 $\Delta=\Delta'+0.02$mm 即可，间隙 Δ' 可用塞尺检查。

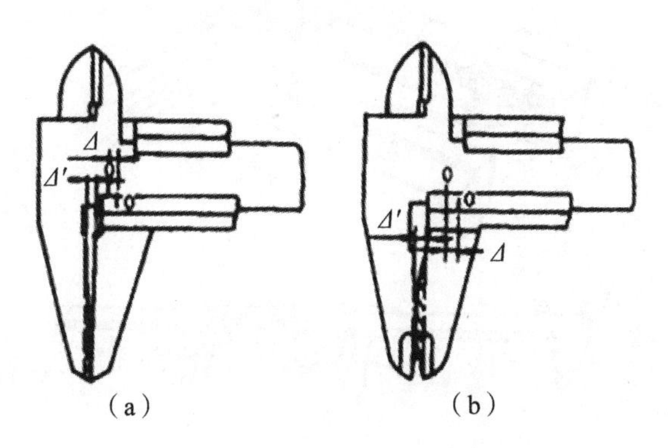

图 4-64　卡尺测量面磨损

操作注意事项：

①敲击位置要正确，否则量爪不易变形。图 4-63 中，P_1、P_2 和 P_3 分别是固定外量爪、活动外量爪和刀口形内量爪的正确敲击位置。固定量爪如果敲击过量，可在 P_4 处敲击，量爪则向外变形。量爪均局部淬火，敲击点应避开淬火部位。

②尽量不要敲出痕迹或使量爪产生有害的变形。为此锤头和垫铁表面应光滑（垫铁最好用紫铜），卡尺要放平，敲击力量要适当，并不断使卡尺翻面，使变形均匀。

③淬过火或硬度太高的卡尺，应在敲击前局部退火或适当加热。

④两量爪均应敲击。只敲一面，量爪在研磨时容易磨偏，测量面容易出现与主尺基面不垂直现象，或做无用功，白白地将另一面磨去一层，降低工作效率。

对于刀口形内测量爪，因主尺上的量爪有台肩，且未淬火部位极小，故一般只敲击游框上的量爪。

⑤由于内应力的存在，变形不稳定，隔一段时间又会变回来一些。因此敲击后的卡尺应放置一段时间，检查修磨余量后再研磨测量面。

敲击法不需要复杂的设备，操作简便，但其缺点是容易破坏卡尺外观。对于材料很硬，测量面磨损严重的卡尺，操作比较困难。

（2）挤压法获得修磨余量

其原理与敲击法相同。它是利用挤压工具使量爪产生塑性变形。其优点是容易掌握，不会破坏外观和损坏卡尺。下面介绍两种挤压方法和工具。

图 4-65 是利用虎钳挤压外测量爪和内测量爪的方法。图 4-65（a）中两量爪根部放一圆柱销，可同时使两量爪变形。图 4-65（b）所示方法只能挤压游框上的一个量爪。挤压时主尺不抽出，以便随时检查挤压量。

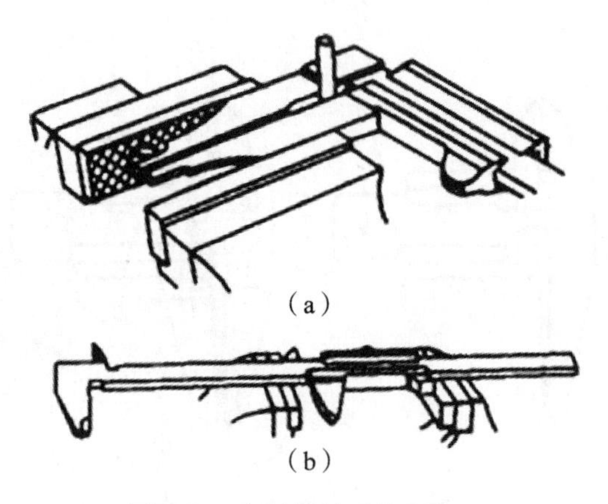

图 4-65　卡尺测量爪修理之一

图 4-66 是利用专用工具挤压外量爪的情况。

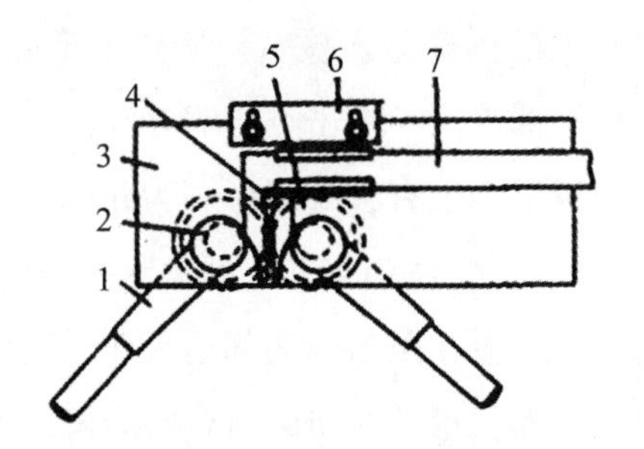

1—手柄；2—偏心轮；3—基体；4—柱销；5—齿轮；6—挡块；7—卡尺

图 4-66　卡尺测量爪修理之二

图 4-66 中，基体 3 用铸铁板或钢板制成。上面固定一个挡块 6，挡块上的两长槽，用来调整挡块位置，以适应安置长短不同的量爪。基体另一边装有两个偏心轮 2，偏心轮与齿轮 5 同轴，手柄 1 铆合在齿轮上。

挤压时，将卡尺 7 平放在基体上，用挡块定位，并防止将卡尺挤跑。然后插入柱销 4，用两手同时向内扳动手柄，偏心轮即对两个量爪进行挤压。由于与偏心轮同轴的一对齿轮模数和齿数相同，所以两偏心轮转动的角度相同，两量爪的变形量也相同。

图 4-67（a）所示工具可挤压两个内测量爪。图 4-67（b）和图 4-67（c）是挤压游框

上和主尺上内量爪的情况。

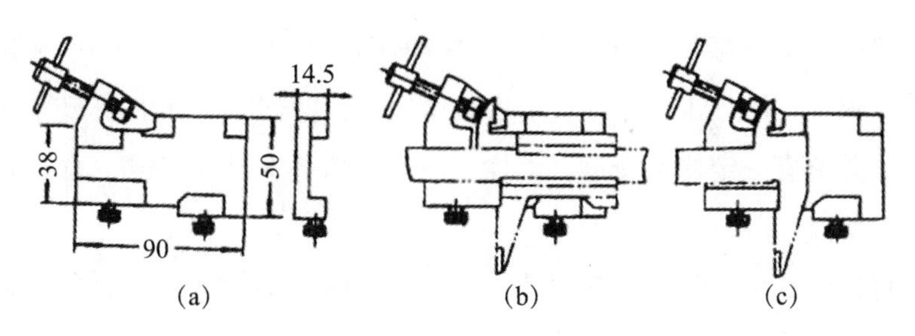

图 4-67　卡尺测量爪修理之三

(3) 焊接法获得修磨余量

刀口形内测量爪如果磨损严重可在量爪上锡焊镶片，以获得修磨余量。镶片用闹钟上的旧发条配制。焊接方法有两种（图 4-68)：一种是在量爪斜面上镶片；另一种是在量爪平面上镶片。在平面上镶片时，应将量爪平面部分在磨床上磨凹一些（约 0.35mm)，使镶片焊好后与原平面平齐。配制镶片时应留出加工余量。镶片硬度应为 HRC55-60。

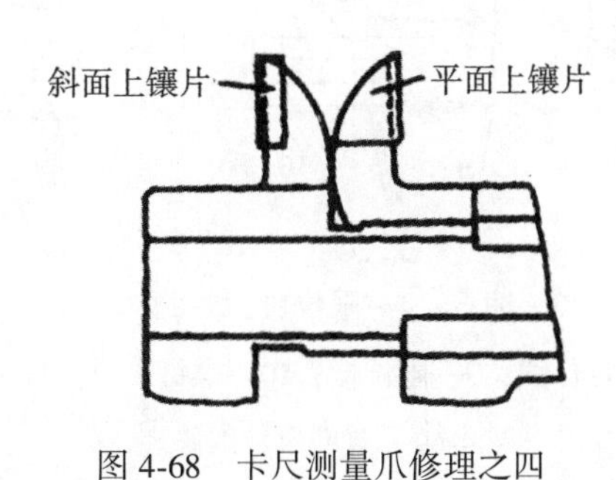

图 4-68　卡尺测量爪修理之四

5. 卡尺内量爪的修理

卡尺内量爪有两种形式：圆弧形和刀口形。

(1) 圆弧形内量爪修理

圆弧形内量爪的倒圆半径大于两量爪厚度的一半，以及圆弧测量面测量母线的直线度和平行度误差均会造成内尺寸测量误差。

由于使用中和修理后的圆弧内量爪基本尺寸允许为 0.1mm 整数倍，在保证使用的情况下可为卡尺分度值的整数倍，故不必考虑其修磨余量。

用手工操作分别修磨两量爪的方法，其工作面的直线度、平行度，以及圆弧内量爪的总厚度很难控制，不易保证修理质量。为此下面介绍两种工具。

图 4-69（c）为圆弧形内量爪修理工具。此工具由框架 2、两个限位块 4、两块油石 3 和四个螺钉 1 组成。两个限位块同轴固定在框架两端。油石靠在限位块上用四个螺钉紧固。油石质地要求细、硬，工作面平直。安装后应保证两油石中间的长槽等宽，宽度根据量爪磨损情况，并留有一定修磨余量，由规程所允许的基本尺寸确定。油石工作面与框架底面应垂直。

修磨前，将托架 6 用三只螺钉 7 固定在卡尺上（图 4-69（a））。安装时使托架 B 面上的定位线和 C 面上的另一条定位线（未画出）与卡尺两外测量爪的缝重合，从而保证修磨工具不倾斜，修磨后圆弧测量面与外测平测量面平行。修磨时，卡尺夹在虎钳上，工具套在圆弧内量爪外，并使框架底面贴在托架 B 面上。开始时工具长槽轴线与主尺轴线稍倾斜一些，推拉手柄 5 做往复直线运动。修磨过程中逐渐将工具扶正，直到油石在整个量爪圆弧面上磨削时的沙沙声消失，量爪即修好。

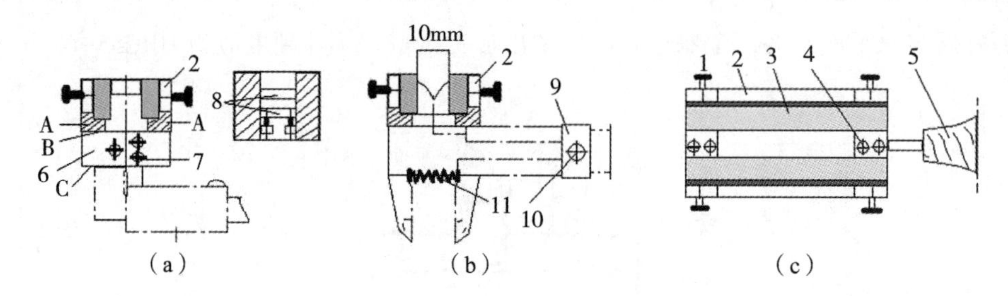

1—螺钉；2—框架；3—油石；4—限位块；5—手柄；6—托架；7—螺钉；
8—定位线；9—限位框；10—螺钉；11—压簧

图 4-69　卡尺内量爪修理

（2）刀口形内量爪修理

图 4-69（b）是用上述相同的工具修磨刀口内量爪的设置情况。其中工具框架 2 的底面直接放在卡尺上定位。修磨前，先将一块 10mm 量块夹持在卡尺外测量爪间，用限位框 9 靠紧卡尺游框，并用螺钉 10 固紧。然后取下量块，将压簧 11 放入两外测量爪间，以保证在修磨中刀口内量爪始终与油石接触。修磨操作方法与圆弧内量爪相同。

用此工具和方法修磨刀口内量爪，工效极高。修磨后两量爪刀口测量面为圆弧形，并平行。

6. 卡尺测深部分的修理

卡尺测深部分产生误差的原因有：

（1）主尺测深基面不平；

（2）主尺测深基面与主尺基面不垂直；

（3）主尺测深基面与测深尺端面不在同一平面内；

（4）测深尺弯曲；

（5）测深尺在主尺槽中摆动；

（6）测深尺与游框固定不牢，发生窜动等。

修理时一般先矫正测深尺弯曲，再修测深尺与主尺上的长槽和游框内的小槽的配合。前者要求配合间隙很小，后者要求不松动。安装测深尺时，要将尺杆弯头锤成燕尾形，再在游框装尺杆槽的A边用冲子冲一下，使槽口略向内斜，然后放入测深尺用冲子在B边冲紧（见图4-70（a））。为防止冲紧时测深尺跳出，可用弹簧片将尺杆衬紧（图4-70（b））。最后将卡尺对零并固紧游框，用油石或锉刀同时修磨主尺测深基面和测深尺基面。修磨时注意与主尺基面的垂直度。

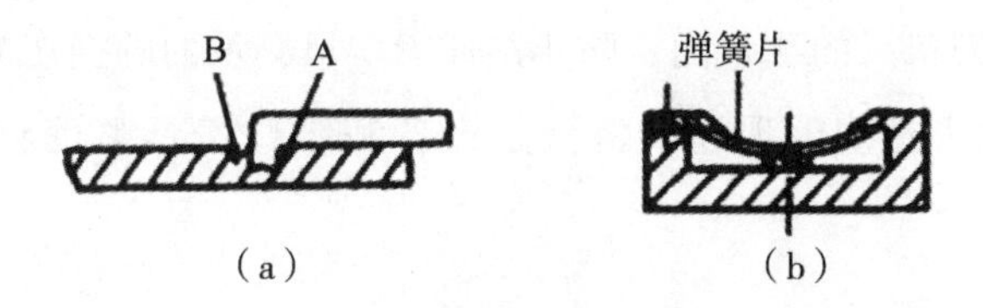

图4-70　卡尺测深部分修理之一

为了提高工效，可用夹具或利用台钻装砂轮进行修磨。采用图4-71所示夹具时，卡尺3的主尺基面与夹具体4的B面靠在一起，用两块压板2和4个螺钉1固紧，主尺测深基面与夹具C面同时在平板5上研磨。夹具C面与B面应垂直。

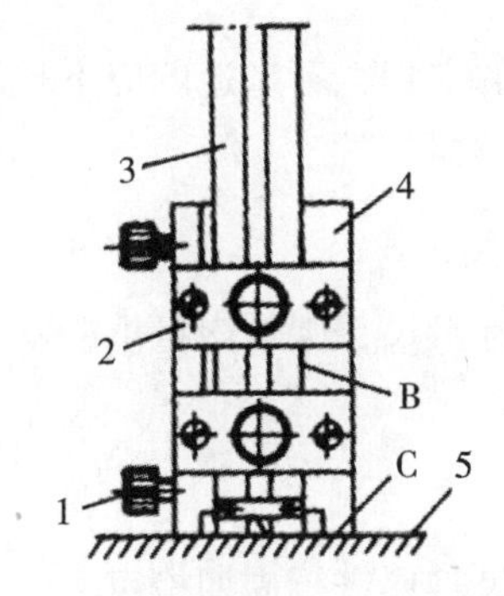

1—螺钉；2—压板；3—卡尺；4—夹具体；5—平板

图4-71　卡尺测深部分修理之二

4.6 游标卡尺检定注意事项

在进行游标卡尺的检定过程中，操作人员的操作水平会对卡尺的检定结果产生一定的影响。在检定时应注意以下事项：

（1）确保检定环境符合检定规程的要求，室内应清洁安静，工作台整洁、水平，实验室及其附近无振动。

（2）将游标卡尺检定所需设备准备齐全。量块、千分尺等检定设备及研磨器等维修工具准备齐全并摆放到合适的位置，以便维修方便。

（3）准备两块干净的麂皮布，其中一块用以擦拭量块侧面的防锈油，另一块用以清洁待检游标卡尺，且两块不可混用。准备一副洁净的手套，用以拿去量块，禁止用手直接抓取量块，而使手上的汗渍等黏附、锈蚀量块。

（4）在用刀口形直尺检定游标卡尺的平面度时，应抓取刀口尺的测量面，禁止用手或其他物品触摸、磕碰刀口尺的测量面，防止造成刀口尺测量面的损伤或损坏。

（5）检定完毕后，要整理现场，将检定设备和维修工具整理整齐并摆放到指定位置。

4.7 长度计量知识习题及解答（一）

4.7.1 判断题

1. 量具在使用中检验和后续检定时，允许有不影响使用准确度的外观缺陷。(　　)

答案：对。

2. 检定游标卡尺，微动装置的空程，新制造的应不超过 1/4 转，使用中和修理后的应不超过 1/20 转。(　　)

答案：错，1/2。

3. 对于带有圆弧内量爪的游标卡尺，圆弧内量爪的基本尺寸和平行度主要由外径千分尺来检定。(　　)

答案：对。

4. 没有进行过修理的游标卡尺需要进行周期检定。(　　)

答案：对。

5. 我国《计量法》规定，我国法定计量单位由两部分单位组成：国际单位制计量单

位和国家选定的其他计量单位，国际单位制简称为 SCI。(　　)

答案：错，简称为 SI。

6. 测量误差按其性质可分为随机误差和系统误差。(　　)

答案：对。

7. 新出厂的量具也需要进行首次检定。(　　)

答案：对。

8. 新出厂的量具也需要进行首次检定，判断其是否合格。(　　)

答案：对。

9. 后续检定是指计量器具首次检定后的任何一种检定。(　　)

答案：对。

10. 强制性周期检定属于后续检定。(　　)

答案：对。

11. 修理后检定属于后续检定。(　　)

答案：对。

12. 几何量测量常用的长度单位有米（m）、毫米（mm）、微米（km）。(　　)

答案：错，微米（μm）。

13. 几何量测量常用的平面角度单位为度、[角] 分、[角] 秒。(　　)

答案：对。

14. 弧度是角度单位。(　　)

答案：对。

15. 长度米的定义是光在真空中 1/299792458s 时间间隔内所经路径的长度，单位符号为 km。(　　)

答案：错，m。

16. 示值误差是计量器具示值与被测量（约定）真值之差。(　　)

答案：对。

17. 显示装置的分辨力是显示装置能有效辨别的最小的示值差。(　　)

答案：对。

18. 稳定性是计量器具保持其计量特性随时间恒定的能力。(　　)

答案：对。

19. 相同测量条件是指：相同的测量程序，相同的观测者，相同条件下使用相同测量设备，相同的地点，在短时间内重复。(　　)

答案：对。

20. 误差主要分为系统误差和随机误差两类。(　　)

答案：对。

21. 游标卡尺主标尺的刻线宽度为 0.10~0.20mm。(　　)

答案：错，0.08~0.18mm。

22. 带表卡尺主标尺标记刻线宽度为 0.08~0.18mm。(　　)

答案：错，0.10~0.20mm。

23. 检定 0~300mm 游标卡尺的示值误差时的受检点尺寸分别是 101.3、201.6、291。(　　)

答案：错，291.90。

24. 所有计量结果的误差分布，不一定都遵循正态分布。(　　)

答案：对。

25. 计量标准考核的目的是确认其开展量值传递的资格。(　　)

答案：对。

26. 结果满足阿贝原则的量具，所产生的误差是二次误差。(　　)

答案：对。

27. 国际单位制是在米制的基础上发展起来的，它继承了米制的合理部分，克服了米制的弱点。(　　)

答案：对。

28. 0.45mm 比 450μm 大。(　　)

答案：错，大小相等。

29. 实验中误差不能绝对避免，但可以想办法尽量使它减小。(　　)

答案：对。

30. 我国的法定计量单位与国际上大多数国家一样，都是以 SI 导出单位为基础。(　　)

答案：错，以 SI 国际单位制为基础。

31. “5.20 世界计量日”是为了纪念国际单位制的执行。(　　)

答案：错，纪念《米制公约》的签署。

32. 在长度测量中，温度的影响不能忽略不计。(　　)

答案：对。

33. 重复性是指在相同测量条件下，重复测量同一被测量，计量器具提供相近示值的能力。(　　)

答案：对。

34. 用毫米刻度尺测量我国一元硬币的厚度为2.0cm。(　　)

答案：错，应为2.0mm。

35. 游标量具读数原理是利用尺身刻线间距与游标刻线间距差来进行小数读数的。(　　)

答案：对。

36. 某篮球队队员身高以法定计量单位符号表示是1m95cm。(　　)

答案：错，应表示为1.95m或195cm。

37. 合成标准不确定度一般是由扩展不确定度的倍数（一般为2~3倍）得到的。(　　)

答案：错，扩展不确定度一般是由合成标准不确定的倍数得到的。

38. 通用卡尺示值误差的检定，对于测量范围在300mm内的卡尺，受检点不少于均匀分布5点。(　　)

答案：错，不少于均匀分布3点。

39. 通用卡尺示值误差的检定，对于测量范围大于300mm的卡尺，受检点不少于均匀分布60点。(　　)

答案：错，均匀分布6点。

40. 关于卡尺示值变动性的检定，在相同条件下，移动尺框，使电子数显卡尺或代表卡尺量爪两外测量面接触，重复测量40次并读数。示值变动性以最大与最小读数的差值确定。(　　)

答案：错，重复4次。

41. 卡尺是由中国首次创造发明的。(　　)

答案：对。

42. 游标高度卡尺不符合阿贝原则。(　　)

答案：对。

43. 测量范围在300mm以上的卡尺，受检点应不少于均匀分布的60个点。(　　)

答案：错，不少于均匀分布的6点。

44. 数显卡尺主要由尺体、传感器、控制运算部分和数字显示部分组成。(　　)

答案：对。

45. 高度游标卡尺可以用来划线，它既可以给半成品划线，也可以用来精密划线。(　　)

答案：对。

46. 游标卡尺是一种中等精度的量具，可以测量精度要求高的零件，也可以用来测量

毛坯件。(　　)

答案：对。

47. 测量基本尺寸为 152mm 的尺寸，应选用 0~150mm 的游标卡尺。(　　)

答案：错，应选用 0~200mm 的游标卡尺。

48. 高度游标卡尺的划线量爪刃口厚度，可用塞尺在平板上比较检定。(　　)

答案：对。

49. 由于游标卡尺没有测力装置，但测量时也会产生测力误差。(　　)

答案：对。

50. 表面粗糙度属于表面微观性质的形状误差。(　　)

答案：对。

4.7.2　单项选择题

1. 用于测量直线度误差的量具有(　　)。

A. 卡尺　　B. 千分尺　　C. 角度尺　　D. 百分表

答案：D。

2. 测量配合之间的微小间隙时，应选用(　　)。

A. 游标卡尺　　B. 百分表　　C. 千分尺　　D. 塞尺

答案：D。

3. 下列仪器与量具中符合阿贝原则的是(　　)。

A. 游标卡尺　　B. 高度游标卡尺　　C. 工具显微镜　　D. 百分表

答案：D。

4. 无论尺框紧固与否，齿厚卡尺的综合误差应不超过(　　)。

A. ±0. 03mm　　B. 0. 02mm　　C. 0. 01mm　　D. 0. 05mm

答案：A。

5. 检定游标量具游标刻线面的棱边至主尺刻线面的距离是为了控制(　　)。

A. 随机误差　　B. 读数误差　　C. 刻度误差　　D. 视差

答案：D。

6. 用平面平晶检定量具表面平面度时，当入射角不变，而厚度各处有变化，干涉带发生于厚度相等的地方，这种现象称为(　　)。

A. 球面干涉　　B. 球面反射　　C. 等倾干涉　　D. 等厚干涉

答案：D。

7. 标准件的精度要求较高，一般应比被测件的精度高二级左右，同时还应有较高的

(　　)。

A. 尺寸准确性　　B. 耐磨性　　C. 硬度　　D. 尺寸稳定性

答案：D。

8. 由接触位置改变所引起的误差，对点接触来说是(　　)。

A. 一次误差　　B. 操作误差　　C. 三次误差　　D. 二次误差

答案：D。

9. 对于没有标准规定的工件测量，测量方法的允许误差一般取工件公差的(　　)。

A. 1/2~1/5　　B. 1/5~1/10　　C. 1/3~1/10　　D. 1/5~1/9

答案：C。

10. 在检定大量块时，为了使其变形最小，采用两支点支承，其支承点应选择(　　)。

A. 贝塞尔点　　B. 中心点

C. 距量块端面最近点　　D. 艾利点

答案：D。

11. 下列不属于几何测量中的基本原则的是(　　)。

A. 阿贝原则　　B. 最小变形原则

C. 最小测量链原则　　D. 最短时间原则

答案：D。

12. 由圆分度的封闭特性可得测量的封闭原则，在测量中如能满足封闭条件，则其间隔误差的总和必为(　　)。

A. 1　　B. -1　　C. 0　　D. ±1

答案：C。

13. 封闭原则是(　　)的最基本原则，它不仅可以使其误差总和为零，而且还创造了自检的条件，即不需要任何标准器具就能实现本身的检定。

A. 物理计量　　B. 长度计量　　C. 化学计量　　D. 角度计量

答案：D。

14. 通用卡尺示值误差的检定，对于测量范围在300mm内的卡尺，受检点不少于均匀分布(　　)点。

A. 1　　B. 2　　C. 3　　D. 4

答案：C。

15. 通用卡尺示值误差的检定，对于测量范围大于300mm的卡尺，受检点不少于均匀分布(　　)点，根据实际使用情况可以适当增加受检点位。

A. 4　　B. 5　　C. 6　　D. 7

答案：C。

16. 卡尺是由(　　)首创的。

A. 英国　　B. 美国　　C. 法国　　D. 中国

答案：D。

17. 卡尺由中国首创，创造于公元(　　)年（即西汉末王莽始建国元年）。

A. 1245　　B. 968　　C. 9　　D. 220

答案：C。

18. 下列测量过程符合阿贝原则的是(　　)。

A. 带表卡尺　　B. 数显卡尺　　C. 高度游标卡尺　　D. 外径千分尺

答案：D。

19. 检定游标卡尺的游标刻线面的棱边至主尺刻线面的距离，是为了控制(　　)。

A. 系统误差　　B. 随机误差　　C. 残差　　D. 视觉误差

答案：D。

20. 不论数显卡尺还是游标卡尺，其圆弧的内测量爪的基本尺寸为(　　)。

A. 10mm 或者 20mm　　B. 8mm　　C. 5mm　　D. 15mm

答案：A。

21. 分度值为 0. 02mm 的游标卡尺的刻线宽度差不大于(　　)。

A. 0. 02mm　　B. 0. 01mm　　C. 0. 03mm　　D. 0. 05mm

答案：A。

22. 游标高度卡尺的用途，除测量高度外，还用于划线，那么划线用的量爪，其刃口厚度为(　　)。

A. (0. 15±0. 05)mm　　B. (0. 10±0. 05)mm

C. (0. 20±0. 05)mm　　D. (0. 25±0. 05)mm

答案：A。

23. 0. 02 游标卡尺，游标上的 50 格与尺身上的(　　)mm 对齐。

A. 51　　B. 50　　C. 49　　D. 41

答案：C。

24. 表面粗糙度评定用哪种符号表示？(　　)

A. Ry　　B. Ra　　C. Rz　　D. S

答案：B。

25. 游标类量具检定周期一般不超过(　　)。

A. 1 年　　B. 2 年　　C. 3 年　　D. 半年

答案：A。

26. 经检定符合检定规程的游标卡尺出具(　　)。

A. 校准证书　　B. 测试报告　　C. 准用证书　　D. 检定证书

答案：D。

27. 经检定不符合检定规程的游标卡尺出具(　　)，并注明不合格项目。

A. 检定证书　　B. 校准证书　　C. 停用证书　　D. 检定结果通知书

答案：D。

28. 修理后的游标卡尺，其圆柱内量爪的尺寸正确的是(　　)。

A. 9. 99mm　　B. 1. 05mm　　C. 19. 9mm　　D. 20. 11mm

答案：C。

29. 修理后的数显游标卡尺，其圆柱内量爪的尺寸正确的是(　　)。

A. 9. 09mm　　B. 1. 01mm　　C. 20. 99mm　　D. 19. 90mm

答案：D。

30. 分度值为 0. 10mm 的游标卡尺，其刻线宽度为(　　)。

A. 0. 08～0. 20mm　　B. 0. 08～0. 15mm　　C. 0. 10～0. 20mm　　D. 0. 08～0. 18mm

答案：D。

4.7.3 多项选择题

1. 长度测量的基本原则有(　　)。

A. 阿贝原则　　B. 最小变形量原则

C. 最少测量量原则　　D. 封闭原则

答案：ABCD。

2. 符合最小变形量原则的是(　　)。

A. 热变形　　B. 接触变形

C. 非接触变形　　D. 量具或标准件变形

答案：AB。

3. 测量的接触有(　　)。

A. 全接触　　B. 点接触　　C. 线接触　　D. 面接触

答案：BCD。

4. 量块的中心长度可用哪种测量确定？(　　)

A. 比较测量　　B. 间接测量　　C. 直接测量　　D. 综合测量

答案：AC。

5. 实际偏差是(　　)。

A. 设计时给定的　　B. 直接测量得到的

C. 通过测量计算得到的　　D. 实际尺寸减去基本尺寸得到的

答案：CD。

6. 150mm 游标卡尺的结构为(　　)。

A. 内外量爪　　B. 主尺副尺　　C. 紧固螺钉　　D. 测深尺

答案：ABCD。

7. 与游标卡尺工作原理相似的有(　　)。

A. 角度尺　　B. 齿厚卡尺　　C. 深度尺　　D. 高度尺

答案：ABCD。

8. 刻度值是量具的什么？(　　)

A. 精度　　B. 最小读数

C. 两刻线代表的差值　　D. 示值误差

答案：BC。

9. 钢直尺的示值误差主要包括哪些？(　　)

A. 全长　　B. 厘米分度

C. 毫米和半毫米分度　　D. 刻线宽度

答案：ABCD。

10. 量具修理常用的研磨材料有哪些？(　　)

A. 氧化铬　　B. 金刚石粉　　C. 碳化硅　　D. 碳化硼

答案：ABCD。

11. 平面度误差可用什么方法测量？(　　)

A. 比较法　　B. 测微仪法　　C. 光隙法　　D. 间接法

答案：BC。

12. 测量的误差来源有哪些？(　　)

A. 测量器具误差　　B. 温度误差　　C. 测力误差　　D. 读数与计算误差

答案：ABCD。

13. 万能角度尺组装起来可测哪些角度？(　　)

A. 0°～50°　　B. 50°～140°　　C. 140°～230°　　D. 230°～320°

答案：ABCD。

14. 游标卡尺的标尺标记宽度差有哪些？(　　)

A. 0. 02mm　　B. 0. 03mm　　C. 0. 05mm　　D. 0. 08mm

答案：ABC。

15. 通用卡尺是用来测量(　　)等相关尺寸的量具。

A. 外尺寸　　B. 内尺寸　　C. 盲孔　　D. 阶梯形孔及凹槽

答案：ABCD。

16. 下列哪些器件属于通用卡尺类量具？(　　)

A. 游标卡尺　　B. 数显卡尺　　C. 带表卡尺　　D. 深度游标卡尺

答案：ABCD。

17. 下列哪些器件属于游标类量具？(　　)

A. 游标卡尺　　B. 深度游标卡尺　　C. 数显卡尺　　D. 带表卡尺

答案：AB。

18. 卡尺圆弧内量爪的尺寸偏差有哪些？(　　)

A. ±0. 01mm　　B. ±0. 02mm　　C. ±0. 03mm　　D. ±0. 05mm

答案：ABC。

19. 下列哪些是卡尺首次检定中必须要检定的项目？(　　)

A. 外观　　B. 各部分相互作用

C. 各部分相互位置　　D. 零值误差

答案：ABCD。

20. 下列哪些是卡尺后续检定中可以不检定的项目？(　　)

A. 各部分相互位置　　B. 标尺标记的宽度和宽度差

C. 测量面的表面粗糙度　　D. 示值误差

答案：ABC。

4.7.4 简答题

1. 长度计量使用的法定计量单位是什么？常用的长度单位有哪些？(2 种及以上即可)

答案：长度计量使用的法定计量单位是米（m），常用的长度单位有 m、cm、mm、km、μm 等。

2. 常用机械式游标卡尺的分度值有哪些？

答案：0. 02mm、0. 05mm、0. 1mm 等。

3. 常用数显游标卡尺的分度值为多少？

答案：0. 01mm、0. 001mm 等。

4. 游标卡尺检定的环境要求是什么？

答案：环境温度（20±5）℃，相对湿度≤80%。

5. 游标卡尺的指针尖端应盖住短标记长度的多少？

答案：游标卡尺的指针尖端应盖住短标记长度的 30%~80%。

6. 卡尺测量面的表面粗糙度用什么进行测量？

答案：表面粗糙度比较样块。

7. 卡尺测量面的平面度用什么进行测量？

答案：刀口形直尺。

8. 卡尺圆弧内量爪的平行度用什么检测？

答案：外径千分尺。

9. 卡尺刀口内量爪的平行度用什么检测？

答案：量块和外径千分尺。

10. 卡尺的示值误差用什么检测？

答案：5 等量块。

11. 卡尺的外观检定方法是什么？

答案：用目力观察。

12. 卡尺的各部分相互作用检定方法是什么？

答案：目力观察和手动试验。

13. 在检定卡尺时，主要检定卡尺的哪些项目？

答案：

（1）游标卡尺外量爪测量面的平面度；

（2）游标卡尺刀口（圆弧）内量爪的基本尺寸和平行度；

（3）游标卡尺的示值误差；

（4）测量面的粗糙度。

14. 卡尺示值变动性的测量方法是什么？

答案：在相同条件下，移动尺框，使数显卡尺或带表卡尺量爪两外测量面接触；对于数显深度卡尺，将基准面与平板接触，移动尺身，使测量面与平板接触。重复测量 5 次并读数。示值变动性以最大与最小读数的差值确定。

4.7.5　计算题

1. 读数值为 0.02mm 的游标卡尺，其读数为 30.42mm 时，计算分析游标上第几格与尺身刻线对齐？

答案：游标卡尺的分度值为0.02mm，主标尺与游标卡尺刻线的宽度差为0.02mm。当游标卡尺上第 n 个刻线与主标尺刻线对齐时，其对应小数部分的长度为：0.02mm×n，故读数为 30.42mm 时，小数部分为 0.42mm，则游标卡尺上对应的刻线数为：0.42mm/0.02mm=21。

2. 简述游标卡尺刀口内的基本尺寸和平行度检定过程。

答案：将一块 10mm 的 3 级或 6 等量块的长边夹持于两外测量爪测量面之间，紧固螺钉后，该量块应能在量爪测量面间滑动但不脱落。用测力为 6~7N 的外径千分尺沿刀口内量爪在平行于尺身方向检定。

尺寸偏差以测得值与量块尺寸之差确定。在其他任意方向检定时，测得值与量块尺寸之差应不超过量爪尺寸偏差的上偏差。平行度用外径千分尺沿量爪在平行于尺身方向测量，以刀口内量爪全长范围内最大与最小尺寸之差确定。

3. 读数值为 0.02mm 的游标卡尺，其读数为 50.90mm 时，计算分析游标上第几格与尺身刻线对齐？

答案：游标卡尺的分度值为0.02mm，主标尺与游标卡尺刻线的宽度差为0.02mm。当游标卡尺上第 n 个刻线与主标尺刻线对齐时，其对应小数部分的长度为：0.02mm×n，故读数为 50.90mm 时，小数部分为 0.90mm，则游标卡尺上对应的刻线数为：0.90mm/0.02mm=45。

4. 请论述在对测量仪器进行合格或不合格评定时，什么情况下不考虑示值误差的测量不确定度？此时，合格或不合格判定的依据是什么？

答案：

（1）评定示值误差的测量不确定度（$U95$ 或 $k=2$ 时的 U）与被评定测量仪器的最大允许误差的绝对值之比小于或等于 1∶3 时，即满足 $U95 \leqslant \frac{1}{3}\mathrm{MPEV}$ 时：示值误差评定的测量不确定度对符合性评定的影响可忽略不计（也就是合格评定误判概率很小），此时可以不考虑示值误差的测量不确定度。

（2）此时的合格或不合格判据：

$|\Delta| \leqslant \mathrm{MPEV}$ 应判为合格；

$|\Delta| > \mathrm{MPEV}$ 应判为不合格。

$|\Delta|$ 代表的是被检仪器示值误差的绝对值。

MPEV 代表的是被检仪器最大允许误差的绝对值。

第5章　测微类量具计量

5.1　测微量具概述

应用螺旋测微原理制成的量具，称为螺旋测微量具。它们的测量精度比游标卡尺高，并且测量比较灵活，因此，当加工精度要求较高时多被应用。常用的千分尺的分度值为0.01mm，数显千分尺的分度值为0.001mm、0.0001mm。目前生产生活中大量应用的是分度值为0.01mm的千分尺。

5.1.1　千分尺分类

千分尺的种类很多，机械加工车间常用的有：外径千分尺、内径千分尺、深度千分尺以及螺纹千分尺和公法线千分尺等，并分别测量或检验零件的外径、内径、深度、厚度以及螺纹的中径和齿轮的公法线长度等。本章节将对常用千分尺分类情况进行介绍。

1. 外径千分尺

各种千分尺的结构大同小异，常用外径千分尺是用以测量或检验零件的外径、凸肩厚度以及板厚或壁厚等（测量孔壁厚度的千分尺，其量面呈球弧形）。千分尺由尺架、测微头、测力装置和制动器等组成。

图5-1是测量范围为0~25mm的外径千分尺。尺架1的一端装着固定测砧2，另一端装着测微头。固定测砧和测微螺杆的测量面上都镶有硬质合金，以提高测量面的使用寿命。尺架的两侧面覆盖着绝热板12，使用千分尺时，手拿在绝热板上，防止人体的热量影响千分尺的测量精度。

1）外径千分尺的测微头

图5-1中的3~9是千分尺的测微头部分。带有刻度的固定刻度套筒5用螺钉固定在螺纹轴套4上，而螺纹轴套又与尺架紧密结合成一体。在固定套筒5的外面有一带刻度的活动微分筒6，它用锥孔通过接头8的外圆锥面再与测微螺杆3相连。测微螺杆3的一端是

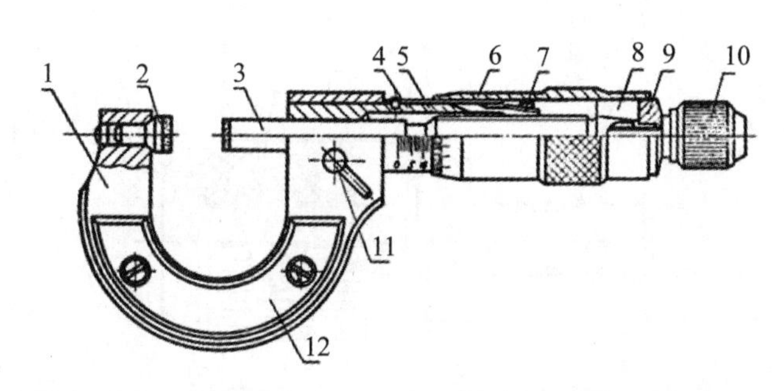

1—尺架；2—固定测砧；3—测微螺杆；4—螺纹轴套；5—固定刻度套筒；6—微分筒；
7—调节螺母；8—接头；9—垫片；10—测力装置；11—紧锁螺钉；12—绝热板

图 5-1 0~25mm 外径千分尺结构

测量杆，并与螺纹轴套上的内孔定心间隙配合；中间是精度很高的外螺纹，与螺纹轴套 4 上的内螺纹精密配合，可使测微螺杆自如旋转而其间隙极小；测微螺杆另一端的外圆锥与内圆锥接头 8 的内圆锥相配，并通过顶端的内螺纹与测力装置 10 连接。当测力装置的外螺纹旋紧在测微螺杆的内螺纹上时，测力装置就通过垫片 9 紧压接头 8，而接头 8 上开有轴向槽，有一定的胀缩弹性，能沿着测微螺杆 3 上的外圆锥胀大，从而使微分筒 6 与测微螺杆和测力装置结合成一体。当我们用手旋转测力装置 10 时，就带动测微螺杆 3 和微分筒 6 一起旋转，并沿着精密螺纹的螺旋线方向运动，使千分尺两个测量面之间的距离发生变化。

2）外径千分尺的测力装置

外径千分尺测力装置的结构如图 5-2 所示。

千分尺的测力装置主要依靠一对棘轮 3 和 4 的作用。棘轮 4 与转帽 5 联结成一体，而棘轮 3 可压缩弹簧 2 在轮轴 1 的轴线方向移动，但不能转动。弹簧 2 的弹力是控制测量压力的，螺钉 6 使弹簧压缩到千分尺所规定的测量压力。当我们手握转帽 5 顺时针旋转测力装置时，若测量压力小于弹簧 2 的弹力，转帽的运动就通过棘轮传给轮轴 1（带动测微螺杆旋转），使千分尺两测量面之间的距离继续缩短，即继续卡紧零件；当测量压力达到或略微超过弹簧的弹力时，棘轮 3 与 4 在其啮合斜面的作用下，压缩弹簧 2，使棘轮 4 沿着棘轮 3 的啮合斜面滑动，转帽的转动就不能带动测微螺杆旋转，同时发出“嘎嘎”的棘轮跳动声，表示已达到额定测量压力，从而达到控制测量压力的目的。

当转帽逆时针旋转时，棘轮 4 用垂直面带动棘轮 3，不会产生压缩弹簧的压力，始终能带动测微螺杆退出被测零件。

3）外径千分尺的制动器

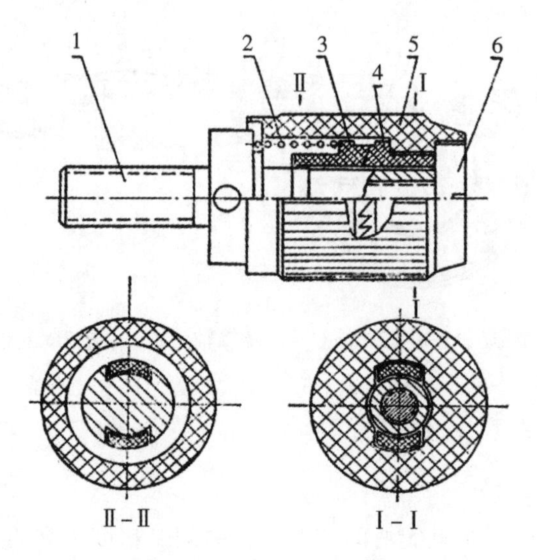

图 5-2　千分尺的测力装置

千分尺的制动器，就是测微螺杆的锁紧装置，其结构如图 5-3 所示。

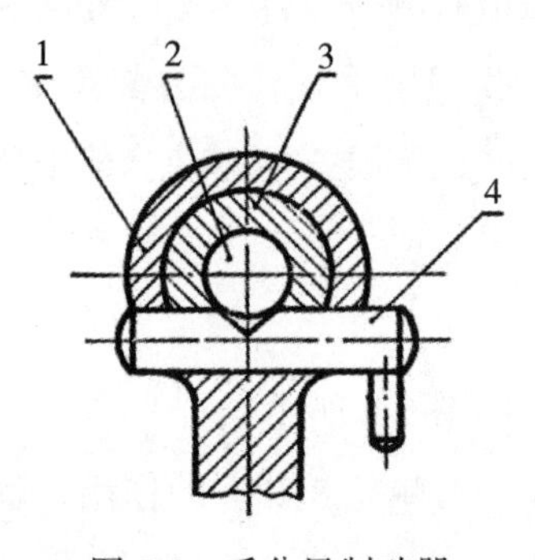

图 5-3　千分尺制动器

制动轴 4 的圆周上，有一个深浅不均的偏心缺口，对着测微螺杆 2。当制动轴以缺口的较深部分对着测量杆时，测量杆 2 就能在轴套 3 内自由活动，当制动轴转过一个角度，以缺口的较浅部分对着测量杆时，测量杆就被制动轴压紧在轴套内不能运动，达到制动的目的。

4）外径千分尺的测量范围

外径千分尺测微螺杆的移动量为 25mm，所以外径千分尺的测量范围一般为 25mm。为了使千分尺能测量更大范围的长度尺寸，以满足工业生产的需要，千分尺的尺架做成各种尺寸，形成不同测量范围的千分尺。目前，国产千分尺测量范围的尺寸分段为（单位：

mm)：

0~25；25~50；50~75；75~100；100~125；125~150；150~175；175~200；200~225；225~250；250~275；275~300；300~325；325~350；350~375；375~400；400~425；425~450；450~475；475~500；500~600；600~700；700~800；800~900；900~1000。

测量上限大于 300mm 的千分尺，也可把固定测砧做成可调式的或可换测砧，从而使此千分尺的测量范围为 100mm。

测量上限大于 1000mm 的千分尺，也可将测量范围制成为 500mm，目前国产最大的千分尺为 2500~3000mm 的千分尺。

2. 杠杆千分尺

1）杠杆千分尺结构

杠杆千分尺又称指示千分尺，它是由外径千分尺的微分筒部分和杠杆卡规中指示结构组合而成的一种精密量具，见图 5-4。

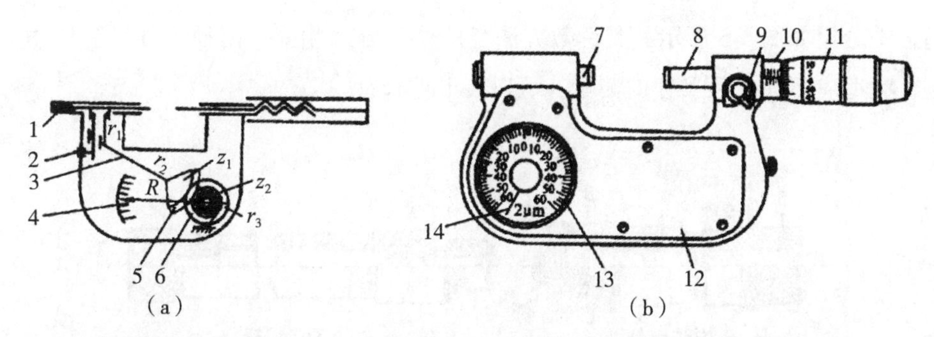

1—压簧；2—拨叉；3—杠杆；4—指针；5—扇形齿轮；6—小齿轮；7—微动测杆；8—活动测杆；9—制动器；10—固定套筒；11—微分筒；12—盖板；13—表盘；14—指针

图 5-4 杠杆千分尺

2）杠杆千分尺工作原理

杠杆千分尺的放大原理见图 5-4（a），其指示值为 0.002mm，指示范围为±0.06mm，$r_1=2.54\text{mm}$，$r_2=12.195\text{mm}$，$r_3=3.195\text{mm}$，指针长 $R=18.5\text{mm}$，$z_1=312$，$z_2=12$，则其传动放大比 k 为：

$$k \approx \frac{r_2 R}{r_1 r_3} \times \frac{z_1}{z_2} = \frac{12.195\text{mm} \times 18.5\text{mm}}{2.54\text{mm} \times 3.195\text{mm}} \times \frac{312}{12} = 723\text{mm}$$

即活动测砧移动 0.002mm 时，指针转过一格。读数值 b 为：

$$b = 0.002k = 0.002 \times 723\text{mm} = 1.446\text{mm}$$

杠杆千分尺既可以进行相对测量，也可以像千分尺那样用作绝对测量。其分度值有 0.001mm 和 0.002mm 两种。

3）杠杆千分尺的使用

杠杆千分尺不仅读数精度较高，而且因弓形架的刚度较大，测量力由小弹簧产生，比普通千分尺的棘轮装置所产生的测量力稳定，因此，它的实际测量精度也较高。

使用注意事项：

（1）用杠杆卡规或杠杆千分尺作相对测量前，应按被测工件的尺寸，用量块调整好零位。

（2）测量时，按动退让按钮，让测量杆面轻轻接触工件，不可硬卡，以免测量面磨损而影响精度。

（3）测量工件直径时，应摆动量具，以指针的转折点读数为正确测量值。

3. 内径千分尺与内测千分尺

1）内径千分尺

内径千分尺如图 5-5 所示，其读数方法与外径千分尺相同。内径千分尺主要用于测量大孔径，为适应不同孔径尺寸的测量，可以接上接长杆。

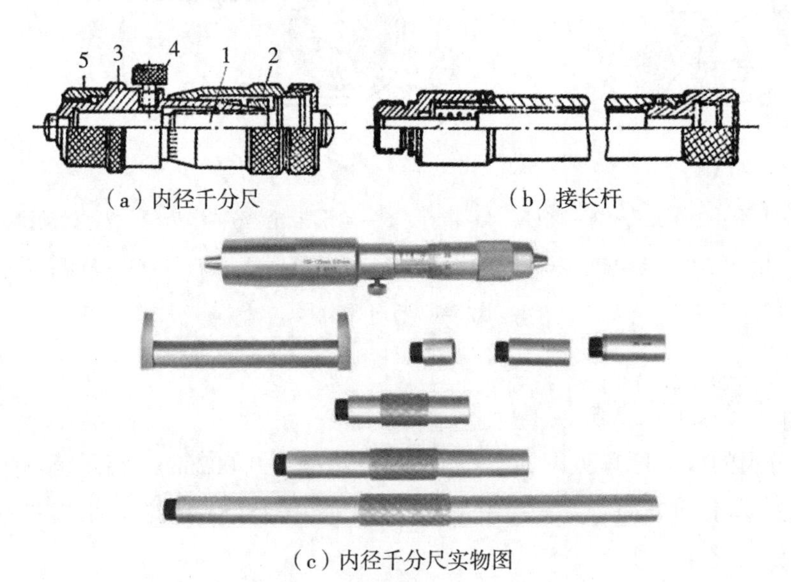

（a）内径千分尺　　（b）接长杆

（c）内径千分尺实物图

1—测微螺杆；2—微分筒；3—固定套筒；4—制动螺钉；5—保护螺帽

图 5-5　内径千分尺

连接时，只需将保护帽5旋去，将接长杆的右端（具有内螺纹）旋在千分尺的左端即可。接长杆可以一个接一个地连接起来，测量范围最大可达到5000mm。内径千分尺与接长杆是成套供应的。目前，国产内径千分尺的测量范围有（mm）：50～250；50～600；100～1225；100～1500；100～5000；150～1250；150～1400；150～2000；150～3000；150～4000；150～5000；250～2000；250～4000；250～5000；1000～3000；1000～4000；1000～5000；2500～5000。读数值：0.01mm。

内径千分尺上没有测力装置，测量压力的大小完全靠手中的感觉。测量时，是把它调整到所测量的尺寸后（图5-6），轻轻放入孔内试测其接触的松紧程度是否合适。一端不动，另一端做左、右、前、后摆动。左右摆动，必须细心地放在被测孔的直径方向，以点接触，即测量孔径的最大尺寸处（最大读数处），要防止如图5-7所示的错误位置。前后摆动应在测量孔径的最小尺寸处（即最小读数处）。按照这两个要求与孔壁轻轻接触，才能读出直径的正确数值。测量时，用力把内径千分尺压过孔径是错误的。这样做不但使测量面过早磨损，且由于细长的测量杆弯曲变形后，既损伤量具精度，又使测量结果不准确。

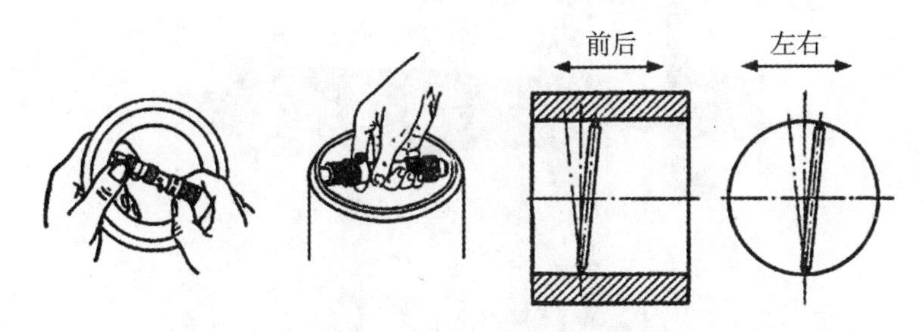

图5-6　内径千分尺的使用

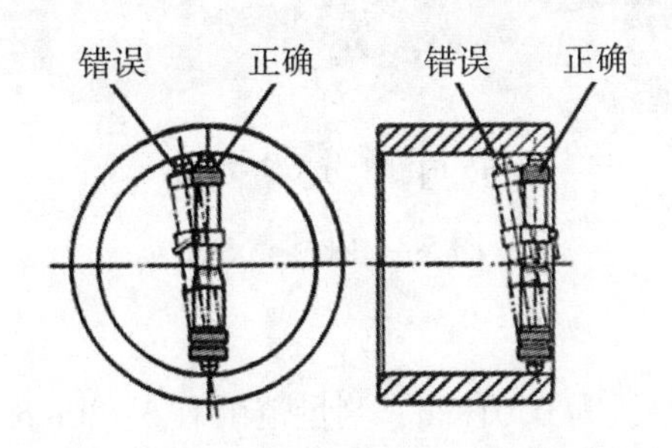

图5-7　内径千分尺的正确位置和错误位置

内径千分尺的示值误差比较大，如测0～600mm的内径千分尺，示值误差就有±（0.01～0.02）mm。因此，在测量精度较高的内径时，应把内径千分尺调整到测量尺寸后，放在由量块组成的相等尺寸上进行校准，或把测量内尺寸时的松紧程度与测量量块组尺寸时的松紧程度进行比较，克服其示值误差较大的缺点。

内径千分尺，除可用来测量内径外，也可用来测量槽宽和机体两个内端面之间的距离等内尺寸。但 50mm 以下的尺寸不能测量，须用内测千分尺。

2）内测千分尺

内测千分尺如图 5-8 所示，是测量小尺寸内径和内侧面槽的宽度。其特点是容易找正内孔直径，测量方便。

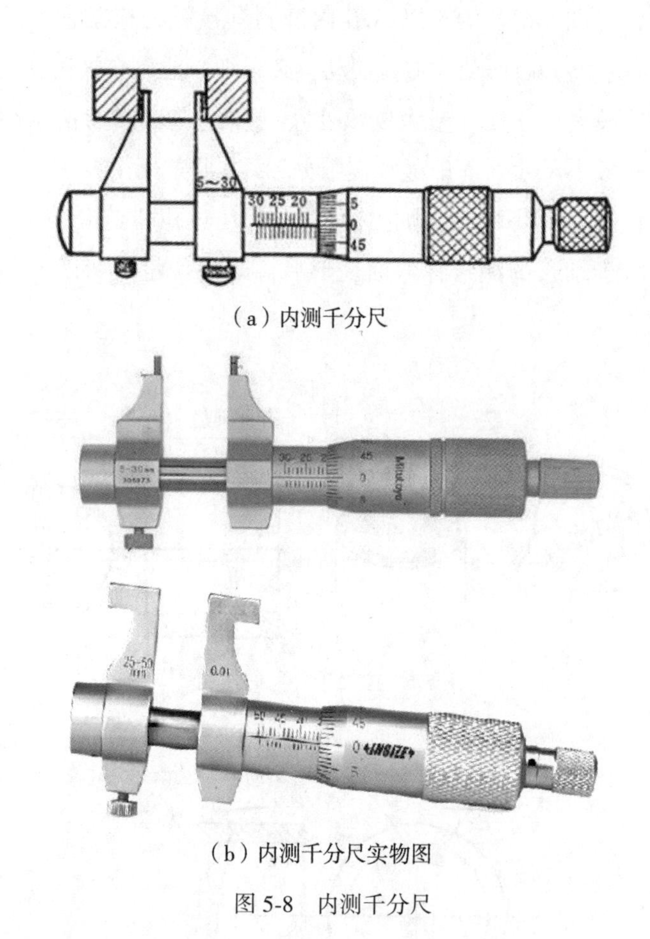

（a）内测千分尺

（b）内测千分尺实物图

图 5-8　内测千分尺

国产内测千分尺的读数值为 0. 01mm，测量范围有 5～30mm 和 25～50mm 两种，图 5-8 所示的是 5～30mm 的内测千分尺。内测千分尺的读数方法与外径千分尺相同，只是套筒上的刻线尺寸与外径千分尺相反，另外它的测量方向和读数方向也都与外径千分尺相反。

3）三爪内径千分尺

三爪内径千分尺，适用于测量中小直径的精密内孔，尤其适用于测量深孔的直径。测量范围（mm）：6~8，8~10，10~12，11~14，14~17，17~20，20~25，25~30，30~35，35~40，40~50，50~60，60~70，70~80，80~90，90~100。三爪内径千分尺的零位，必须在标准孔内进行校对。

三爪内径千分尺的工作原理，图 5-9 为测量范围 11~14mm 的三爪内径千分尺，当顺时针旋转测力装置 6 时，就带动测微螺杆 3 旋转，并使它沿着螺纹轴套 4 的螺旋线方向移动，于是测微螺杆端部的方形圆锥螺纹就推动三个测量爪 1 做径向移动。扭簧 2 的弹力使测量爪紧紧地贴合在方形圆锥螺纹上，并随着测微螺杆的进退而伸缩。

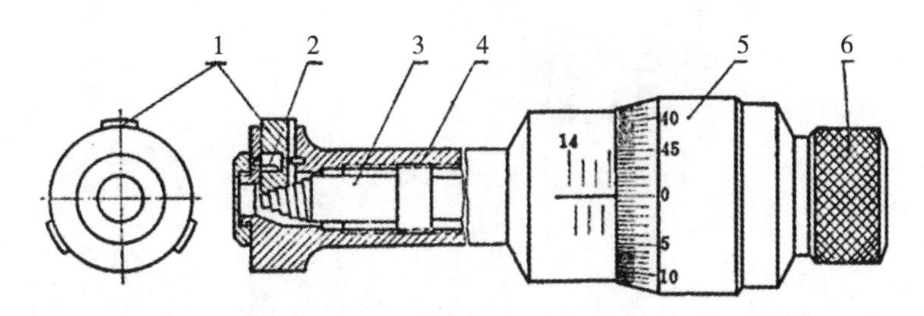

图 5-9 三爪内径千分尺

三爪内径千分尺的方形圆锥螺纹的径向螺距为 0. 25mm。即当测力装置顺时针旋转一周时测量爪 1 就向外移动（半径方向）0. 25mm，三个测量爪组成的圆周直径就要增加 0. 5mm。即微分筒旋转一周时，测量直径增大 0. 5mm，而微分筒的圆周上刻着 100 个等分格，所以它的读数值为 0. 5mm÷100=0. 005mm。

4. 公法线长度千分尺

公法线长度千分尺如图 5-10 所示。主要用于测量外啮合圆柱齿轮的两个不同齿面公法线长度，也可以在检验切齿机床精度时，按被切齿轮的公法线检查其原始外形尺寸。它的结构与外径千分尺相同，所不同的是在测量面上装有两个带精确平面的量钳（测量面）来代替原来的测砧面。

测量范围（mm）：0~25，25~50，50~75，75~100，100~125，125~150。读数值：0. 01mm。测量模数：$m \geqslant 1$mm。

5. 壁厚千分尺

壁厚千分尺如图 5-11 所示，主要用于测量精密管形零件的壁厚。壁厚千分尺的测量面镶有硬质合金，以提高使用寿命。

Ⅰ型壁厚千分尺的最大允许误差应不大于 4μm；Ⅱ型壁厚千分尺的最大允许误差应不

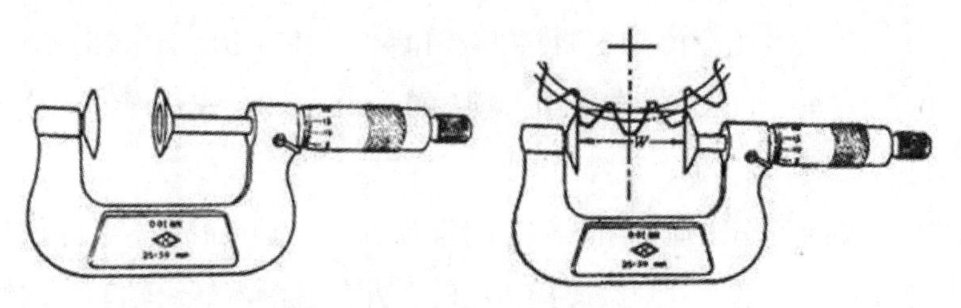

（a）公法线长度千分尺

（b）公法线长度千分尺实物图

图 5-10　公法线长度千分尺

大于 8μm。在整个 25mm 的量程中，测微头最大允许误差应不大于 3μm。

测量范围（mm）：0 ~ 10，0 ~ 15，0 ~ 25，25 ~ 50，50 ~ 75，75 ~ 100。读数值：0. 01mm。

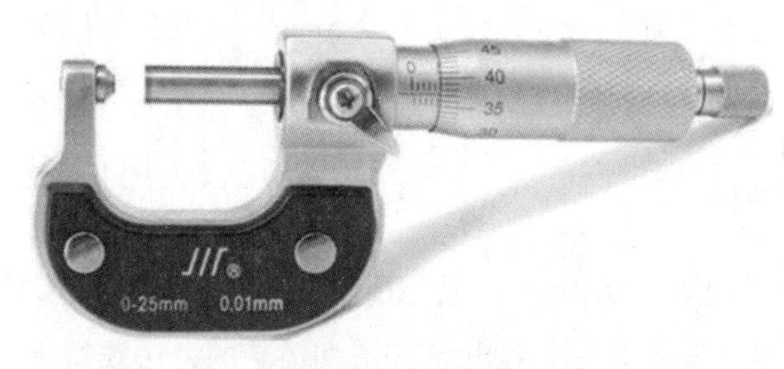

（a）球形壁厚千分尺

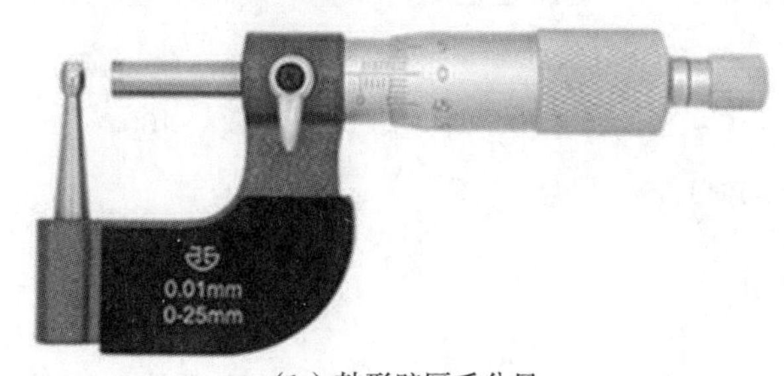

（b）鼓形壁厚千分尺

图 5-11　壁厚千分尺

6. 板厚千分尺

板厚千分尺如图 5-12 所示，主要适用于测量板料的厚度尺寸。其规格见表 5-1。表盘式尺架凹入深度为 40mm，微分筒式尺架凹入深度为 200mm。

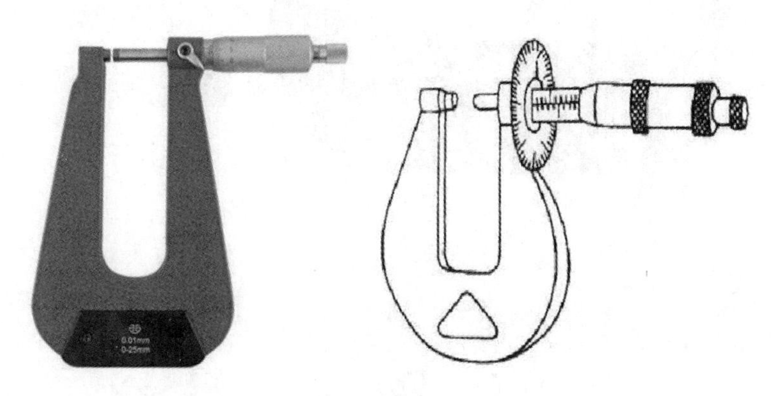

图 5-12　板厚千分尺

表 5-1　　板厚千分尺规格

<table>
<tr><th>测量范围/mm</th><th>读数值/mm</th><th>可测深度/mm</th></tr>
<tr><td>0~10</td><td rowspan="6">0.01</td><td rowspan="2">50</td></tr>
<tr><td>0~15</td></tr>
<tr><td>0~25</td><td>150，200</td></tr>
<tr><td>25~50</td><td rowspan="3">70</td></tr>
<tr><td>50~75</td></tr>
<tr><td>75~100</td></tr>
<tr><td>0~15
15~30</td><td>0.05</td><td></td></tr>
</table>

7. 尖头千分尺

尖头千分尺如图 5-13 所示，主要用来测量零件的厚度、长度、直径及小沟槽。如钻头和偶数槽丝锥的沟槽直径等。

测量范围（mm）：0~25，25~50，50~75，75~100。读数值：0.01mm。

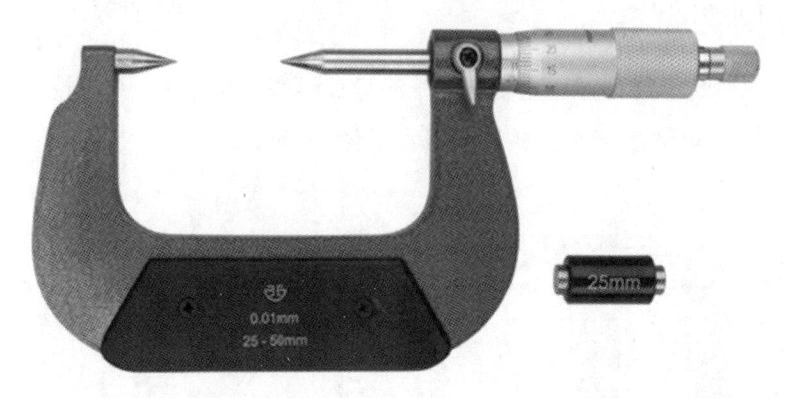

图 5-13　尖头千分尺

8. 螺纹千分尺

螺纹千分尺如图 5-14 所示。主要用于测量普通螺纹的中径。

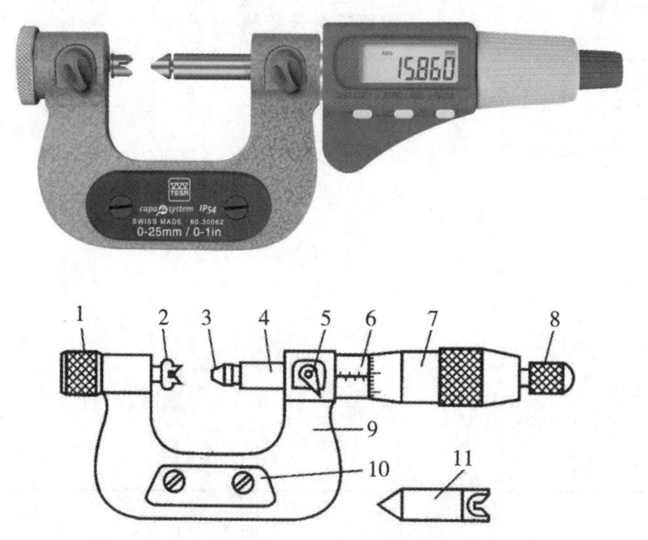

1—调零装置；2—V 形测头；3—锥形测头；4—测微螺杆；5—紧锁装置；6—固定套管；7—微分筒；8—测力装置；9—尺架；10—隔热板；11—校对用量杆

图 5-14　螺纹千分尺

螺纹千分尺的结构与外径千分尺相似，所不同的是它有两个特殊的可调换的量头 1 和 2，其角度与螺纹牙型角相同。

螺纹千分尺的测量范围与测量螺距的范围见表 5-2。

表 5-2 **普通螺纹中径测量范围**

测量范围/mm	测头数量（副）	测头测量螺距的范围/mm
0~25	5	0.4~0.5；0.6~0.8；1~1.25；1.5~2；2.5~3.5
25~50	5	0.6~0.8；1~1.25；1.5~2；2.5~3.5；4~6
50~75 75~100	4	1~1.25；1.5~2；2.5~3.5；4~6
100~125 125~150	3	1.5~2；2.5~3.5；4~6

9. 深度千分尺

深度千分尺如图 5-15 所示，用以测量孔深、槽深和台阶高度等。它的结构，除用基座代替尺架和测砧外，与外径千分尺没有什么区别。

深度千分尺的读数范围（mm）：0~25，25~100，100~150，读数值：0.01mm。它的测量杆 6 制成可更换的形式，更换后，用紧锁装置 4 锁紧。

深度千分尺校对零位可在精密平面上进行。即当基座端面与测量杆端面位于同一平面时，微分筒的零线正好对准。当更换测量杆时，一般零位不会改变。

深度千分尺测量孔深时，应把基座 5 的测量面紧贴在被测孔的端面上。零件的这一端面应与孔的中心线垂直，且应当光洁平整，使深度千分尺的测量杆与被测孔的中心线平行，保证测量精度。此时，测量杆端面到基座端面的距离，就是孔的深度。

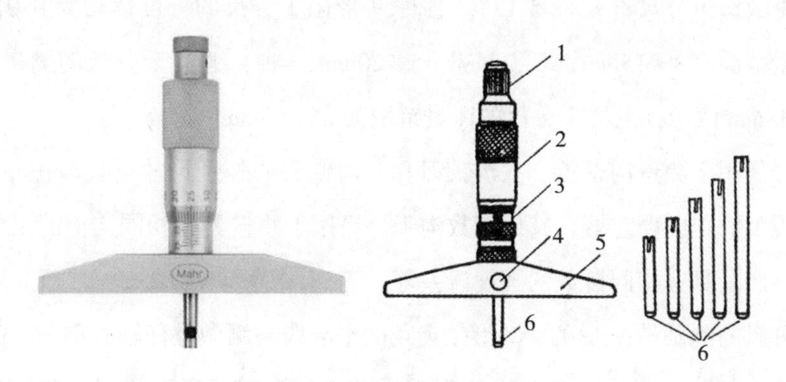

1—测力装置；2—微分筒；3—固定套筒；4—紧锁装置；5—底板；6—测量杆

图 5-15 深度千分尺

10. 数字外径千分尺

数字外径千分尺（图5-16），用数字表示读数，使用更为方便。在固定套筒上刻有游标，利用游标可读出0.002mm或0.001mm的读数值。

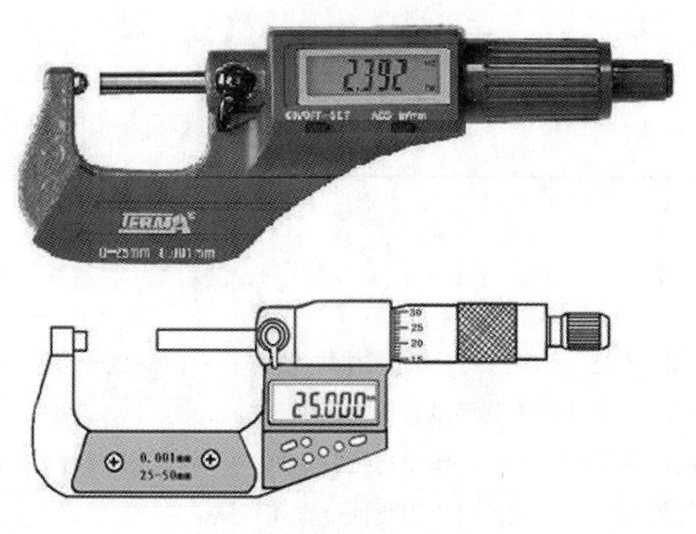

图5-16 数字外径千分尺

11. V形砧千分尺

V形砧千分尺分为三沟千分尺、五沟千分尺、七沟千分尺和十一沟千分尺等几种，它们又统称为奇数沟千分尺（见图5-17）。各种V形砧千分尺的分度值均为0.01mm。三沟千分尺的测量范围有1~15mm，1~20mm，5~20mm三种；五沟千分尺的测量范围有5~25mm，25~45mm两种；七沟千分尺的测量范围为25~50mm。

三沟千分尺用于测量沟丝锥、三沟铰刀和三沟铣刀的外径尺寸（比较测量），也可以测量具有三棱度的圆度误差等。其他奇数沟千分尺用于测量具有相同沟槽的工件和刀具的外尺寸，也可测量具有相同棱数的圆度误差等。

五沟千分尺的测砧是V形的，V形砧夹角的平分线与测微螺杆轴心重合。测微螺杆的测量面为平面。各种V形砧千分尺的V形砧夹角、测微螺杆螺距和固定套管刻线间隔各不相同。

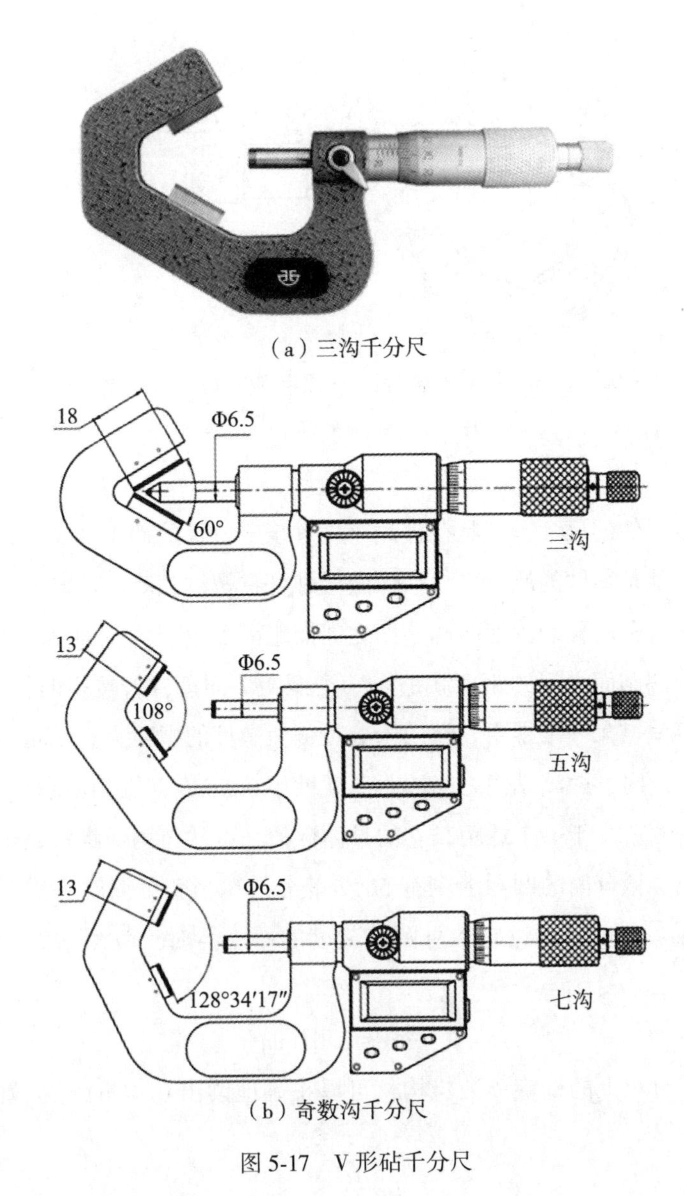

（a）三沟千分尺

（b）奇数沟千分尺

图 5-17 V 形砧千分尺

5.1.2 外径千分尺的工作原理和读数方法

1. 外径千分尺的工作原理

外径千分尺的工作原理就是应用螺旋读数机构，它包括一对精密的螺纹——测微螺杆与螺纹轴套（图 5-18 中的 1 和 2）和一对读数套筒——固定刻度套筒与微分筒（图 5-18）中的 3 和 4。

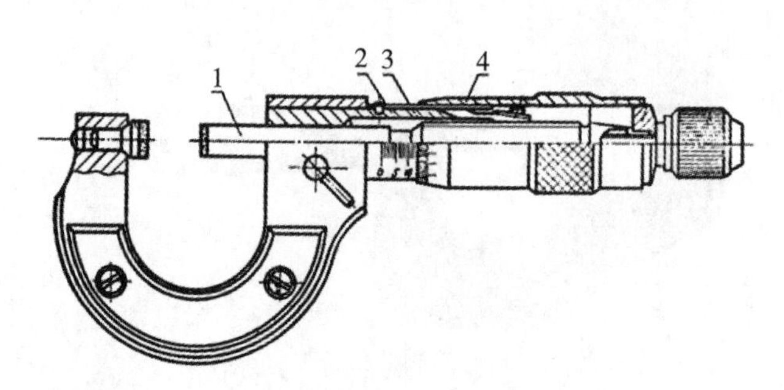

1—测微螺杆；2—螺纹轴套；3—固定刻度套筒；4—微分筒；

图 5-18　0~25mm 外径千分尺结构

用千分尺测量零件的尺寸，就是把被测零件置于千分尺的两个测量面之间。所以两测砧面之间的距离，就是零件的测量尺寸。当测微螺杆在螺纹轴套中旋转时，由于螺旋线的作用，测微螺杆就有轴向移动，使两测砧面之间的距离发生变化。如测微螺杆按顺时针的方向旋转一周，两测砧面之间的距离就缩小一个螺距。同理，若按逆时针方向旋转一周，则两测砧面的距离就增大一个螺距。常用千分尺测微螺杆的螺距为 0.5mm。因此，当测微螺杆顺时针旋转一周时，两测砧面之间的距离就缩小 0.5mm。当测微螺杆顺时针旋转不到一周时，缩小的距离就小于一个螺距，它的具体数值，可从与测微螺杆结成一体的微分筒的圆周刻度上读出。微分筒的圆周上刻有 50 个等分线，当微分筒转一周时，测微螺杆就推进或后退 0.5mm，微分筒转过它本身圆周刻度的一小格时，两测砧面之间转动的距离为：

$$0.5 \div 50 = 0.01\text{mm}$$

由此可知：千分尺上的螺旋读数机构，可以正确地读出 0.01mm，也就是千分尺的读数值为 0.01mm。

2. 外径千分尺的读数方法

在外径千分尺的固定套筒上刻有轴向中线，作为微分筒读数的基准线。另外，为了计算测微螺杆旋转的整数转，在固定套筒中线的两侧，刻有两排刻线，刻线间距均为 1mm，上下两排相互错开 0.5mm。

外径千分尺的具体读数方法可分为三步：

（1）读出固定套筒上露出的刻线尺寸，一定要注意不能遗漏应读出的 0.5mm 的刻线值。

（2）读出微分筒上的尺寸，要看清微分筒圆周上哪一格与固定套筒的中线基准对齐，将格数乘以 0.01mm 即得微分筒上的尺寸。

(3) 将上面两个数相加，即为千分尺上测得尺寸。

如图 5-19 (a) 所示，在固定套筒上读出的尺寸为 8mm，微分筒上读出的尺寸为 27 (格) ×0.01mm =0.27mm，上面两数相加即得被测零件的尺寸为 8.27mm；如图 5-19 (b) 所示，在固定套筒上读出的尺寸为 8.5mm，在微分筒上读出的尺寸为 27 (格) × 0.01mm =0.27mm，上面两数相加即得被测零件的尺寸为 8.77mm。

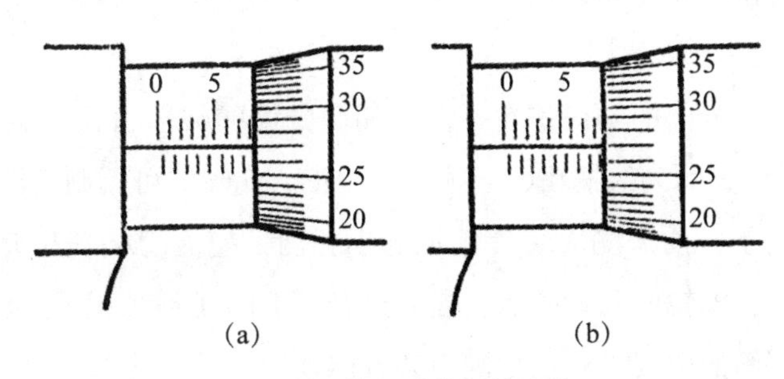

图 5-19　外径千分尺的读数

3. 外径千分尺的精度及其调整

外径千分尺是一种应用很广的精密量具，按它的制造精度，可分 0 级和 1 级两种，0 级精度较高，1 级次之。

千分尺的制造精度，主要由它的示值误差和测砧面的平面平行度公差的大小来决定，小尺寸千分尺的精度要求，见表 5-3。从千分尺的精度要求可知，用千分尺测量 IT6 ~ IT10 级精度的零件尺寸较为合适。

表 5-3　**千分尺的精度要求**

测量上限 (mm)	示值误差 (mm)		两测量面平行度 (mm)	
	0 级	1 级	0 级	1 级
15；25	±0.002	±0.004	0.001	0.002
50	±0.002	±0.004	0.0012	0.0025
75；100	±0.002	±0.004	0.0015	0.003

千分尺在使用过程中，由于磨损，特别是使用不妥当时，会使千分尺的示值误差超差，所以应定期进行检查，进行必要的拆洗或调整，以便保持千分尺的测量精度。

1）校正千分尺的零位

千分尺如果使用不妥，零位就要走动，使测量结果不正确，容易造成产品质量事故。所以，在使用千分尺的过程中，应当校对千分尺的零位。所谓“校对千分尺的零位”，就是把千分尺的两个测砧面揩干净，转动测微螺杆使它们贴合在一起（这是指对 0~25mm 的千分尺而言，若测量范围大于 0~25mm 时，应该在两测砧面间放上校对样棒，检查微分筒圆周上的 0 刻线是否对准固定套筒的中线，微分筒的端面是否正好使固定套筒上的 0 刻线露出来。如果两者位置都是正确的，就认为千分尺的零位是对的，否则就要进行校正，使之对准零位）。

如果零位是由于微分筒的轴向位置不对，如微分筒的端部盖住固定套筒上的 0 刻线，或 0 刻线露出太多，0. 5 的刻线搞错，必须进行校正。此时，可用制动器把测微螺杆锁住，再用千分尺的专用扳子，插入测力装置轮轴的小孔内，把测力装置松开（逆时针旋转），微分筒就能进行调整，即轴向移动一点，使固定套筒上的 0 刻线正好露出来，同时使微分筒的零线对准固定套筒的中线，然后把测力装置旋紧。

如果零位是由于微分筒的零线没有对准固定套筒的中线，也必须进行校正。此时，可用千分尺的专用扳子，插入固定套筒的小孔内，将固定套筒转过一点，使之对准零线。但当微分筒的零线相差较大时，不应当采用此法调整，而应该采用松开测力装置转动微分筒的方法来校正。

2）调整千分尺的间隙

千分尺在使用过程中，由于磨损等原因，会使精密螺纹的配合间隙增大，从而使示值误差超差，必须及时进行调整，以便保持千分尺的精度。

要调整精密螺纹的配合间隙，应先用制动器把测微螺杆锁住，再用专用扳子把测力装置松开，拉出微分筒后再进行调整。由图 5-19 可以看出，在螺纹轴套上，接近精密螺纹一段的壁厚比较薄，且连同螺纹部分一起开有轴向直槽，使螺纹部分具有一定的胀缩弹性。同时，在螺纹轴套的圆锥外螺纹上，旋转调节螺母 7。当调节螺母往里旋入时，因螺母直径保持不变，就迫使外圆锥螺纹的直径缩小，于是精密螺纹的配合间隙就减小了。然后，松开制动器进行试转，看螺纹间隙是否合适。间隙过小会使测微螺杆活动不灵活，可把调节螺母松出一点，间隙过大则使测微螺杆有松动，可把调节螺母再旋进一点。直至间隙调整好后，再把微分筒装上，对准零位后把测力装置旋紧。

经过上述调整的千分尺，除必须校对零位外，还应当用专用检定量块，检验千分尺的 5 个尺寸的测量精度，确定千分尺的精度等级后，才能移交使用。例如，用 5. 12mm、10. 24mm、15. 36mm、21. 5mm、25mm 等 5 个块规尺寸检定 0~25mm 的千分尺，它的示值误差应符合要求，否则应继续修理。

4. 千分尺的使用方法

千分尺使用得是否正确，对保持精密量具的精度和保证产品质量的影响很大，指导人员和实习的学生必须重视量具的正确使用，使测量技术精益求精，务必获得正确的测量结果，确保产品质量。

使用千分尺测量零件尺寸时，必须注意下列几点：

（1）使用前，应把千分尺的两个测砧面揩干净，转动测力装置，使两测砧面接触（若测量上限大于25mm时，在两测砧面之间放入校对量杆或相应尺寸的量块），接触面上应无间隙和漏光现象，同时微分筒和固定套筒要对准零位。

（2）转动测力装置时，微分筒应能自由灵活地沿着固定套筒活动，没有任何轧卡和不灵活的现象。如有活动不灵活的现象，应送计量站及时检修。

（3）测量前，应把零件的被测量表面揩干净，以免有脏物存在时影响测量精度。绝对不允许用千分尺测量带有研磨剂的表面，以免损伤测量面的精度。用千分尺测量表面粗糙的零件亦是错误的，这样易使测砧面过早磨损。

（4）用千分尺测量零件时，应当手握测力装置的转帽来转动测微螺杆，使测砧表面保持标准的测量压力，即听到“咔咔”的声音，表示压力合适，并可开始读数。要避免因测量压力不等而产生测量误差。

绝对不允许用力旋转微分筒来增加测量压力，使测微螺杆过分压紧零件表面，致使精密螺纹因受力过大而发生变形，损坏千分尺的精度。有时用力旋转微分筒后，虽因微分筒与测微螺杆间的连接不牢固，对精密螺纹的损坏不严重，但是微分筒打滑后，千分尺的零位走动了，就会造成质量事故。

（5）使用千分尺测量零件时（图5-20），要使测微螺杆与零件被测量的尺寸方向一致。如测量外径时，测微螺杆要与零件的轴线垂直，不要歪斜。测量时，可在旋转测力装置的同时，轻轻地晃动尺架，使测砧面与零件表面接触良好。

（6）用千分尺测量零件时，最好在零件上进行读数，放松后取出千分尺，这样可减少测砧面的磨损。如果必须取下读数时，应用制动器锁紧测微螺杆后，再轻轻滑出零件，把千分尺当卡规使用是错误的，因这样做不但易使测量面过早磨损，甚至会使测微螺杆或尺架发生变形而失去精度。

（7）在读取千分尺上的测量数值时，要特别留心不要读错0.5mm刻线。

（8）为了获得正确的测量结果，可在同一位置上再测量一次。尤其是测量圆柱形零件时，应在同一圆周的不同方向测量几次，检查零件外圆有没有圆度误差，再在全长的各个部位测量几次，检查零件外圆有没有圆柱度误差等。

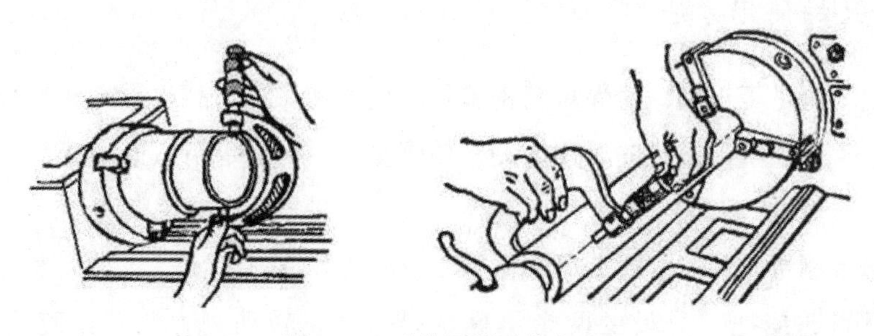

图 5-20　千分尺测零件方法

（9）对于超常温的工件，不要进行测量，以免产生读数误差。

（10）单手使用外径千分尺时，如图 5-21（a）所示，可用大拇指和食指或中指捏住活动套筒，小指勾住尺架并压向手掌，大拇指和食指转动测力装置就可测量。

用双手测量时，可按图 5-21（b）所示的方法进行。

值得注意的是几种使用外径千分尺的错误方法，比如用千分尺测量旋转运动中的工件，很容易使千分尺磨损，而且测量也不准确；又如想快一点得出读数，握着微分筒来挥转（图 5-22）等，这同碰撞一样，也会损坏千分尺的内部结构。

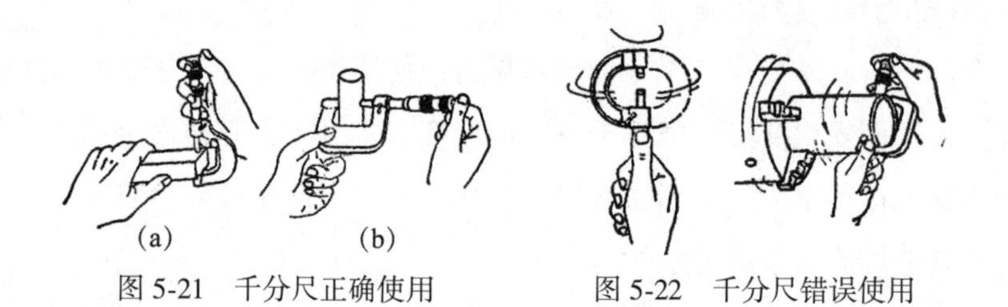

图 5-21　千分尺正确使用　　图 5-22　千分尺错误使用

5. 千分尺应用举例

如要检验图 5-23 所示夹具的三个孔（ϕ14、ϕ15、ϕ16）在 ϕ150 圆周上的等分精度。检验前，先在孔 ϕ14、ϕ15、ϕ16 和 ϕ20 内配入圆柱销（圆柱销应与孔中心间隙配合）。

等分精度的测量，可分三步做：

（1）用 0~25mm 的外径千分尺，分别量出四个圆柱销的外径 D、D_1、D_2和 D_3。

（2）用 75~100mm 的外径千分尺，分别量出 D 与 D_1，D 与 D_2，D 与 D_3两圆柱销外表面的最大距离 A_1、A_2和 A_3。则三孔与中心孔的中心距分别为：

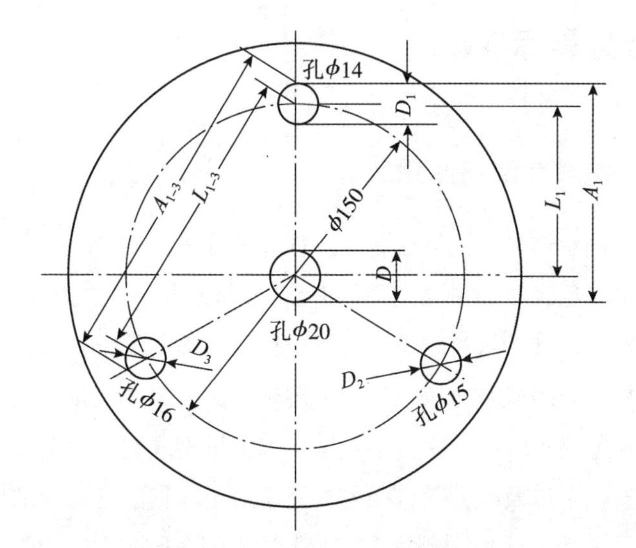

图 5-23　测量三孔的等分精度

$$L_1 = A_1 - \frac{1}{2}(D + D_1)$$

$$L_2 = A_2 - \frac{1}{2}(D + D_2) \qquad (5\text{-}1)$$

$$L_3 = A_3 - \frac{1}{2}(D + D_3)$$

而中心距的基本尺寸为 150÷2=75mm。如果 L_1、L_2和 L_3都等于 75mm，就说明三个孔的中心线是在 150mm 的同一圆周上。

（3）用 125~150mm 的千分尺，分别量出 D_1与 D_2，D_2与 D_3，D_1与 D_3两圆柱销外表面的最大距离 A_{1-2}、A_{2-3}和 A_{1-3}。则它们之间的中心距为：

$$L_{1-2} = A_{1-2} - \frac{1}{2}(D_1 + D_2)$$

$$L_{2-3} = A_{2-3} - \frac{1}{2}(D_2 + D_3) \qquad (5\text{-}2)$$

$$L_{1-3} = A_{1-3} - \frac{1}{2}(D_1 + D_3)$$

比较三个中心距的差值，就得到三个孔的等分精度。如果三个中心距是相等的，即 $L_{1-2} = L_{2-3} = L_{1-3}$，就说明三个孔的中心线在圆周上是等分的。

5.2　检定测微量具标准器组

5.2.1　检定测微量具标准器组组成

检定测微量具，测量器具及配套设备有：杠杆千分表、百分表、工具显微镜、专用测力仪、塞尺、刀口形直尺、平面平晶、平行平晶、4 等量块、立式接触式干涉仪等。

在千分尺的首次检定和后续检定中，杠杆千分表用来测量千分尺的测微螺杆的轴向窜动和径向摆动；杠杆百分表或百分表用来测量测砧与测微螺杆测量面的相对偏移；专用测力仪用来测量千分尺的测力大小；工具显微镜用来测量刻线宽度及宽度差；塞尺用来测量指针与刻线盘的相对位置以及微分筒锥面的端面棱边至固定套管端面的距离；平晶和刀口尺用来测量测量面的平面度；4 等量块用来测量数显外径千分尺的示值重复性和示值误差；立式接触式干涉仪用来测量校对用量杆。

5.2.2　SCL 型千分尺专用测力仪

SCL 型千分尺专用测力仪如图 5-24 所示。

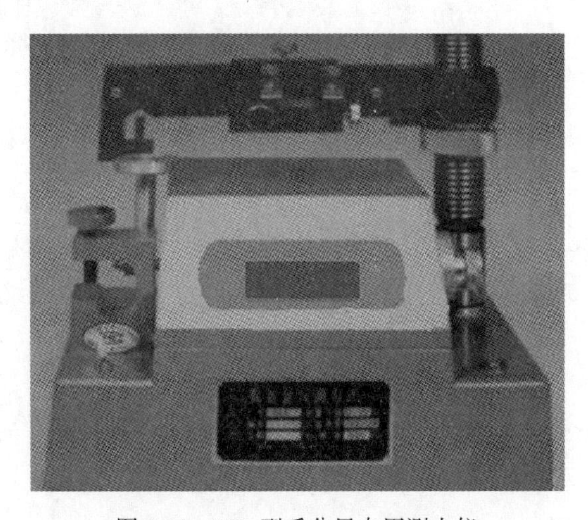

图 5-24　SCL 型千分尺专用测力仪

SCL 型千分尺专用测力仪是目前国内最新型的长度计量仪器测力检定仪器。主要用于指示量具类、测微量具类及光学仪器等测力的检定。本测力仪具有精度高、操作方便等特点，为计量部门必备的测力检定仪器。测力仪采用液晶显示，利用小量值力传感器测量精度高、稳定性好的特点，作为测量仪测力的基准。仪器带有多功能夹具，适应装夹多种量仪，加上仪器调整装置等，组成了一种较为理想的测力仪。

主要技术参数：

（1）测量范围：0~15N；

（2）分辨率：0.01N；

（3）测量误差：±0.5%±1字；

（4）使用电压：220V±10%。

5.2.3 量块

有关量块的内容请参见4.3.2节。

5.2.4 平晶

平晶是以光学玻璃或石英为材料，利用光波干涉原理，使平晶的测量面与试件的被测量面之间所产生的干涉条纹来测量被测量面的平面度、平行度的实物量具。平晶分平面平晶、平行平晶和长平晶三种。(实物图见图5-25、图5-26)

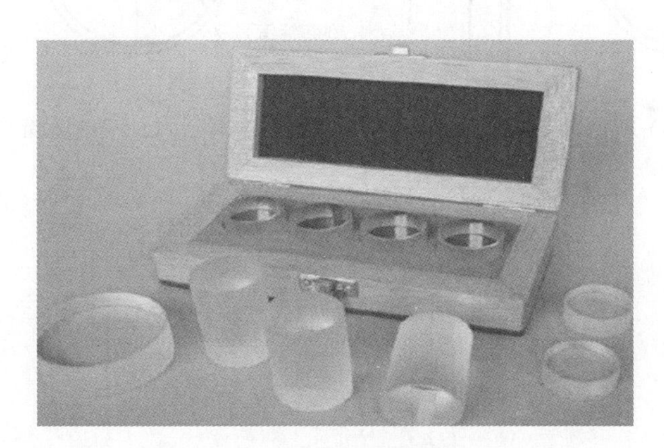

图5-25 平行平晶

平面平晶大部分只有一个工作面（图5-27b），也有双工作面的（图5-27a）。

按用途平晶可分为标准平晶和工作平晶。根据我国平面度检定系统，标准平晶分为1、2等，工作平晶分为1、2级。平行平晶（图5-28），共分四个系列，每个系列各分四组，每组由尺寸相邻的四块组成一套。长平晶（图5-29）按尺寸分为210mm和310mm两种。

平面平晶用于检定量块的研合性和平面度以及仪器和量具的测量面、工作面的平面

图5-26　平面平晶

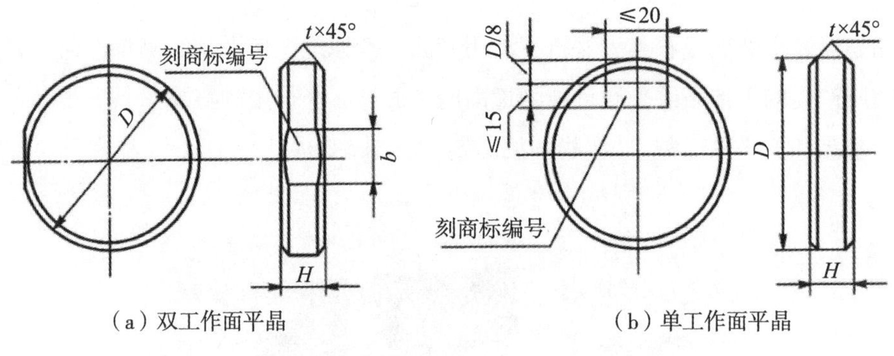

（a）双工作面平晶　　（b）单工作面平晶

图5-27

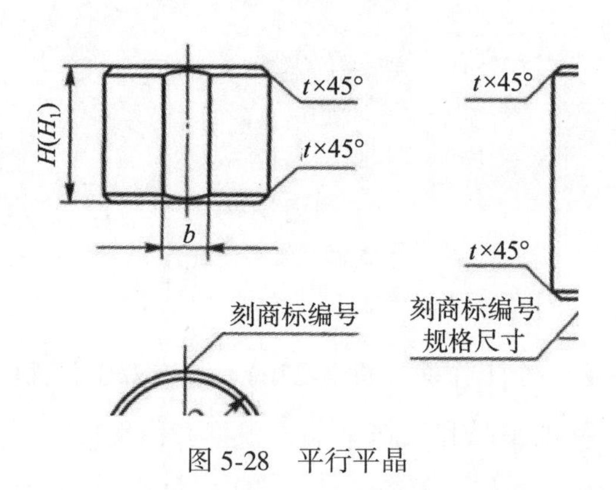

图5-28　平行平晶

度。亦可用于检定高精度的平面零件，例如，平面光学零件、高级平台、平板、导轨、密封件等。平面平晶特别适用于计量单位、实验室作为标准平面和样板。

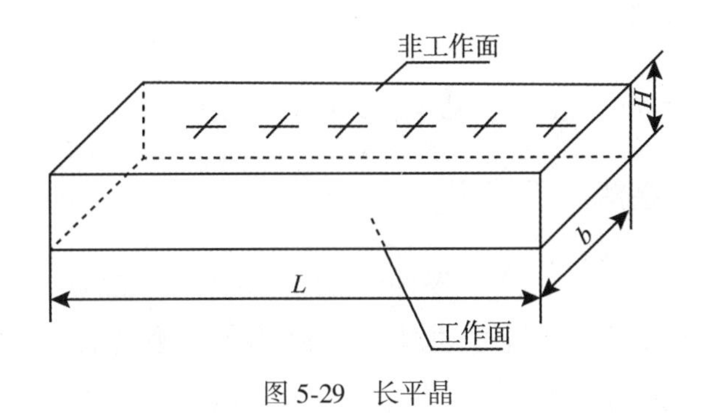

图 5-29 长平晶

平行平晶用于检定千分尺、杠杆千分尺、杠杆卡规和千分尺卡规等量具测量面的平面度和两相对测量面的平行度。

长平晶是以等倾干涉法检定研磨面平尺平面度的标准量具。

检定外径千分尺主要用平面平晶和平行平晶。其规格参数如下：

1）平面平晶主要参数性能

（1）数量：1 块一组；

（2）等级：1 级；

（3）规格：Φ30mm；

（4）工作面平面度：0. 03μm。

2）平行平晶主要参数性能

（1）数量：4 块一组；

（2）类别：I 系列；

（3）规格：0~25mm；

（4）两工作面平面度：0. 1μm；

（5）两工作面平行度：0. 6μm。

5. 2. 5 刀口形直尺

有关刀口形直尺的内容请参见 4. 3. 3 节。

5. 2. 6 塞尺

有关塞尺的内容请参见 4. 3. 4 节。

5.2.7　电脑影像测量仪

有关电脑影像测量仪的内容请参见 4.3.5 节。

5.2.8　JDS-1 立式接触式干涉仪

JDS-1 仪器是一种采用量块或标准零件以高精度比较方式进行测量的立式精密长度计量仪器。主要用于测量 150mm 以下的块规，亦可用作高精密度的长度和外径的精密测量，是各级计量室的基本长度计量仪器之一。如图 5-30 所示。

图 5-30　JDS-1 立式接触式干涉仪

1. 技术参数

（1）被测件最大长度：150mm；

（2）工作台行程：5mm；

（3）测杆移动范围：0.5mm；

（4）分划板刻度范围：±50 格；

（5）直接测量范围：5～20μm；

（6）分度值调整范围：0.05～0.2μm；

（7）推荐使用分度值：0.1μm；

（8）测量压力：（1.5±0.1）N；

（9）仪器示值稳定性：0.02μm；

（10）仪器误差：±（0.03+1.5$ni\Delta\lambda/\lambda$）μm；n 是格数，i 是格值，λ 是滤光片中心波长，$\Delta\lambda$ 是滤光片波长误差；

（11）仪器体积：28cm×50cm×70cm；

（12）仪器重量：40kg。

2. 标准配件

（1）五筋圆台；

（2）九筋玛瑙台；

（3）可调圆平台；

（4）辅助台；

（5）平面测帽 Φ2；

（6）小球面测帽；

（7）干涉滤光片。

5.2.9　检定测微量具标准器组校准周期

检定测微量具标准器组的检定校准，周期均为 1 年。

5.3　千分尺检定规程

JJG 21—2008《千分尺检定规程》适用于分度值为 0.01mm，测量上限至 500mm 的外径千分尺；测量上限至 25mm 的板厚、壁厚千分尺；以及分辨力为 0.001mm、0.0001mm，测量上限至 500mm 的数显外径千分尺的首次检定、后续检定和使用中检验。

在检定中应注意以下事项与技术问题。

5.3.1　计量器具控制

1. 检定条件

检定千分尺的室内温度和被检千分尺在室内平衡温度的时间均应符合表 5-4 的规定。室内湿度不大于 70%RH。

表 5-4　　**室内温度及被检千分尺在室内平衡温度的时间**

受检千分尺名称	受检千分尺测量范围/mm	室内温度对 20℃的允许偏差/℃		平衡温度的时间/h
		千分尺	校对用量杆	
外径、板厚、壁厚	~100	±5	±3	2
	>100~500	±4	±2	3
数显	~100	±3	±1	3
	>100~200	±2	±1	4
	>200~500	±1	±1	5

2. 检定项目

千分尺的检定项目和检定设备如表 5-5 所示。

表 5-5　　**检定项目和检定设备**

序号	受检项目	主要检定设备	首次检定	后续检定	使用中检验
1	外观	—	+	+	+
2	各部件相互作用	—	+	+	+
3	测微螺杆的轴向窜动和径向摆动	杠杆千分表	+	+	-
4	测砧与测微螺杆测量面的相对偏移	平板、杠杆百分表或百分表	+	-	-
5	测力	专用测力仪	+	+	-
6	刻线宽度及宽度差	工具显微镜	+	-	-
7	指针与刻线盘的相对位置	塞尺	+	-	-
8	微分筒锥面的端面棱边至固定套管刻线面的距离	工具显微镜、塞尺	+	-	-
9	微分筒锥面的端面与固定套管毫米刻线的相对位置	—	+	+	-
10	测量面的平面度	2 级平晶、刀口尺	+	+	-
11	数显外径千分尺的示值重复性	4 等量块或相应的专用量块	+	+	+
12	数显外径千分尺任意位置时数值漂移	—	+	+	+

续表

序号	受检项目	主要检定设备	首次检定	后续检定	使用中检验
13	量测量面的平行度	平行平晶、4 等、5 等量块、钢球检具	+	+	-
14	示值误差	4 等、5 等量块或相应的专用量块	+	+	-
15	数显外径千分尺细分误差	微分筒或 5 等量块	+	+	
16	校对用量杆	立式接触式干涉仪、测长机、3 等量块	+	+	-

注：表中“+”表示应检定，“-”表示可不检定。

5.3.2 千分尺检定

1. 外观检查

目力观察：

（1）千分尺及其校对用量杆不应有碰伤、锈蚀、带磁或其他缺陷，标尺刻线应清晰、均匀，数显外径千分尺数字显示应清晰、完整。

（2）千分尺应附有调整零位的工具，测量上限大于或等于 25mm 的千分尺应附有校对用的量杆。千分尺应具有测力装置、隔热装置和紧锁装置。校对量杆应有隔热装置。

（3）千分尺上应标有分度值、测量范围、制造厂名（或厂标）及出厂编号。

（4）后续检定和使用中检验的千分尺及其校对用的量杆不应有影响使用准确度的外观缺陷。

2. 各部分相互作用

目力观察和手动试验：

（1）微分筒转动和测微螺杆的移动应平稳无卡滞现象。

（2）可调或可换测砧的调整或装卸应顺畅，作用要可靠，调零和锁紧装置的作用应切实有效。

（3）带有表盘的千分尺，表针移动应灵活、无卡滞现象。

（4）数显外径千分尺各工作按钮应灵活可靠。

3. 测微螺杆的轴向窜动和径向摆动

一般情况下用手感检查测微螺杆的轴向窜动和径向摆动。有异议时，可按下列方法检定。

（1）测微螺杆的轴向窜动用杠杆千分表检定。检定时，杠杆千分表与测微螺杆测量面接触，沿测微螺杆轴向分别往返加力 3～5N，如图 5-31 所示。杠杆千分表示值的变化，即为轴向窜动量。

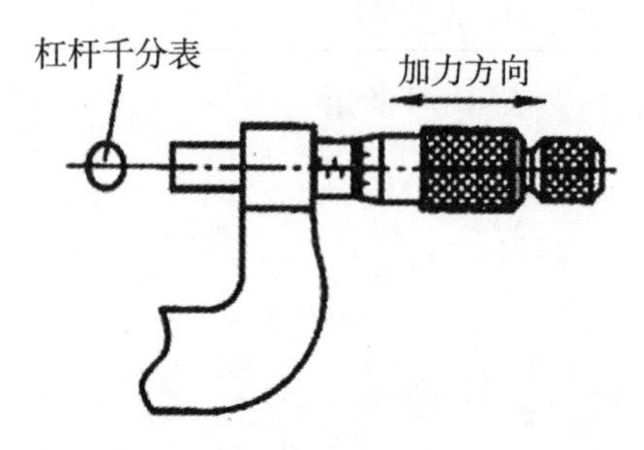

图 5-31　轴向加力示意图

（2）测微螺杆的径向摆动亦用杠杆千分表检定。检定时，将测微螺杆伸出尺架 10mm 后，使杠杆千分表接触测微螺杆部，再沿杠杆千分表测量方向加力 2～3N，然后在相反方向加同样大小的力，此时杠杆千分表示值的变化即为径向摆动量。

径向摆动的检定应在测微螺杆相互垂直的两个方向进行。此过程如图 5-32 所示。

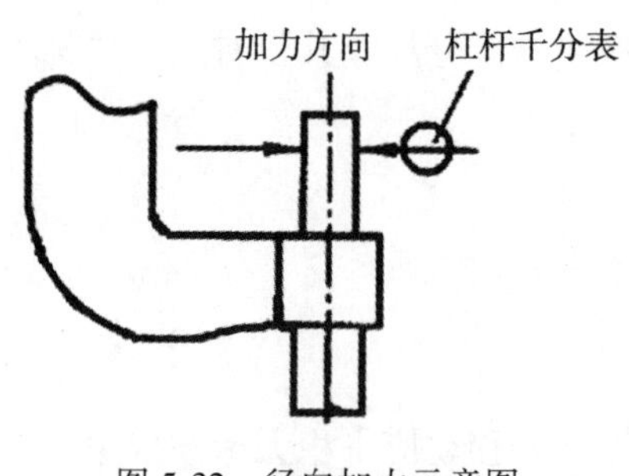

图 5-32　径向加力示意图

4. 测砧与测微螺杆测量面的相对偏移

测砧与测微螺杆测量面的相对偏移量应不超过表 5-6 的规定。

表 5-6　　**测砧与测微螺杆测量面的相对偏移量**

测量范围上限/mm	偏移量/mm	测量范围上限/mm	偏移量/mm
25	0.05	175	0.25
50	0.08	200，225	0.30
75	0.13	250，275，300	0.40
100	0.15	325，350，375	0.45
125	0.20	400，450	0.50
150	0.23	475，500	0.65

一般情况下目力观察千分尺测砧与测微螺杆测量面的相对偏移，0~25mm 的千分尺可使用量测量面直接接触观察其偏移量，测量上限大于 25mm 的千分尺可借助校对量杆进行检定。如有异议时，可按下列方法进行检定。

测量范围为 0~25mm 的用塞尺比较；测量上限大于 25mm 的外径千分尺用专用检具测量出偏移量。

在平板上用杠杆百分表检定；对于测量范围大于 300mm 的千分尺用百分表检定。检定时借助于千斤顶放置在平板上，如图 5-33 所示，调整千斤顶使千分尺的测微螺杆与平板工作面平行，然后用百分表测出测砧与测微螺杆在这一方位上的偏移量 x，再将尺架侧转 90°，按上述方法测出测砧与测微螺杆在另一方位上的偏移量 y。测砧与测微螺杆测量面的相对偏移量 Δ 按下式求得：

$$\Delta = \sqrt{x^2 + y^2} \tag{5-3}$$

此项检定也可用其他专用检具检定。

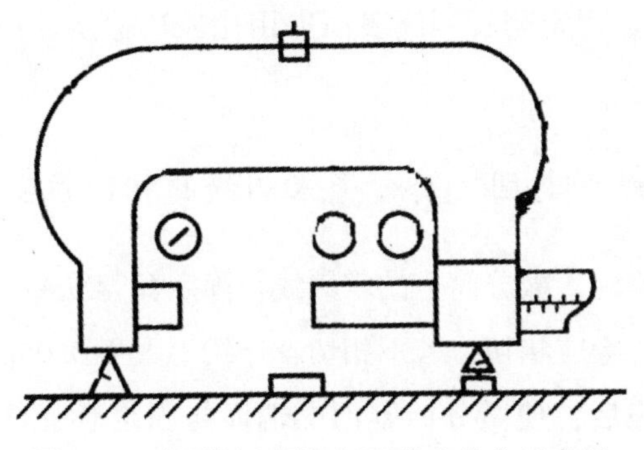

图 5-33　在平板上用杠杆百分表检定示意图

5. 测力

千分尺的测力（系指测量面与球面接触时所作用的力）应为 5~10N。用分度值不大于 0.2N 的专用测力计检定。检定时，使测量面与测力计的球工作面接触后进行。

6. 刻线宽度及宽度差

微分筒刻线宽度为 0.08~0.20mm，固定套筒上的刻线与微分筒上的刻线的宽度差均应不大于 0.03mm。带刻度盘的刻线宽度为 0.20~0.30mm，其宽度差应不大于 0.05mm。

在工具显微镜上检定。微分筒或刻线盘上的刻线宽度至少任意抽检 3 条刻线。此项检定也可采用满足不确定要求的其他方法。

7. 指针与刻线盘的相对位置

板厚千分尺刻度盘上的指针末端应盖住刻线盘短刻线长度的 30%~80%，指针末端上表面至刻线盘表面的距离应不大于 0.7mm。指针末端与刻度盘刻线的宽度应一致，差值应不大于 0.05mm。

指针末端与刻度盘短刻线的相对位置可用目力估计。指针末端上表面至刻线盘表面的距离应用塞尺进行检定。上述检定应在刻度盘上均匀分布的 3 个位置上进行。指针末端与刻度盘的刻线的宽度差在工具显微镜上检定。此项检定也可满足不确定度要求的其他方法。

8. 微分筒锥面的端面棱边至固定套管刻线面的距离

微分筒锥面棱边至固定套管刻线表面的距离应不大于 0.4mm。在工具显微镜上检定。也可用 0.4mm 的塞尺置于固定套管刻线表面上用比较法检定。检定时在微分筒转动一周内不少于 3 个位置上进行。

9. 微分筒锥面的端面与固定套管毫米刻线的相对位置

当测量下限调整正确后，微分筒上的零刻线与固定套管纵刻线对准时，微分筒的端面与固定套管毫米刻线右边缘应相切，若不相切，压线不大于 0.05mm，离线不大于 0.1mm。

当测量下限调整正确后，使微分筒锥面的端面与固定套管任意毫米刻线的右边缘相切，读取微分筒的零刻线与固定套管纵向刻线的偏移量。

10. 测量面的平面度

外径千分尺测量面的平面度应不大于0.6μm。壁厚千分尺、板厚千分尺测量面的平面度应不大于1.5μm。数显外径千分尺测量面的平面度应不大于0.3μm。

对于新制的和修理后的千分尺，用2级平晶以技术光波干涉法检定，将平面平晶的测量面与千分尺测量面研合，调整平晶使测量面上的干涉环或干涉带的数目尽可能少。外径千分尺测量面不应出现2条以上，壁厚千分尺、板厚千分尺不应出现5条以上，数显千分尺不应出现1条以上相同颜色的干涉环或干涉带。

对于后续检定的可用刀口尺用光隙法检定。

在距测量面边缘0.4mm范围内的平面度忽略不计。

11. 数显外径千分尺的示值重复性和数值漂移

数显外径千分尺的示值重复性应不大于1μm。在相同测量条件下重复测量5次分别读数。示值重复性以最大与最小读数的差值确定。

在任意位置时的数值漂移应不大于1μm/h。在测量范围内的任意位置锁紧测微螺杆，观察1h内显示值的变化不超过规定值。

12. 量测量面的平行度

外径千分尺紧锁装置坚固与松开时，千分尺两工作面的平行度均应不超过图5-34所示规定。

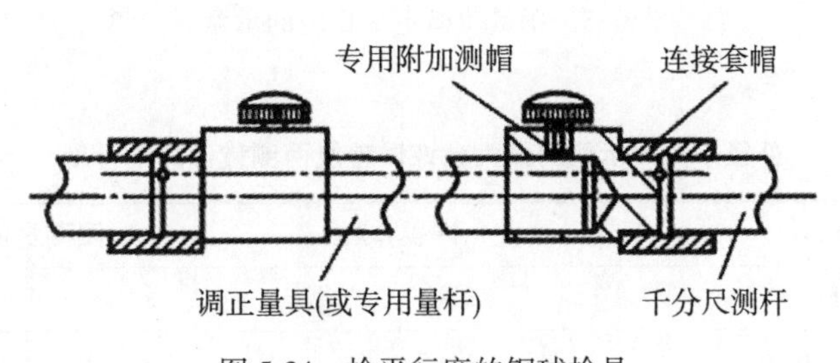

图5-34 检平行度的钢球检具

板厚千分尺两测量面的平行度应不超过4μm。

数显外径千分尺两测量面的平行度应不超过表5-7的规定。

测量上限至100mm千分尺两测量面的平行度用4块厚度差为1/4测微螺杆螺距的平行平晶检定。也可用量块检定，数显千分尺用4等量块检定，外径、板厚千分尺用5

等量块检定。测量上限大于 100mm 的千分尺两测量面的平行度用图 5-34 钢球检具检定。

两测量面的平行度也可用其他相应准确度的仪器检定。

使用平行平晶检定时，依次将 4 块厚度差为 1/4 螺距的平行平晶放入两测量面间，使两测量面与平行平晶接触，转动棘轮机构，并轻轻转动平晶，使两测量面出现的干涉环或干涉带数目减至最少。分别读取两测量面上的干涉条纹数，取两测量面上的干涉条纹数目之和与所用光的波长值的计算结果作为两测量面的平行度。利用平行平晶组中每一块平行平晶按上述程序分别进行检定，取其中最大值作为受检千分尺的两测量面平行度测量结果。

使用量块检定时，采用其尺寸差为 1/4 螺距的 4 块量块进行。每个量块以其同一部位放入图 5-35 所示测量面间的 4 个位置上分别在微分筒上读数，并求出其差值。以四组差值中最大值作为被检千分尺两测量面的平行度。

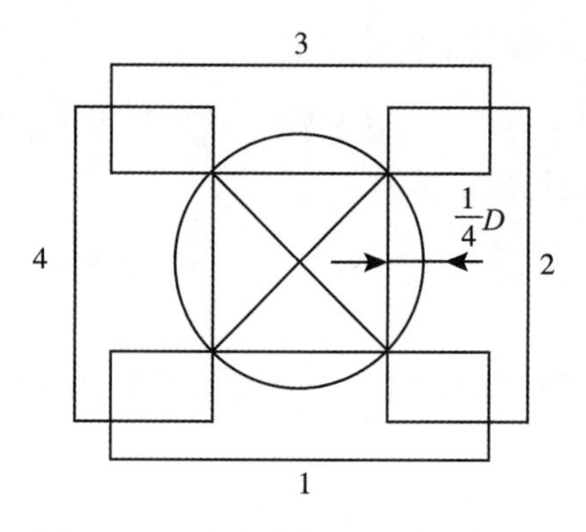

图 5-35　用量块检定平行度的示意图

表 5-7　**外径千分尺示值的最大允许误差及两测量面的平行度**

测量范围/mm	最大允许误差/μm	两测量面的平行度/μm
0~25，25~50	±4	2
50~75，75~100	±5	3
100~125，125~150	±6	4
150~175，175~200	±7	5
200~225，225~250	±8	6
250~275，275~300	±9	7

续表

测量范围/mm	最大允许误差/μm	两测量面的平行度/μm
300~325，325~350	±10	9
350~375，375~400	±11	
400~425，425~450	±12	11
450~475，475~500	±13	

13. 示值误差

外径千分尺示值的最大允许误差应不超过表5-7的规定。

壁厚千分尺、板厚千分尺示值的最大允许误差应不超过±8μm。

数显外径千分尺示值的最大允许误差应不超过表5-8的规定。

表5-8　**数显外径千分尺示值的最大允许误差及两测量面的平行度**

测量范围/mm	最大允许误差/μm	两测量面的平行度/μm
0~25，25~50	±2	1.5
50~75，75~100	±3	2.0
100~125，125~150	±3	2.5
150~175，175~200	±4	3
200~225，225~250	±4	3.5
250~275，275~300	±5	4
300~325，325~350 350~375，375~400	±6	5
400~425，425~450 450~475，475~500	±7	6

外径、壁厚、板厚千分尺示值误差用5等专用量块检定。数显千分尺用4等专用量块检定。各种千分尺的受检点均应分布于测量范围的5点上，如表5-9所示。得出千分尺示值与相应量块尺寸的差值，各点上的示值误差均不应超过表5-7和表5-8最大允许误差的要求。

表 5-9　　各种千分尺受检点

测量范围/mm	受检点尺寸/mm
0~10	2. 12　4. 25　6. 7　8. 50　10
0~15	3. 12　6. 24　9. 37　12. 50　15
0~25	5. 12　10. 25　15. 37　20. 5　25 或 5. 12　10. 24　15. 36　21. 5　25
大于 25	*A*+5. 12　*A*+10. 25　*A*+15. 37　*A*+20. 5　*A*+25 或 *A*+5. 12　*A*+10. 24　*A*+15. 36　*A*+21. 5　*A*+25

注：表中 *A* 为千分尺的测量下限。

测量上限大于 100mm 的千分尺，将专用量块依次研合在相当于千分尺测量范围下限的 5 等量块上依次进行检定。各点上的示值误差均不应超过表 5-7 和表 5-8 中的规定。对于测量范围大于 25mm 的千分尺应以相应的千分尺测量下限的量块对零。

对于测量上限大于 150mm 的千分尺，在平面度、平行度、测砧与测微螺杆测量面的相对偏移等计量性能均满足要求的情况下，可以只检定测微头的示值误差。用专用量块借助专用检具按 0~25mm 的千分尺受检点检定，如图 5-36 所示。

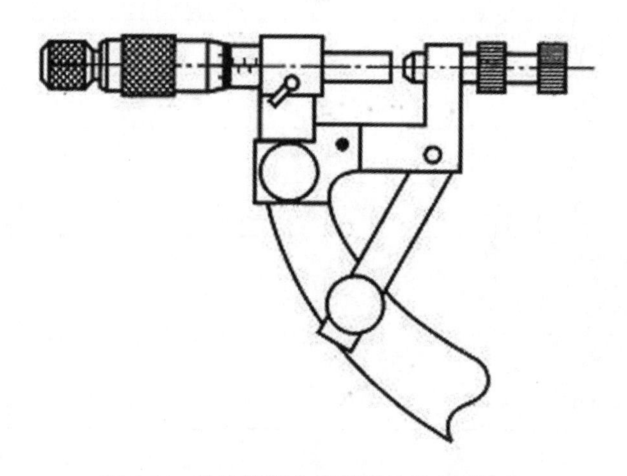

图 5-36　检定测微头示值误差的专用检具

14. 数显千分尺细分误差

数显外径千分尺数显装置的细分误差应不超过±2μm。

在测量范围任意位置上，沿测量方向转动微分筒，每间隔 0.04mm 检定 1 次，共检定 12 点，分别读出各受检点数显装置的显示值与微分筒读数值之差。其最大差值应符合要求。

对于没有微分筒的数显千分尺，可用量块检定。

15. 校对用量杆

1）外径千分尺校对用量杆

外径千分尺校对用量杆的尺寸偏差和变动量应不超过表 5-10 的规定。

表 5-10　**外径千分尺校对用量杆的尺寸偏差和变动量**

校对量杆标称尺寸/mm	尺寸偏差/μm	变动量/μm
25，50	±2	1
75	±3	1.5
100	±3	2
125	±4	2
150	±4	2.5
175	±5	2.5
200	±5	3.5
225，250	±6	3.5
275，300	±7	3.5
325，350，375，400	±9	4
425，450，475	±11	5

2）数显外径千分尺校对用量杆

数显外径千分尺校对用量杆的尺寸偏差和变动量应不超过表 5-11 的规定。

表 5-11　**数显外径千分尺校对用量杆的尺寸偏差和变动量**

标称尺寸/mm	尺寸偏差/μm	变动量/μm
25，50	±1.25	1
75	±1.5	1
100	±2	1

续表

标称尺寸/mm	尺寸偏差/μm	变动量/μm
125，150，175	±2.5	1.5
200，225，250	±3.5	1.5
275，300	±4	2
325，350，375，400	±4.5	2.5
425，450，475	±5	3

外径千分尺校对用量杆的尺寸及变动量在光学计或测长机上采用 4 等量块以比较法进行检定。数显千分尺校对用量杆的尺寸及变动量在立式接触式干涉仪或测长机上采用 3 等量块以比较法进行检定。也可用同等准确度的其他仪器检定。对于平测量面的校对用量杆，应采用球面测帽在图 5-37 所示的 5 点上进行检定，各点尺寸偏差均不应超过表 5-10 和表 5-11 中尺寸偏差的规定。

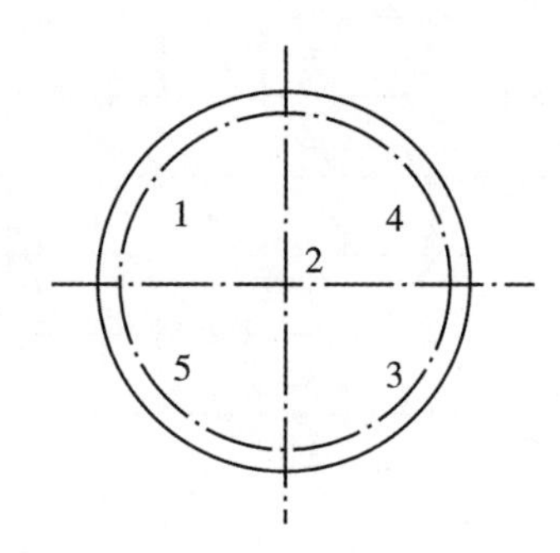

图 5-37　检定校对用量杆尺寸及变动量示意图

最大尺寸与最小尺寸之差不应超过表 5-10 或表 5-11 中变动量的规定。

对于球测量面的校对量杆，应用直径为 8mm 的平面测帽进行检定。

16. 检定结果的处理

经过检定符合规程要求的出具检定证书，校对用量杆应给出实测值的最大值。不符合规程要求的出具检定结果通知书，并注明不合格项目。

17. 检定周期

千分尺的检定周期不超过 1 年。

5.4　千分尺故障判断与维修

5.4.1　千分尺的日常维护和注意事项

以常用的外径千分尺为例，对千分尺的日常维护和注意事项进行阐述。

（1）千分尺使用完毕后，应用软布擦干净，在测砧与螺杆之间留出一点空隙，放入盒中，不可随意丢置乱放。如图 5-38 所示。

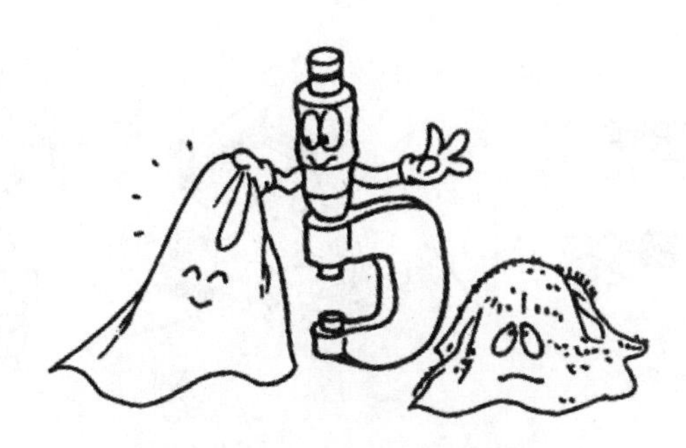

图 5-38　千分尺的维护之一

（2）千分尺如长期不用可抹上黄油或机油，放置在干燥的地方。避免接触腐蚀性的气体。如图 5-39 所示。

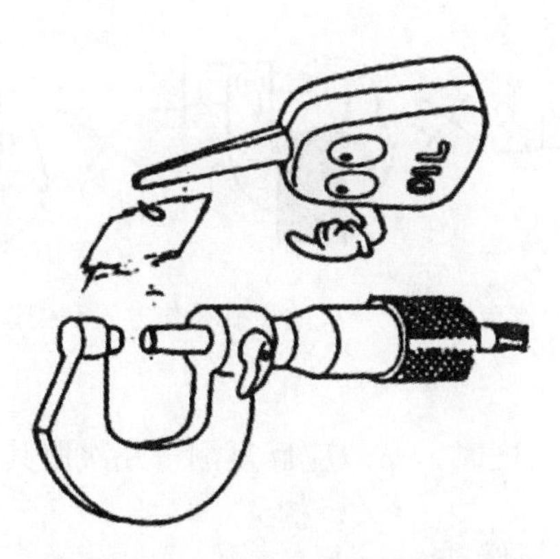

图 5-39　千分尺的维护之二

（3）假如出现测量数值的不确定性过大，应重新确认归零是否良好，测量面是否有杂质或异物，如没有上述问题，应留意测量时速度是否过快和测量面是否已经有损伤。

（4）如出现无法消除的故障或出现测杆损伤，严禁私自装配和维修，请及时送至计量室进行检修和校准。

（5）千分尺是一种精密的量具，使用时应小心谨慎，动作轻缓，不要让它受到打击和碰撞。

千分尺内的螺纹非常精密，使用时要注意：①旋钮和测力装置在转动时都不能过分用力；②当转动旋钮使测微螺杆靠近待测物时，一定要改旋测力装置，不能转动旋钮使螺杆压在待测物上；③当测微螺杆与测砧已将待测物卡住或旋紧紧锁装置的情况下，绝不能强行转动旋钮。正确使用微调装置、千分尺不能受到撞击和反复的转动，如图 5-40 所示。

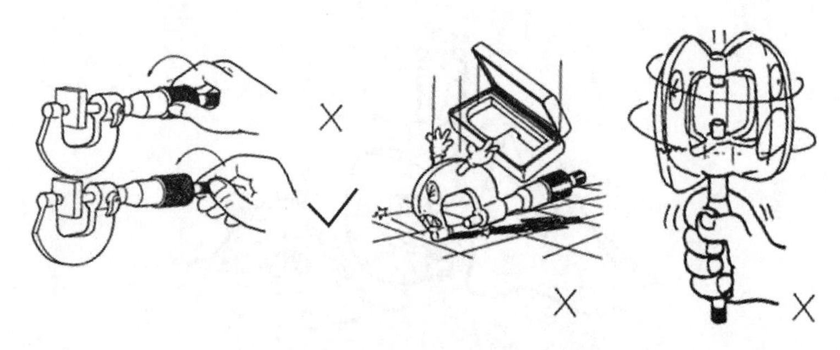

图 5-40　千分尺的正确使用和错误使用

（6）若工作中出现用操作台挟持千分尺使用的情况，正确和错误操作方式如图 5-41 所示。

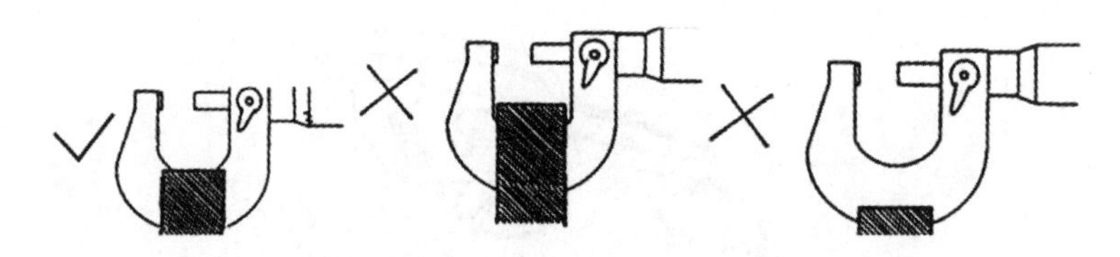

图 5-41　操作台夹持千分尺的正确操作方式和错误操作方式

（7）使用千分尺测同一长度时，一般应反复测量几次取其平均值作为测量结果。

5.4.2　千分尺故障分析与修理

千分尺产生误差的原因很多，千分尺副螺旋在旋接长度上的螺距误差是千分尺示值误差的主要来源，它与螺杆和螺母的螺距误差以及二者的配合情况有关；千分尺的测微螺杆存在不均匀磨损也会影响示值误差；千分尺测量面有缺陷、不平行，测微螺杆的轴向窜动和径向摆动，微分筒和固定套管的刻线质量以及测量力等，也会使千分尺产生示值误差。

如量测量面中有凸出的小球面体，则产生负误差；两测量面不平行，则产生正误差，螺杆轴向窜动和径向摆动也将产生正误差，同时使示值不稳定和引起由于螺杆旋转轴线歪斜而产生两测量面不平行。微分筒上的刻线分度不均匀，虽然转一周（0.5mm 范围内）不影响示值，但在一周内将引起示值误差，同时固定套管纵刻线与螺杆旋转轴线不平行，也会引起误差。测力不稳定、不均匀则使千分尺示值不稳定，而且影响较大。

下面将介绍千分尺的几种常用故障的修理方法。

1. 零位不准和刻线不重合

1）零位不准，微分筒零刻度线与固定套管上纵线不重合。

可能原因及处理方法：

（1）测砧不洁，上面粘有油污或锈迹，需清除。

（2）固定套管与微分筒位置错位，需调整。使用测力装置转动测微螺杆，使两测量面接触，再锁紧测微螺杆，用千分尺专用扳子插入固定套管的小孔内扳转固定套管，使固定套管刻线与微分筒零线对准。若偏离零线较大超出调节范围时，应对千分尺进行粗调。即用扳手将测力装置松脱使测微螺杆与微分筒松动，转动微分筒，使刻线与零线大致对准，重新装上测力装置，再按前述步骤进行微调。

2）微分筒锥面棱边与固定套管零线不重合。

不重合的原因可能是固定套管或测微螺杆发生移动或转动，须纵向移动固定套管，使微分筒上棱边与固定套管零线重合。

2. 测微螺杆转动时手感有轴向窜动和径向摆动

可能原因及处理方法：测微螺杆与螺纹轴套配合过深，或螺纹磨损，须适当调紧调节螺母。

3. 测力装置故障

1）测量面未接触旋动测力装置也发出“嗒嗒”声。

可能原因及处理方法：

（1）紧锁装置未完全松开，需松开。

（2）调节螺母过紧造成测微螺杆与螺纹轴套配合过紧，螺杆运动摩擦力大于恒定的测量力，需调节。

2）旋转测力装置可转动，但无“嗒嗒”声。

可能原因及处理方法：

（1）测力装置的棘轮齿磨平，需更换新棘轮。

（2）弹簧失效，需更换弹簧。

3）测力装置小于6N或大于10N。

原因及调修方法：

（1）测力装置小于6N时，检查测力装置的护板螺钉是否松了，或者里面的尼龙棘爪或钢棘爪是否磨损和棘轮簧是否失去弹力。应将测微装置卸开检查，若棘轮簧失去弹性和棘轮爪磨损了，应全部更换相应配件。

（2）测力装置大于10N时，检查测力装置里面的油泥或附着物是否过多。可卸下，用汽油全部清洗即可。

4. 丝牙倒丝故障

现象：丝杆被卡在固定套筒里，微分筒不能转动，出现倒丝。

原因及调修方法：这种情况一般是使用不慎，而在外力冲击下造成的，使丝杆里面的丝牙出现倒丝造成丝杆损坏。首先卸下测力装置和微分筒，丝杆这时被卡在固定套筒里，可注入少许钟表润滑油，用薄铜片或布条包住丝杆头，用钳子轻轻来回转动，取出测微螺杆，用航空汽油将丝杆和固定套筒内外清洗干净，仔细观察是测微螺杆哪一段出现倒丝现象；其次用白刚玉粉末和煤油混合物少量撒在倒丝上，旋入固定套筒轻轻研磨，在研磨过程中要在整个固定套筒中来回运动，以免部分段示值超差，当微分筒转动和测微螺杆的移动平稳无卡住现象时即可，最后取出丝杆放在航空汽油里浸泡，用刷子清除附在丝杆上和固定套筒里面的残留物。

5. 示值误差修理

现象：用标准量块检定外径千分尺时，发现示值变化超差。

原因及调修方法：一种情况是使用过于频繁或测微螺杆变形引起的。首先应将外径千分尺丝杆和固定套筒全部清洗完毕后，用相应的研磨器进行研磨，在研磨过程中，先用W16合成钻石研磨膏和煤油混合物作研磨剂进行粗研，最后用W3进行精研。须用4个或4个以上的研磨器进行互研，这样可以修整测砧和测微螺杆测量面的整个不平整度。另一种情况是轴向窜动和径向摆动：轴向窜动是由于固定套筒口在使用中磨损变大，可用缩孔器进行校正；径向摆动是由于固定套筒尾端的金属转帽过松，可用千分尺扳子进行调节，从而达到示值变化正常的目的。

在千分尺的检定中，除测微螺杆外，其他各项误差和要求在规程中均有单独规定，修理时也是把它们分别作为单独的项目，当排除了这些故障后，仍然不能使示值误差符合要求时，才能对测微螺杆进行修理，最后消除示值误差。因此示值误差的最后一个修理项目，是测微螺杆的修理。

测微螺杆的修理采用螺杆与螺母对研的方法，从而消除螺杆的不均匀磨损而造成的螺距误差。在研磨螺杆前，应检查千分尺示值误差的分布情况，以便找出磨损部位和确定研磨量。

示值误差的分布有三种基本类型。

1）各检定点示值误差均为负值，其数值相差不多

根据上面对螺杆螺距误差的分析知道，这种情况是由于螺杆各处均有磨损，而螺杆根部没有磨损或磨损较少。使用后的0~25mm千分尺大多出现这种情况。

修理方法是研磨螺杆根部，使其具有与其他部位同等的磨损。这样就能全面、等量地使各处负误差变正，直到完全合格（见表5-12）。

表5-12　**各点示值误差均为负值的修磨实例**

检定点/mm	5.12	10.25	15.36	21.50	25
研磨前的误差/μm	−5	−6	−7	−6	−4
研磨后的误差/μm	0	−1	−2	−1	+1
螺杆根部研磨量/μm	5				

修理时，应注意找准螺杆根部要研磨的部位，方法是：取下微分筒，只将螺杆旋入尺架螺孔中，直到两测量面接触。这是看螺杆根部露出螺母的螺纹有几牙。然后旋出螺杆，再旋入研磨工具中，使螺杆根部同样露出几牙，这就是螺杆需要研磨的部位。

研磨时，在螺杆上涂研磨剂，用手来回旋转。为了避免研磨到工作段和提高工效，旋出不得超过2转，旋入一般不超过3~4转。

对于0~25mm千分尺，可用一只测量上限大于25mm的千分尺尺架作为研磨工具。带尾锥的螺杆，可把它倒过来旋入0~25mm千分尺本身螺孔中（图5-42），将一只弯把卡箍装在螺杆上当作手柄，转动螺杆进行研磨。测量上限大于25mm的千分尺，研磨部位根据量块或校对棒对零时由微分筒上的指示认定，利用本身尺架螺孔为研具对研。

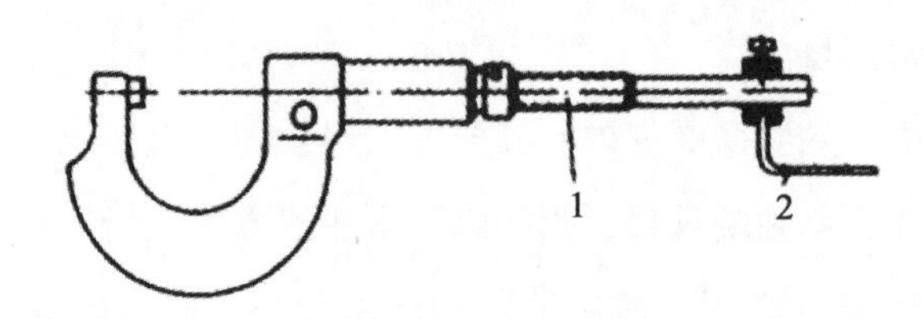

1—测微螺杆；2—卡箍

图 5-42　带尾锥螺杆的研磨

由于螺杆的工作牙廓位于牙形右侧，所以研磨时如果向右（棘轮方向）对螺杆施以拉力，会加速研磨过程，提高工效。

2）各点示值误差均为正值，其示值相差不多

这种情况与第一种情况相反，即螺杆根部磨损较多。使用后的测量上限大于 25mm 的千分尺，当经常使用零位附近进行测量时就会出现这种情况。修理方法是：除根部外，螺杆普遍研磨，并在正误差大的地方多研磨（见表 5-13）。

表 5-13　**各点示值误差均为正值的修磨实例**

检定点/mm	5.12	10.25	15.36	21.50	25
研磨前的误差/μm	+6	+4	+5	+7	+9
研磨后的误差/μm	0	−1	−1	+1	+1
螺杆根部研磨量/μm	6	5	6	6	8

3）各点示值误差有正有负，其数值相差较大

这种情况要分两个步骤修理：首先研磨零位，使负误差中绝对值最大的一个点修磨到小于允差。这时由于各点示值误差普遍增大，所以原来是正误差的变得正误差更大，原始绝对值较小的负误差可能变成正误差。然后根据检定结果专门研磨具有正误差的各点，直到所有正误差均不超出示值允许误差为止（见表 5-14）。

表 5-14　**各点示值误差有正有负的修磨实例**

检定点/mm	5.12	10.25	15.36	21.50	25
研磨前的误差/μm	+5	−10	−11	−6	+4
研磨后的误差/μm	+16	+1	0	+5	+15

续表

第一次研磨量/μm（研磨螺杆根部）	11				
第二次研磨量/μm	0	+1	0	0	0
第三次研磨量/μm（研磨各点）	16	0	0	5	15

总的来讲，螺杆研磨的最终目的是使磨损的螺杆获得均匀磨损。

5.5 千分尺检定注意事项

在进行千分尺的检定过程中，操作人员的操作会对检定结果产生一定的影响。在检定时应注意以下事项：

（1）确保检定环境符合检定规程的要求，室内应清洁安静，工作台整洁、水平，实验室及其附近无振动。

（2）将千分尺检定所需设备准备齐全。量块、平晶等检定设备及研磨器等维修工具准备齐全并摆放到适合的位置，以便维修方便。

（3）准备两块干净的麂皮布，其中一块用以擦拭量块侧面的防锈油，另一块用以清洁待检千分尺，且两块不可混用。准备一副洁净的手套，用以拿量块，禁止用手直接抓取量块，而使手上的汗迹等黏附、锈蚀量块。

（4）在平晶检定千分尺的平面度时，应抓取平晶的圆柱侧面，禁止用手或其他物品触摸、磕碰平晶的工作面，防止造成平晶工作面的损伤或损坏。

（5）检定完毕后，要整理现场，将检定设备和维修工具整理整齐并摆放到指定位置。

5.6 长度计量知识习题及解答（二）

5.6.1 判断题

1. 千分尺微分筒棱边与固定套筒毫米刻线压线不超过 0.50mm。（　　）

答案：错，不超过 0.05mm。

2. 千分尺微分筒棱边与固定套筒毫米刻线离线不超过 0.20mm。（　　）

答案：错，不超过 0.10mm。

3. 千分尺上应标有分度值、测量范围、制造厂名及出厂编号等信息。(　　)

答案：对。

4. 检定 0~25mm 范围千分尺的示值误差时，其受检点尺寸分别为 5.12、10.24、15.36、21.5、250。(　　)

答案：错，25mm。

5. 深度千分尺，检定室内温度为（20±15）℃。(　　)

答案：错，(20±5)℃。

6. 当测量结果服从正态分布时，算术平均值小于总体平均值的概率是 60%。(　　)

答案：错，50%。

7. 公差与偏差是两个不同的概念。(　　)

答案：对。

8. 在高精度测量中，温度影响更为突出，因此必须严格控制温度的变化。(　　)

答案：对。

9. 测量范围为 0~25mm 的千分尺，其量程为 250mm。(　　)

答案：错，其量程为 25mm。

10. 计量器具经检定合格的，由检定单位按照计量检定规程出具检定证书。(　　)

答案：对。

11. 25~50mm 千分尺在测量前，必须校对其测杆。(　　)

答案：错，不是必须在测量前校对，可在测量过程中校对。

12. 千分尺的测微螺杆和被测物处在一条直线上，符合阿贝原则。(　　)

答案：对。

13. 国家计量技术规范如校准规程等可用汉语拼音缩写表示为 JJG。(　　)

答案：错，缩写表示为 JJF。

14. 使用量具测量时，不可施加过大的作用力。(　　)

答案：对。

15. 5 等量块最高只能定 3 级，所以，在测量中可以用 3 级量块代替 5 等量块使用。(　　)

答案：错，不能用 3 级量块代替 5 等量块。

5.6.2　单项选择题

1. 外径千分尺测量面的平行性可用什么确定？(　　)

A. 平面平晶　　B. 平行平晶　　C. 零级刀口尺　　D. 标准杆

答案：B。

2. 外径千分尺测量面的平面度用什么确定？(　　)

A. 平面平晶　　B. 零级刀口尺　　C. 标准杆　　D. 量块

答案：A。

3. 千分尺的测力应为(　　)。

A. 1~2N　　B. 2~5N　　C. 5~10N　　D. 10~15N

答案：C。

4. 微分筒刻线宽度应为(　　)。

A. 0.05~0.1mm　　B. 0.08~0.20mm　　C. 0.20~0.30 mm　　D. 0.30~0.40mm

答案：B。

5. 微分筒锥面端面的棱边至固定套筒刻线面的距离应不大于(　　)。

A. 0.4mm　　B. 0.5mm　　C. 0.6mm　　D. 0.7mm

答案：A。

6. 微分筒调零时刻线压线应不大于(　　)。

A. 0.02mm　　B. 0.05mm　　C. 0.1mm　　D. 0.5mm

答案：B。

7. 微分筒调零时刻线离线应不大于(　　)。

A. 0.02mm　　B. 0.05mm　　C. 0.1mm　　D. 0.5mm

答案：C。

8. 千分尺测量面的平面度应不大于(　　)。

A. 0.0006mm　　B. 0.003mm　　C. 0.012mm　　D. 0.015mm

答案：A。

9. 数显外径千分尺任意位置时数值漂移应不大于(　　)。

A. 4μm/h　　B. 2μm/h　　C. 0.5μm/h　　D. 1μm/h

答案：D。

10. 测量范围在50mm以下的外径千分尺其示值允许误差为(　　)。

A. ±2μm　　B. ±4μm　　C. ±5μm　　D. ±10μm

答案：B。

11. 测量范围在50mm以下的外径千分尺两测量面的平行度应不大于(　　)。

A. 2μm　　B. 3μm　　C. 4μm　　D. 5μm

答案：A。

12. 测量范围在 50mm 以下的千分尺校对杆尺寸偏差应不大于(　　)。

A. ±2μm　　B. ±4μm　　C. 1μm　　D. 2μm

答案：A。

13. 千分尺哪个部件是用来减少测量时的温度影响的？(　　)

A. 测力装置　　B. 紧锁装置　　C. 隔热装置　　D. 测砧

答案：C。

14. 千分尺在测量器件的尺寸时，用来保持尺寸大小方便读数的部件是(　　)。

A. 测力装置　　B. 紧锁装置　　C. 隔热装置　　D. 测砧

答案：B。

15. 千分尺的检定周期应不超过(　　)。

A. 3 个月　　B. 半年　　C. 一年　　D. 两年

答案：C。

16. 检定千分尺时，测微螺杆的轴向窜动和径向摆动用(　　)来测量。

A. 工具显微镜　　B. 塞尺　　C. 2 级平晶　　D. 杠杆千分尺

答案：D。

17. 千分尺上应标有(　　)、测量范围、制造厂名及出厂编号。

A. 型号　　B. 等级　　C. 允许误差　　D. 分度值

答案：D。

18. 检定 0~25mm 千分尺的示值误差时，其受检点尺寸分别是(　　)mm、10. 24mm、15. 36mm、21. 5mm、25mm。

A. 5　　B. 4. 50　　C. 3. 3　　D. 5. 12

答案：D。

19. 对于深度千分尺，检定室内温度为(　　)℃。

A. 20±3　　B. 20±10　　C. 20±5　　D. 20±8

答案：C。

20. 检定前受检千分尺在检定室内的平衡温度的时间应不少于(　　)小时。

A. 1　　B. 2　　C. 3　　D. 4

答案：B。

21. 常用长度通用量具有游标量具、(　　)和机械量仪。

A. 压力类器具　　B. 扭矩类器具　　C. 测微量具　　D. 测长仪

答案：C。

22. 测微计量器具应用螺旋测微原理制成的量具，借助测微螺杆与螺纹轴套作为一对精密螺旋耦合件，将旋转运动变为(　　)。

A. 圆弧运动　　B. 直线运动　　C. 曲线运动　　D. 角度偏转

答案：B。

23. 千分尺校对用量杆的检定可用立式接触式干涉仪或(　　)，使用3等量块用比较法进行检定。

A. 杠杆千分尺　　B. 杠杆百分表　　C. 测长机　　D. 游标卡尺

答案：C。

24. 千分尺校对用量杆的检定可用立式接触式干涉仪或测长机，使用(　　)等量块用比较法进行检定。

A. 2　　B. 3　　C. 4　　D. 5

答案：B。

25. 测量直径为 Φ15±0.015mm 的轴颈，应选用的量具是(　　)。

A. 游标卡尺　　B. 杠杆表分表　　C. 内径千分尺　　D. 外径千分尺

答案：D。

26. 用内径千分尺测量孔径时，让活动测头在被测孔壁上的轴向和圆周方向细心摆动，直到在轴向找到最小值和在径向上找到(　　)为止。

A. 最小值　　B. 最大值　　C. 中间值　　D. 无所谓

答案：B。

27. 外径千分尺在使用时必须(　　)。

A. 旋紧止动销　　B. 对零线进行校对　　C. 扭动活动套管　　D. 不旋转棘轮

答案：B。

28. 千分尺不能测量(　　)工件。

A. 固定　　B. 外回转体　　C. 旋转中的　　D. 精致的

答案：C。

29. 千分尺的活动套筒转动一格，测微螺杆移动(　　)mm。

A. 0.1　　B. 1　　C. 0.01　　D. 0.001

答案：C。

30. 千分尺测量面的平面度应不大于(　　)mm。

A. 0.0006　　B. 0.0008　　C. 0.001　　D. 0.003

答案：A。

31. 内径千分尺测头工作面的曲率半径应不大于其测量下限的(　　)。

A. 80%　　B. 60%　　C. 50%　　D. 40%

答案：D。

32. 内测千分尺校对用的环规尺寸偏差应不超过(　　)。

A. ±2μm　　B. ±3μm　　C. ±4μm　　D. ±5μm

答案：B。

33. 外径千分尺的示值误差，对于测量范围至 50mm 的不超过(　　)。

A. ±8μm　　B. ±6μm　　C. ±5μm　　D. ±4μm

答案：D。

34. 下列 25mm 外径千分尺的示值误差，符合要求的是(　　)。

A. ±8μm　　B. ±7μm　　C. ±5μm　　D. ±2μm

答案：D。

35. 外径千分尺测量面的平行度，对于测量范围至 25mm 的不超过(　　)。

A. ±6μm　　B. ±5μm　　C. ±2μm　　D. ±1μm

答案：C。

36. 外径千分尺测量面的平行度，对于测量范围至 50mm 的不超过(　　)。

A. ±6μm　　B. ±5μm　　C. ±2μm　　D. ±1μm

答案：C。

37. 用于测量孔的直径千分尺，其中示值误差最小的千分尺是(　　)。

A. 内径千分尺　　B. 内测千分尺　　C. 孔径千分尺　　D. 深度千分尺

答案：C。

38. 千分尺校对用的量杆，其两端平工作面的平行度符合要求，而长度尺寸超过了要求时，可按实际尺寸使用，其实际尺寸是(　　)。

A. 一面上各点中的一点至另一面的最大垂直距离（即最大尺寸）

B. 一面上各点中的一点至另一面的最小垂直距离（即最小尺寸）

C. 一面上的中心点至另一面的垂直距离（即中心长度）

D. 一面上任意点中的一点至另一面的任意点的距离

答案：C。

39. 千分尺的准确度说法正确的是(　　)。

A. 0 级和 1 级　　B. 1 级和 2 级　　C. 2 级和 3 级　　D. 不再分等级

答案：D。

40. 外径千分尺和校对量杆的工作面表面粗糙度 Ra 应不大于(　　)。

A. 0. 04μm　　B. 0. 05μm　　C. 0. 10μm　　D. 0. 15μm

答案：B。

5.6.3 多项选择题

1. 下列不可以测量工件的平面度的包括(　　)。

A. 游标卡尺　　B. 百分表　　C. 千分尺　　D. 数显卡尺

答案：ACD。

2. 下列不可以测量工件的角度的包括(　　)。

A. 游标卡尺　　B. 万能角度尺　　C. 百分表　　D. 千分尺

答案：ACD。

3. 下列工量具的读数原理是游标原理的是(　　)。

A. 游标卡尺　　B. 数显游标卡尺　　C. 万能角度尺　　D. 深度游标卡尺

答案：ABCD。

4. 下列量具能测量工件的长度的包括(　　)。

A. 游标卡尺　　B. 万能角度尺　　C. 钢直尺　　D. 测长仪

答案：ACD。

5. 分度值为 0.05mm，读数可以为多少，正确的有(　　)。

A. 0.95mm　　B. 1.9mm　　C. 1mm　　D. 1.95mm

答案：AD。

6. 分度值为 0.02mm，读数可以为(　　)。

A. 0.955mm　　B. 0.98mm　　C. 1.02mm　　D. 1.00mm

答案：BCD。

7. 下列关于随机误差的说法中，正确的有(　　)

A. 随机误差是在重复测量中按不可预见方式变化的测量误差分量，难以通过修正因子修正

B. 当用算术平均值作为被测量的最佳估计值时，可以通过增加测量次数的方法减小随机误差

C. 随机误差可通过适当的方法进行修正

D. 随机误差反映的是测得值与被测量真值的偏离程度

答案：AB。

8. 检定计量器具时，可依据的技术文件为(　　)。

A. 国家强制性标准或临时性规范　　B. 国家计量检定规程

C. 地方计量检定规程　　D. 部门计量检定规程

答案：BCD。

9. 下列有关仪器测量不确定度的说法中，正确的有(　　)

A. 仪器测量不确定度通常按 A 类不确定度评定

B. 仪器测量不确定度可以通过对仪器校准得到测量不确定度分量

C. 仪器测量不确定度就是仪器说明书中给出的仪器最大允许误差，数值完全相等

D. 仪器测量不确定度是由所用测量仪器引起的测量不确定度分量

答案：BD。

10. 千分尺产生零位误差的原因，不正确的有(　　)。

A. 环境湿度较大　　B. 实验室有噪声

C. 手没有握住隔热装置引起温度的变化　　D. 实验平台不平

答案：ABD。

11. 计量标准测量能力的确认通过如下方式进行，以下选项中正确的有(　　)。

A. 现场进行实验　　B. 技术资料审查

C. 重复性试验　　D. 一定期限的稳定性考核

答案：AB。

12. 下列外径千分尺的使用不正确的包括(　　)。

A. 可以测量转动中的工件　　B. 不可以测量转动中的工件

C. 可以测量尖形工件　　D. 可以测量带毛刺的工件

答案：ACD。

13. 计量标准考核的原则为(　　)。

A. 执行考核规范的原则　　B. 逐项进行考评的原则

C. 考评员考评的原则　　D. 现场考核及时考核的原则

参考答案：ABC。

14. 将下列数修约到小数点后第 3 位，下列选项中正确修约的有(　　)。

A. 3. 1425001 修约到 3. 143　　B. 3. 1425 修约到 3. 143

C. 3. 1413291 修约到 3. 141　　D. 3. 140500000 修约到 3. 141

答案：AC。

15. 据计量的作用与地位，计量可分为(　　)。

A. 医学或化学计量　B. 科学计量　　C. 工程计量　　D. 法制计量

答案：BCD。

16. 测量不确定度小，下列表述中正确的有(　　)。

A. 测量结果接近真值　　B. 测量结果准确度越高

C. 测量值的分散性相对比较小　　D. 测量结果可能值所在区间小

答案：CD。

17. 测量仪器的准确度是一个定性概念，在实际应用中应该用某些指标表示其准确程度，下列选项中正确的有(　　)。

A. 测量仪器的测量值　　B. 测量仪器的准确度等级

C. 测量仪器的最大允许误差　　D. 测量仪器的测量误差

答案：BC。

18. 下列单位中，属于 SI 基本单位的有(　　)。

A. 帕［斯卡］（Pa）　　B. 米（m）

C. 牛［顿］（N）　　D. 秒（s）

答案：BD。

19. 误差的两种基本表现形式为(　　)。

A. 相对误差　　B. 绝对误差

C. 人为造成误差　　D. 偶然误差或随机误差

答案：AB。

20. 检定 0~25mm 千分尺的示值误差时，其受检点尺寸分别是(　　)mm、25mm。

A. 21.5　　B. 15.36　　C. 10.24　　D. 5.12

答案：ABCD。

21. 下列关于千分尺准确度说法不正确的有(　　)。

A. 0 级和 1 级　　B. 1 级和 2 级　　C. 2 级和 3 级　　D. 不再分各等级

答案：ABC。

22. 下列属于几何量测量常用的长度单位的包括(　　)。

A. 米（m）　　B. 千米（km）　　C. 毫米（mm）　　D. 微米（μm）

答案：ACD。

23. 下列有关测量仪器的说法中，正确的有(　　)。

A. 用于测量以获得被测对象量值的大小

B. 既可以是实物量具，也可以是测量系统

C. 既可用于科学研究，也可用于生产活动

D. 测量仪器只有经过计量机构检定校准方可使用

答案：ABC。

24. 测量误差按性质分主要有(　　)。

A. 随机误差　　B. 系统误差

C. 视觉误差或偏差　　D. 粗大误差或粗心误差

答案：AB。

5.6.4　简答题

1. 千分尺的结构形式有哪些？(3 种以上)

答案：外径千分尺、内径千分尺、板厚千分尺、壁厚千分尺、数显千分尺、公法线千分尺等。

2. 千分尺的作用原理是什么？

答案：千分尺是应用螺旋副传动原理，将回转运动变为直线运动的一种量具，主要用来测量各种外尺寸。

3. 千分尺的测微螺杆的轴向窜动和径向摆动的要求是什么？

答案：轴向窜动和径向摆动均不大于 0.01mm。

4. 0~25mm 千分尺的测砧与测微螺杆测量面的相对偏移量要求是什么？

答案：应不超过 0.05mm。

5. 25~50mm 千分尺的测砧与测微螺杆测量面的相对偏移量要求是什么？

答案：应不超过 0.08mm。

6. 50~75mm 千分尺的测砧与测微螺杆测量面的相对偏移量要求是什么？

答案：应不超过 0.13mm。

7. 75~100mm 千分尺的测砧与测微螺杆测量面的相对偏移量要求是什么？

答案：应不超过 0.15mm。

8. 板厚千分尺刻度盘上指针末端与刻线盘短刻线长度的关系是什么？

答案：应盖住刻线盘短刻线长度的 30%~80%。

9. 千分尺指针末端与刻度盘刻线的宽度的关系是什么？

答案：指针末端与刻度盘刻线的宽度应一致，差值不应大于 0.05mm。

10. 千分尺微分筒棱边与固定套筒毫米刻线的关系是什么？

答案：千分尺微分筒棱边与固定套筒毫米刻线表面的距离应不大于 0.4mm。

11. 检定深度千分尺，室内温度要求是什么？

答案：(20±5)℃。

12. 符合阿贝原则的量具有哪些？试举 2 个例子。

答案：外径千分尺、内径千分尺。

13. 结果满足阿贝原则的量具，所产生的误差的特点是什么？

答案：误差是二次误差。

14. 用平面平晶检查平面度时，若出现 3 条直的、互相平行而等间隔的干涉条纹，则其平面度为多少？

答案：0.9μm。

15. 千分尺微分筒锥面的端面与固定套管毫米刻线的相对位置是怎样的？

答案：微分筒上零刻线与固定套管纵刻线对准时，微分筒的端面与固定套管毫米刻线右边缘应相切，若不相切，压线不大于0.05mm，离线不大于0.1mm。

16. 千分尺测量面的平面度要求是什么？

答案：外径千分尺测量面的平面度应不大于0.6μm，板厚、壁厚千分尺测量面的平面度应不大于1.5μm。

17. 数显千分尺测量面的平面度要求是什么？

答案：数显千分尺测量面的平面度应不大于0.3μm。

18. 数显千分尺的示值重复性要求是什么？

答案：数显千分尺的示值重复性应不大于1μm。

19. 数显外径千分尺任意位置时的数值漂移要求是什么？

答案：数显外径千分尺任意位置时的数值漂移应不大于1μm/h。

20. 0~25mm外径千分尺两测量面的平行度要求是什么？

答案：应不大于2μm。

21. 25~50mm外径千分尺两测量面的平行度要求是什么？

答案：应不大于2μm。

22. 50~75mm外径千分尺两测量面的平行度要求是什么？

答案：应不大于3μm。

23. 75~100mm外径千分尺两测量面的平行度要求是什么？

答案：应不大于3μm。

24. 0~25mm外径千分尺示值的最大允许误差是什么？

答案：应不大于±4μm。

25. 25~50mm外径千分尺示值的最大允许误差是什么？

答案：应不大于±4μm。

26. 50~75mm外径千分尺示值的最大允许误差是什么？

答案：应不大于±5μm。

27. 75~100mm外径千分尺示值的最大允许误差是什么？

答案：应不大于±5μm。

28. 0~25mm数显外径千分尺两测量面的平行度要求是什么？

答案：应不大于1.5μm。

29. 千分尺的测力装置如何检定？

答案：用分度值不大于 0. 2N 的专用测力计检定。检定时，使测量面与测力计的球工作面接触后进行。

30. 数显千分尺的示值重复性如何进行检测？

答案：在相同测量条件下重复测量 5 次分别读数。示值重复性以最大与最小读数的差值确定。

5. 6. 5　计算题

1. 请论述测量不确定度评定中用到的贝塞尔公式的作用、使用条件和计算方法？

答案：

（1）贝塞尔公式的作用：是用来计算实验标准偏差的一种计算公式。

（2）贝塞尔公式的使用条件：在相同条件下，对同一被测量 x 作 n 次重复测量，每次测得值是 x_i，测量次数为 n。

（3）贝塞尔公式的计算方法：

$$s(x)=\sqrt{\frac{\sum_{i=1}^{n}(x_i-\bar{x})^2}{n-1}}$$

其中：

$\bar{x}$ 为 n 次测量的算术平均值，$\bar{x}=\frac{1}{n}\sum_{i=1}^{n}x_i$；

x_i 为第 i 次测量的测得值。

2. 在某外径千分尺检定时，分度值为 0. 01mm、测量范围为 0～25mm，在 5. 12mm、10. 24mm、15. 36mm、20. 5mm、25. 0mm 测量点的测量值分别为 5. 121 mm、10. 241mm、15. 362mm、20. 503mm、25. 004mm，请判断该千分尺是否合格。

答案：

该外径千分尺在 5. 12mm、10. 24mm、15. 36mm、20. 5mm、25. 0mm 测量点的示值误差分别为：0. 001mm、0. 001mm、0. 002mm、0. 003mm、0. 004mm；

由于 0～25mm 内分度值为 0. 01mm 的外径千分尺的最大允许误差为±4μm，所以该千分尺合格。

3. 一外径千分尺，测量范围为 0～25mm，在检定测量面的平面度时测得彩色光圈 2 个，试计算分析该千分尺的测量面的平面度是否合格。

答案：

用平面平晶检定千分尺的测量面的平面度，每个彩色光圈代表的平面度误差为0.3μm，则该千分尺的测量面的平面度为：2×0.3μm=0.6μm，符合规程要求，该千分尺的测量面的平面度合格。

4. 一外径千分尺，测量范围为0~25mm，在检定两测量面的平行度时测得一面彩色光圈2个，另一面彩色光圈5个，试计算分析该千分尺的测量面的平行度是否合格。

答案：

用平行平晶检定千分尺的两测量面的平行度，每个彩色光圈代表的平面度误差为0.3μm，则该千分尺的测量面的平行度为：（2+5）×0.3μm=2.1μm，根据规程要求，该千分尺的两测量面的平行度应不大于2.0μm，故该千分尺的测量面的平行度不合格。

第6章　指示表类量具计量

6.1　指示表类量具概述

指示表类量具结构简单、体积小、读数直观，工作中无需电源、气源，工厂中应用较广泛。常见的指示表类量具包括百分表、千分表、杠杆百分表、杠杆千分表、内径百分表、内径千分表等。从显示方式上又可分为指针式指示表和数显式指示表。

指示表类量具是利用精密齿条齿轮机构制成的表式通用长度测量工具。通常由测头、量杆、防震弹簧、齿条、齿轮、游丝、圆表盘及指针等组成。百分表是美国的艾姆斯于1890年制成的。常用于形状和位置误差以及小位移的长度测量。百分表的圆表盘上印制有100个等分刻度，每一分度值相当于量杆移动0.01mm。若在圆表盘上印制有1000个等分刻度，则每一分度值为0.001mm，这种测量工具即称为千分表。改变测头形状并配以相应的支架，可制成百分表的变形品种，如厚度百分表、深度百分表和内径百分表等。如用杠杆代替齿条可制成杠杆百分表和杠杆千分表，其示值范围较小，但灵敏度较高。此外，它们的测头可在一定角度内转动，能适应不同方向的测量，结构紧凑。它们适用于测量普通百分表难以测量的外圆、小孔和沟槽等的形状和位置误差。

6.1.1　百分表

1. 指针式百分表

1）指针式百分表结构

百分表是一种精度较高的比较量具，主要用于测量形状和位置误差，也可用于机床上安装工件时的精密找正。百分表的读数准确度为0.01mm。

指针式指示表是利用齿条与齿轮或杠杆与齿轮转动，将测杆的直线位移转变为指针角位移的计量器具；数显式指示表是将测杆的直线位移以数字显示的计量器具。百分表主要用于测量制件的尺寸和形状、位置误差等，常见外形结构见图6-1和图6-2。

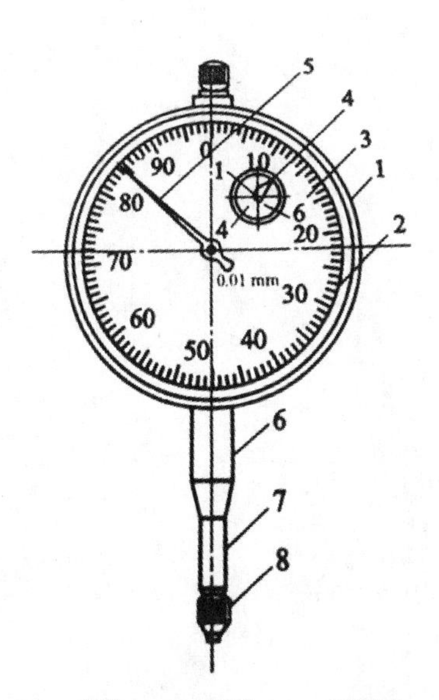

1—表体；2—表圈；3—刻度盘；4—转数指针；
5—挡针；6—装夹套；7—测杆；8—测头

图 6-1　指针式百分表

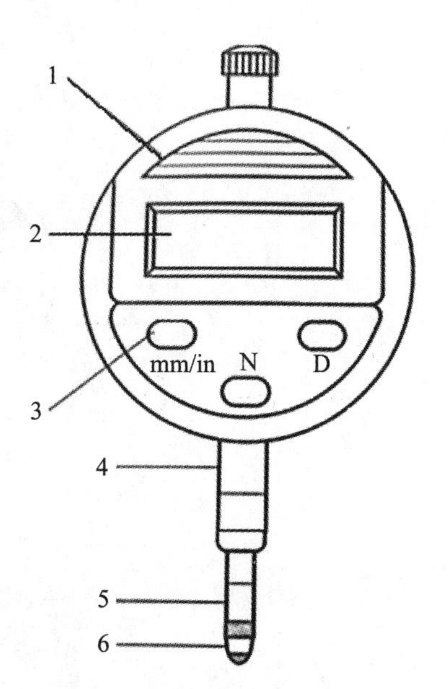

1—表体；2—显示屏；3—功能键；
4—轴套；5—测杆；6—测头

图 6-2　数显式百分表

百分表的分度值为0.01mm。百分表的测量范围分为0~3mm，0~5mm和0~10mm等。

百分表的准确度等级分为0级、1级和2级。百分表不仅能用作比较测量，也能用作绝对测量。它一般用于测量工件的长度尺寸和形位误差，也可以用于检验机床设备的几何精确度或调整工件的装夹位置，以及作为某些测量装置的测量元件。

2）指针式百分表工作原理及读数方法

百分表工作原理：如图6-1所示，当测量杆7向上或向下移动1mm时，通过齿轮传动系统带动大指针5转一圈，小指针4转一格。刻度盘在圆周上有100个等分格，合格的读数值为0.01mm。小指针每格读数为1mm。测量时指针读数的变动量即为尺寸变化量。刻度盘可以转动，以便测量时大指针对准零刻线。

百分表的读数方法为：先读小指针转过的刻度线（即毫米整数），再读大指针转过的刻度线（即小数部分），并乘以0.01，然后两者相加，即得到所测量的数值。

指针式和数显式指示表用JJG 34—2008《指示表（指针式、数显式）检定规程》进行检定。

2. 杠杆百分表

杠杆百分表是利用杠杆-齿轮传动机构或杠杆-螺旋传动机构，将尺寸变化变为指针角位移，并指示出长度尺寸数值的计量器具。正面式杠杆百分表的外形，如图 6-3 所示。

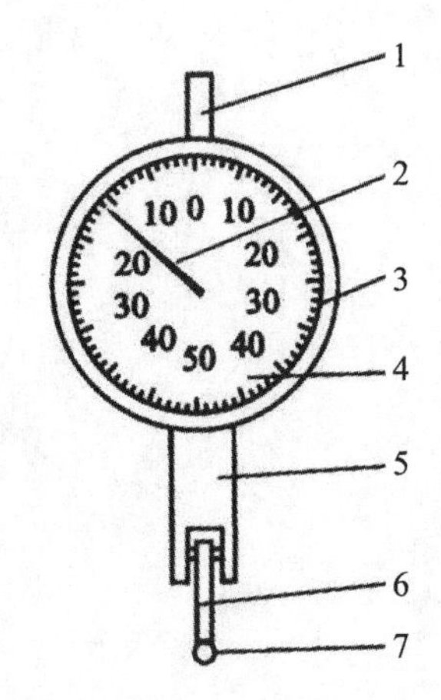

1—夹持柄；2—指针；3—表圈；4—表盘；5—表体；6—测杆；7—测头

图 6-3　正面式杠杆百分表

杠杆百分表的分度值为 0. 01mm，测量范围不大于 1mm，它的表盘是对称刻度的。

杠杆百分表可以用于测量形位误差，也可以用比较测量的方法测量实际尺寸，还可以测量小孔、凹槽、孔距、坐标尺寸等。

杠杆百分表的检定按 JJG 35-2006《杠杆表检定规程》的规定进行。

3. 内径百分表

1）内径百分表的结构型式、工作原理和用途

内径百分表其结构图如图 6-4 所示。

内径百分表是用比较法测量内尺寸的表类量具，可测孔径或槽宽及其几何形状误差。如图 6-4 所示。百分表 14 用于读数，一般使用 1 级百分表。表架主要由直管 1、主体 2、固定测量头 3、活动测量头 5、杠杆机构及其传动杆 9、定心护桥 7、移动杆 10、手把 11、弹簧 12 和弹簧卡头 13 等组成。弹簧 12 能使活动测量头 5 产生足够的测力。定心护桥（定中心支架）能帮助找正被测直径的位置。杠杆传动机构的传动比为 1∶1。

测量时，被测直径的变化使活动测量头 5 产生直线移动，通过传动杠杆传递给传动杆 9、移动杆 10 和百分表 14，从而在百分表上可读出被测直径变化的数值。

2）内径百分表的主要技术数据

国产内径百分表的主要技术数据见表 6-1。

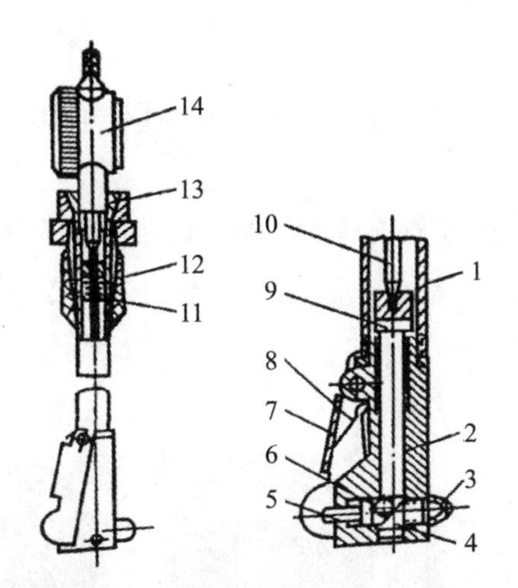

1—直管；2—主体；3—固定测量头；4—楔形销柱；5—活动测量头；6—钢球；7—定心护桥；8—片弹簧；9—传动杆；10—移动杆；11—手把；12—弹簧；13—弹簧卡头；14—百分表

图 6-4 内径百分表的结构图

表 6-1 **内径百分表的主要技术数据**

测量范围/mm	示值误差/μm		相邻误差/μm		定心误差/μm	示值变动/μm		活动测头行程/mm	活动测头测力/N	护桥最大压力/N
	1 级	2 级	1 级	2 级		1 级	2 级			
6~8	12	15	6	8	3	3	5	0. 6~0. 8	2. 5~4. 5	8. 5
18~35	15	20	6	8				≥1		
35~50	15	20	6	8				≥1. 2	4. 5~7	10
>50~	20	25	6	8				≥1. 6		

6.1.2 千分表

1. 千分表概述

千分表的分度值有 0. 001mm、0. 002mm 和 0. 005mm 三种。测量范围为 0~0. 1mm、0~0. 2mm、0~0. 5mm、0~1mm 和 0~2mm。

千分表的结构型式及工作原理与百分表基本相似，但传动级数比百分表多，放大比比百分表大。纯齿轮式千分表的传动机构示意图请参阅有关资料。

2. 杠杆千分表

杠杆千分表的分度值为0. 002mm、0. 001mm。杠杆千分表的测量范围为0～0. 2mm、0～0. 12mm和0～0. 1mm。

杠杆千分表的用途与杠杆百分表基本相同，只是杠杆千分表的准确度比杠杆百分表高。杠杆千分表如图6-5所示。杠杆千分表的检定可按JJG 26—2011《杠杆千分尺、杠杆卡规检定规程》的规定进行。

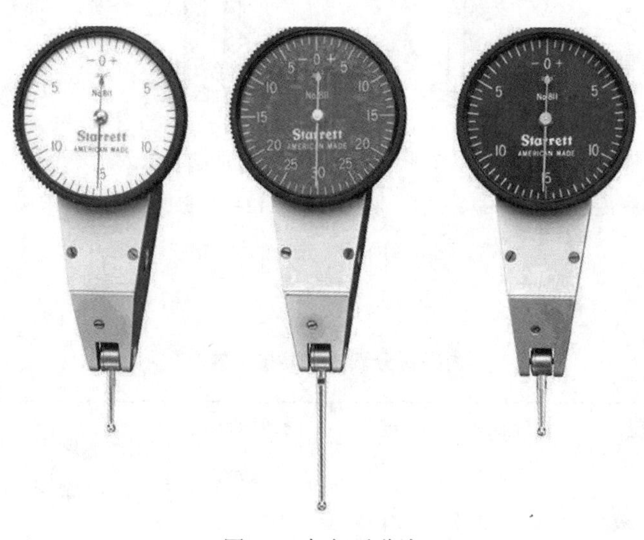

图6-5　杠杆千分表

3. 内径千分表

内径千分表的结构、工作原理、用途和使用注意事项与内径百分表基本相同。内径千分表如图6-6所示。内径千分表的读数元件为千分表，使用中的内径百分表的示值误差为0. 015～0. 025mm，而使用中的内径千分表的示值误差不大于0. 007mm。内径千分表的准确度比内径百分表高。

内径千分表的检定可按JJF 1102—2003《内径表校准规范》的规定进行。

6. 1. 3　其他指示表类量具

1. 杠杆卡规

杠杆卡规也可称为杠杆式卡规。它是借助杠杆齿轮机构的传动，将测杆的直线位移转

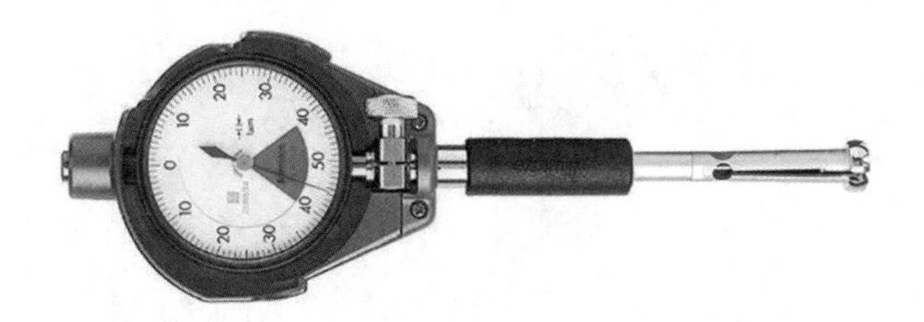

图 6-6 内径千分表

变为指针角位移的量具。

分度值为 0. 002mm 的杠杆卡规，其刻度盘示值范围为 0～±0. 08mm；测量范围为 0～25mm、25～50mm、50～75mm、75～100mm。分度值为 0. 005mm 的杠杆卡规，其可读盘示值范围为 0～±0. 15mm；测量范围为 100～125mm、125～150mm。

杠杆卡规实物图如图 6-7 所示。其主要由杠杆测微机构和测量范围调整装置组成。杠杆测微机构的工作原理与杠杆千分尺的杠杆机构相似。测量范围调整装置相当于杠杆千分尺的测微头，但没有刻度，仅用于根据标准件校对指示器零位时的调整和紧固。

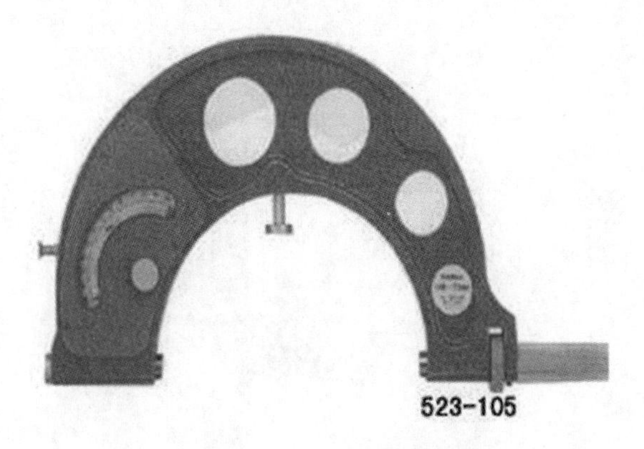

图 6-7 杠杆式卡规实物图

杠杆卡规的检定可按 JJG 26—2011《杠杆千分尺、杠杆卡规检定规程》的规定进行。

2. 表式卡规

百分表式卡规也称为表式卡规，是用于比较测量的量具。如图 6-8 所示。

百分表式卡规的分度值为 0. 01mm。作为百分表式卡规读数元件的百分表，其测量范

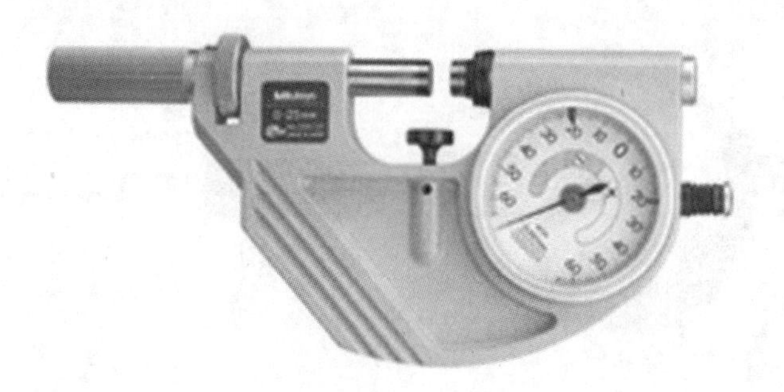

图 6-8　表式卡规实物图

围可为 0～5mm 或 0～10mm。表式卡规的测量范围为 0～50mm、50～100mm、100～200mm、200～300mm、300～400mm、400～500mm、500～600mm、600～700mm、700～800mm、800～900mm、900～1000mm。

百分表式卡规可按 JJG 109—2004《百分表式卡规检定规程》的规定进行。

3. 杠杆式测微仪（米尼表）

杠杆式测微仪借助刀口式不等臂杠杆的传动将测杆微小的直线位移转变为指针的角位移。杠杆式测微仪如图 6-9 所示。

图 6-9　杠杆式测微仪

杠杆式测微仪结构简单、坚固耐用，但由于其指针长而且重，惯性较大，并且指针的角位移和测杆的直线位移之间不能保持恒定的比例关系，而且其示值范围较小，一般为±（10~30）μm，所以，杠杆式测微仪的应用受到一定的限制。

杠杆式测微仪的检定可按 JJG 39—2004《机械式比较仪检定规程》的规定进行。

4. 扭簧比较仪

扭簧比较仪用于用比较测量法测量高准确度工件的尺寸和形位误差，也可用作测量装置的指示器。扭簧比较仪如图 6-10 所示。扭簧比较仪的分度值和示值范围如表 6-2 所示。

图 6-10　扭簧比较仪

表 6-2　**扭簧比较仪的分度值和示值范围**

分度值/mm	示值范围（不小于）/mm
0. 001	±0. 03
0. 0005	±0. 015
0. 0002	±0. 006
0. 0001	±0. 003

扭簧比较仪的检定可按 JJG 118—2010《扭簧比较仪检定规程》的规定进行。

6.2　指示表标准装置

指示表检定装置一般分为机械式和光栅式两种。机械式指示表检定装置采用手动检定方式对指示表进行检定；光栅式指示表检定装置采用半自动式检定，配有计算机进行数据记录并打印。

6.2.1　SB-3型百分表检定仪

SB-3型百分表检定仪（机械式）适用于新制以及修理后和使用中的百分表、杠杆式百分表及量限6~450mm的内径百分表的综合性检定。本仪器符合JJG 201—2018《指示类量具检定仪》国家计量检定规程要求。

1. 检定仪用途

（1）百分表。可检项目：①测杆受径向力时对示值的影响；②示值变动性；③测力；④示值误差；⑤回程误差。

（2）杠杆式百分表。可检项目：示值误差和回程误差；示值变动性。

（3）内径百分表。可检量限6~450mm以内的内径百分表的示值误差和相邻误差（弹簧式和钢球式内径表除外）。

2. 检定仪结构

SB-3型百分表检定仪结构示意图如图6-11所示。

3. 主要技术要求

（1）仪器在0~25mm范围内，示值误差不大于0.004mm；在任意10mm范围内，示值误差不大于0.003mm；在任意1mm范围内，示值误差不大于0.002mm，回程误差不大于0.001mm。

（2）测力计有效测量范围0~1.6N，分度值0.1N。

（3）带筋平台平面度不大于0.001mm；表面粗糙度不大于0.05μm。

（4）半圆柱形侧块平行度不大于0.001mm。

4. 仪器基本操作规程

（1）示值变化的检定：将指示表安装在刚性表架上，将旋臂转往受径向力的带筋工作

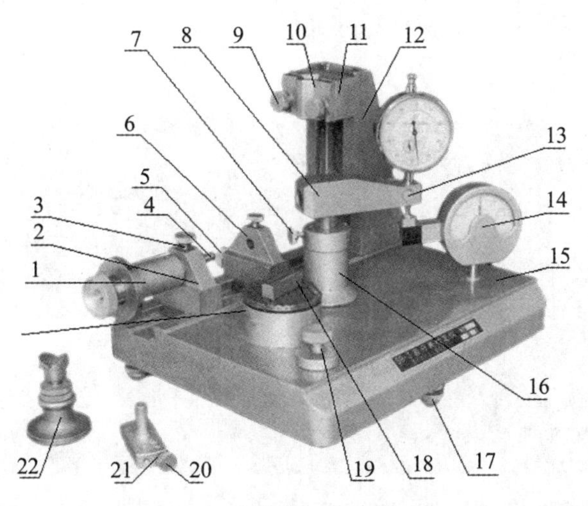

1—示值定位装置；2—测微头座；3—固定螺钉；4—测杆；5—偏心锁紧轴；6—百分表座；
7—升降轴固紧螺钉；8—旋臂；9—V 形压板固紧螺钉；10—V 形压板；11—V 形夹座；
12—立柱；13—旋臂固紧螺钉；14—指针式扭簧测力计；15—底座；16—升降立柱；
17—水平脚；18—半圆柱形侧块；19—升降调节螺钉；20—紧固螺钉；
21—杠杆百分表夹具；22—V 形托架；23—带筋平台

图 6-11　SB-3 型百分表检定仪结构示意图

台上，调节升降螺钉，将百分表测量头接触工作台，按检定规程规定方法进行检定。

（2）受径向力影响检定：将旋臂转往工作台上，再将半径为 10mm 的半圆柱形侧块放在带筋工作台上，具体按规程规定方法进行检定。

（3）测力的检定：将旋臂转往定位钢球测力表力臂的测力点位置与百分表头接触，然后调节螺钉转动，使表架升降进行正反行程检定，具体按规程规定方法进行检定。

（4）示值误差的检定：经过上述三个项目的检定后，将百分表在旋臂上取下，安装在示值检定器的百分座导向套上，固紧螺钉弹簧，将定位机构座移至相应位置，使测微丝杆与百分表测量头接触，具体按检定规程方法进行检定。然后用右手两手指轻轻地旋动转动定向盘，直到定向盘“咔嗒”轻响，转到定位位置，这时测微丝杆轴向移动量是 0.1mm。

6.2.2　SJ3000 光栅式指示表检定仪

SJ3000 光栅式指示表检定仪，具有功能全、使用简化、技术新、夹具优等特点。能够半自动检定百分表、千分表、内径表、杠杆表、大量程百分表，自动按国家计量检定新规程处理数据，打印检定记录和结果；光栅部分采用新型导轨传动机构和智能光栅细分技术，精度高，稳定性好；采用大屏幕汉字液晶显示，内置操作提示，直观方便，防止误操作。SJ3000光栅式指示表检定仪如图6-12所示。

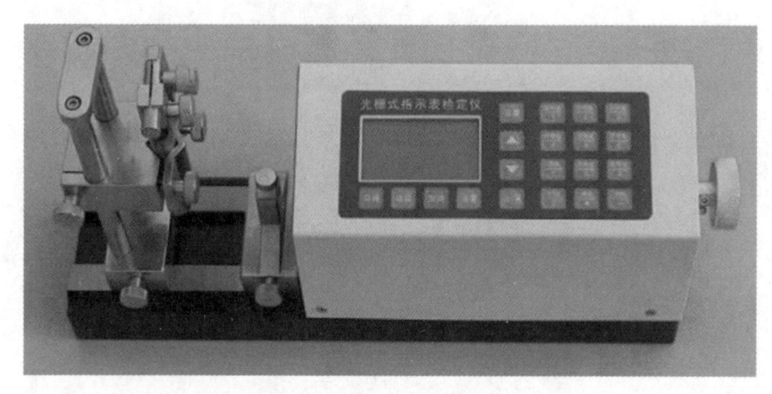

图6-12　SJ3000光栅式指示表检定仪

1. 检定表类项目

SJ3000光栅式指示表检定仪可检定我国计量检定规程所列的19种规格指示表的示值误差和回程误差。包括：0~3mm、0~5mm、0~10mm、0~20mm、0~30mm、0~50mm百分表，0~1mm、0~2mm、0~3mm、0~5mm千分表，±0.4mm、±0.5mm杠杆百分表，0~0.2mm杠杆千分表，测头行程0.6mm、0.8mm、1.0mm、1.2mm、1.6mm内径百分表，0~0.8mm内径千分表。

此外还可检定仪器量程范围内的任意行程的特殊规格指示表，例如：可以设置检定量程0~7mm百分表、0~4mm千分表、0~37mm大量程百分表等。

2. 主要参数性能

SJ3000光栅式指示表检定仪的主要参数性能：

（1）测量范围：0~10mm、0~13mm、0~50mm。

（2）分辨率：0.2μm、0.1μm。

（3）显示器：大屏幕点阵汉字液晶显示。

（4）示值误差：

0~10mm：任意2mm内≤0.5μm；全程最大误差≤1.0μm；

0~13mm：任意2mm内≤0.5μm；任意10mm内≤1.0μm；全程最大误差≤1.2μm；

0~50mm：任意2mm内≤0.5μm；任意10mm内≤1.0μm；任意30mm内≤1.5μm；

全程最大误差≤2.0μm；

回程误差≤0.5μm。

（5）计算机接口：仪器均带有RS232接口，可随机配接计算机，实现完善的数据库管理，可显示和打印检定数据和误差曲线。

（6）工作环境：(20±5)℃；相对湿度：50%~70%。

3. 基本操作规程

（1）在使用前，将设备放平，连接设备与配套的电脑，打开电源以及电脑，进行开机自检。

（2）在电脑显示器上打开设备检定软件，将待检指示表正确放置在仪器的夹具上，填写检定信息。

（3）按照操作规程进行检定，仪器自动记录所检数据，并可跟踪所记录数据显示测量误差曲线。

（4）检定完毕后，拿下指示表，预览测量记录，进行保存或打印记录单。

（5）关掉仪器电源，整理工作现场。

6.2.3 标准设备周期

SB-3百分表检定仪和SJ3000光栅式指示表检定仪均采用外送计量方式，周期均为1年。

6.3 指示表检定规程

JJG 34—2008《指示表（指针式、数显式）检定规程》适用于分度值为0.01mm、0.002mm，量程不大于10mm的指针式指示表；分度值为0.001mm，量程不大于5mm的指针式指示表；分辨力为0.01mm、0.005mm、0.001mm，量程不大于10mm的数显式指示表的首次检定、后续检定和使用中检验。

6.3.1 计量器具控制

计量器具控制包括首次检定、后续检定和使用中检验。

1. 检定环境条件

检定室内温度为（20±10)℃，每小时温度变化不大于2℃；

检定室内相对湿度不超过80%；

检定前，指示表和检定用器具等温平衡时间不少于2h。

2. 检定项目和检定器具

指示表的检定项目和主要检定器具见表6-3。

表6-3　**检定项目和主要检定器具一览表**

序号	检定项目	主要检定器具	首次检定	后续检定	使用中检验
1	外观	—	+	+	+
2	各部分相互作用	—	+	+	+
3	指针与刻度盘的相互位置	工具显微镜	+	−	−
4	指针末端宽度和刻线宽度		+	−	−
5	轴套直径	外径千分尺	+	−	−
6	测头测量面的表面粗糙度	表面粗糙度比较样块 MPE：+12%～−17%	+	−	−
7	指示表的行程	—	+	+	+
8	测量力	量具测力仪 MPE：±2%	+		−
9	重复性	刚性表架、平面工作台	+	+	−
10	测杆径向受力对示值影响	半圆柱侧块、刚性表架和 带筋工作台	+	+	−
11	示值误差	数显式指示表检定仪 千分表检定仪 MPE：1.5μm/2mm 百分表检定仪 MPE：3μm/10mm	+	+	−
12	回程误差		+	+	−
13	示值漂移		+	+	+

注：表中“+”表示应检定，“−”表示可不检定。

6.3.2　指示表检定

1. 外观检查

目力观察：

（1）指针式指示表的表蒙透明、清洁、刻线清晰。无锈蚀、碰伤、毛刺、镀层脱落、明显划痕，无目力可见的断线或粗细不均等以及影响外观质量的其他缺陷。

（2）指示表上必须有制造厂名或商标、测量范围、分度值或分辨力和出厂编号。

（3）数显式指示表各功能键标注清晰、明确。

（4）后续检定和使用中检验的指示表，允许有不影响使用准确度的外观缺陷。

2. 各部分相互作用

试验和目力观察：

（1）指针式指示表的表圈转动平稳，静止可靠，与表体的配合无明显的松动。

（2）测杆的移动平稳、灵活、无卡滞和松动现象。显示屏数字显示清晰、完整，无黑斑和闪跳现象，功能键稳定、可靠。

（3）测杆移动时，指针无松动。

（4）紧固指示表轴套之后，测杆自由移动时，不得卡住。

3. 指针和刻度盘的相互位置

测杆在自由位置时，调整刻度盘零刻线和测杆轴线重合，指针处于零刻线逆时针方向的30°~90°范围内。

指针末端与刻度盘刻线方向一致，无目力可见的偏斜。指针末端上表面与刻度盘刻线面的距离不大于0.7mm。指针长度保证指针末端盖住短刻线长度的30%~80%。

检定指针末端上表面与刻度盘刻面的距离，用目力观察。有争议时用工具显微镜检定。检定时，采用五倍物镜，对指针上表面和刻度盘分别调焦，利用微动升降读数装置或附加百分表分别读数。两次读数之差即为指针末端上表面与刻度盘刻线面的距离。

4. 指针末端宽度和刻线宽度

指针末端宽度与刻线宽度一致。刻线宽度符合表6-4的规定。在工具显微镜上检定，至少抽检3条刻线，均要符合要求。

表6-4　　**刻线宽度**　　（单位：mm）

分度值	刻线宽度
0.01	0.15~0.25
0.002	0.10~0.20
0.001	

5. 轴套直径

用外径千分尺检定，直径为 $\Phi8^{0}_{-0.015}$ mm。

6. 测量头表面粗糙度

用表面粗糙度比较样块进行比较检定，表面粗糙度不超过表 6-5 的规定。

表 6-5 **表面粗糙度**

测头材料	钢	硬质合金
测头测量面的表面粗糙度	Ra 0. 1	Ra 0. 2

7. 指示表的行程

试验和目力观察：指针式指示表的行程应超过其测量范围上限，超过量符合表 6-6 的规定。

表 6-6 **指示表测量上限超过量**

分度值/mm	测量范围上限 S/mm	超过量不小于/mm
0. 01	$S \leqslant 3$	0. 3
	$3 < S \leqslant 10$	0. 5
0. 002	$S \leqslant 10$	0. 05
0. 001	$S \leqslant 5$	0. 05

数显式指示表的行程应超过测量范围上限，超过量不小于 0. 5mm。

8. 测量力

测量力不超过表 6-7 的规定。

表 6-7　**测　量　力**　（单位：N）

类别		测量范围上限 S/mm	最大测量力	测量力变化	测量力落差
分度值	0.01mm	$S\leqslant10$	1.5	0.5	0.5
	0.002mm	$S\leqslant10$	2.0	0.6	0.6
	0.001mm	$S\leqslant5$	2.0	0.5	0.6
分辨力	0.01mm	$S\leqslant10$	1.5	0.7	0.6
	0.005mm	$S\leqslant10$	1.5	0.7	0.6
	0.001mm	S≤1	1.5	0.4	0.4
		1<S≤3	1.5	0.5	0.4
		3<S≤10	1.5	0.5	0.5

用分度值或分辨力不大于 0.1N 的测量仪在指示表工作行程的始、中、末 3 个位置进行检定，正行程检定完后继续使指示表测杆正行程移动 5~10 个分度，再进行反行程检定。

正行程中的最大测力值为指示表的最大测量力；正行程中的最大测力值与最小测力值之差为测量力的变化；各点的正行程测力值与反行程测力值之差为测量力的落差，其最大值应符合要求。

9. 重复性

重复性不超过表 6-8 的规定。将指示表装夹在刚性表架上，使测量杆轴线垂直于平面工作台，在工作行程的始、中、末三个位置上，分别调整指针对准某一分度或某一数值，提高测杆 5 次，5 次中最大值与最小值之差即为该位置上的示值重复性。上述 3 个位置的检定结果应符合要求。

10. 测杆径向受力对示值的影响

测杆径向受力对示值的影响不超过表 6-8 的规定。

表 6-8　**重复性和测杆径向受力对示值的影响**　（单位：mm）

类别		测量范围上限 S	重复性	测杆径向受力对示值的影响
分度值	0.01	$S\leqslant10$	0.003	0.005
	0.002	$S\leqslant10$	0.0005	0.001
	0.001	$S\leqslant5$	0.0005	0.005

续表

类别		测量范围上限 S	重复性	测杆径向受力对示值的影响
分辨力	0.01	$S \leqslant 10$	0.01	
	0.005	$S \leqslant 10$	0.005	
	0.001	$S \leqslant 1$	0.001	0.002
		$1 < S \leqslant 10$	0.002	

将指示表安装在刚性表架上，使表的测杆轴线垂直于带筋工作台，在测头与工作台之间放置一个半径为 10mm 的半圆柱侧块（量块附件），调整指示表于工作行程起始位置与侧块圆柱面最高位置附件接触，沿侧块母线垂直方向，分别在指示表的前、后、左、右 4 个位置移动侧块各两次，每次侧块的最高点与表的测头接触出现最大点（转折点）时，记下读数，在 8 个读数中，最大值与最小值之差为测杆径向受力对示值的影响。这一检定还要在工作行程的中、末两个位置上进行。上述 3 个位置的检定结果均应符合要求。

11. 示值误差和回程误差

示值误差和回程误差不超过表 6-9、表 6-10 的规定。

表 6-9　**指针式指示表的最大允许误差和回程误差**　（单位：mm）

分度值	测量范围上限 S	最大允许误差					回程误差
		任意 0.05mm	任意 0.1mm	任意 0.2mm	任意 1mm	全量程	
0.01	$S \leqslant 3$	—	0.005	—	0.010	0.014	0.003
	$3 < S \leqslant 5$	—	0.005	—	0.010	0.016	0.003
	$5 < S \leqslant 10$	—	0.005	—	0.010	0.020	0.003
0.002	$S \leqslant 1$	0.003	—	0.004	—	0.007	0.002
	$1 < S \leqslant 3$	0.003	—	0.004	—	0.009	0.002
	$3 < S \leqslant 5$	0.003	—	0.005	—	0.011	0.002
	$5 < S \leqslant 10$	0.003	—	0.005	—	0.012	0.002
0.001	$S \leqslant 1$	0.002	—	0.003	—	0.005	0.002
	$1 < S \leqslant 2$	0.0025	—	0.003	—	0.006	0.002
	$2 < S \leqslant 3$	0.0025	—	0.0035	—	0.008	0.0025
	$3 < S \leqslant 5$	0.0025	—	0.0035	—	0.009	0.0025

注：1. 任意 0.2mm 段指 0~0.2mm，0.2~0.4mm，…，9.8~10mm 等一系列 0.2mm 测量段。

2. 任意 1mm 段指 0~1mm，1~2mm，…，9~10mm 等一系列 1mm 测量段。

表 6-10 **数显式指示表的最大允许误差和回程误差** (单位：mm)

分辨力	测量范围上限 S	最大允许误差			回程误差
		任意 0.02mm	任意 0.2mm	全量程	
0.01	$S \leq 10$	—	0.01	0.02	0.01
0.005	$S \leq 10$	—	0.010	0.015	0.005
0.001	$S \leq 1$	0.002	—	0.003	0.001
	$1 < S \leq 3$	0.002	0.003	0.005	0.002
	$3 < S \leq 10$	0.002	0.003	0.007	0.002

注：任意 0.2mm 段指 0~0.2mm，0.2~0.4mm，…，9.8~10mm 等一系列 0.2mm 测量段。

分度值或分辨力为 0.01mm 和分辨力为 0.005mm 的指示表用数显式指示表检定仪或百分表检定仪检定，分度值或分辨力为 0.001mm 和分度值为 0.002mm 的指示表用数显式指示表检定仪或千分表检定仪检定，也可以用不低于上述测量不确定度的其他方法检定。

检定时，将指示表可靠地紧固在检定仪上，使测杆处于垂直向下或水平的状态，对于指针式指示表，压缩测杆使指示表对“零”，对于数显式指示表，压缩测杆约 0.1mm 至 0.2mm，将检定仪和指示表置“零”后开始检定，在测杆正行程方向上，选择相应的检定间隔（检定间隔见表 6-11、表 6-12）进行检定直至全行程，继续压缩测杆 10 分度（分辨力）左右，再进行反向检定。在整个检定过程中，中途不得改变测杆的移动方向，也不应对指示表和检定仪做任何调整。对于分度值为 0.002mm 的指示表，后续检定的检定间隔为 0.2mm，全程检定结束后，根据全行程正行程各点示值误差，选取误差的最大值点和最小值点分别进行补点检定，补点检定段为该点两边的 0.2mm，检定间隔为 0.05mm。

指示表的全量程示值误差由正行程内各受检点误差的最大值与最小值之差确定。

指示表各受检点的示值误差 e 由式（6-1）计算：

$$e = L_d - L_s \tag{6-1}$$

式中：L_d——指示表的示值（20℃条件下）；

L_s——检定仪的示值（20℃条件下）。

指示表（分度值为 0.01mm）任意 0.1mm 的示值误差，对于首次检定由全量程正行程范围内任意相邻两点误差之差的最大值确定。

指示表（分度值为 0.01mm）任意 1mm 的示值误差，由正行程范围内任意 1mm 段所得误差中的最大值与最小值之差的最大值确定。

表6-11　**指针式指示表检定间隔**　（单位：mm）

分度值	工作行程	检定间隔 t	
		首次检定	后续检定
0.01	0~10	0.1	0.2
0.002	0~10	0.05	0.2
0.001	0~1	0.05	0.05
	1~5		0.1

注：修理后的指示表按首次检定。

表6-12　**数显式指示表检定间隔**　（单位：mm）

分度值	工作行程	检定间隔 t	
		首次检定	后续检定
0.01	0~10	0.2	0.2
0.005	0~10	0.2	0.2
0.001	0~1	0.02	0.02
	1~3	0.05	0.05
	3~10	0.5	0.5

指示表（分度值为0.002mm）任意0.05mm的示值误差，对于首次检定，由全量程正行程范围内任意相邻两点误差之差的最大值确定。对于后续检定，任意0.05mm示值误差由正行程（补点段）任意相邻两点误差之差的最大值确定。

指示表（分度值为0.001mm）任意0.05mm的示值误差，对于首次检定，由全量程正行程范围内任意相邻两点误差之差的最大值确定。对于后续检定，任意0.05mm示值误差由正行程0~1mm范围内任意相邻两点误差之差的最大值确定。

指示表（分度值为0.001mm）任意0.2mm的示值误差，由正行程范围内任意0.2mm段所得误差中的最大值与最小值之差的最大值确定。

指示表（分度值为0.002mm）任意0.2mm的示值误差，对于首次检定，由正行程范围内任意0.2mm段所得误差中的最大值与最小值之差的最大值确定。对于后续检定，由全量程正行程范围内任意相邻两点误差之差的最大值确定。

指示表（分辨力为0.01mm、0.005mm）任意0.2mm的示值误差，由全量程正行程范围内任意相邻两点误差之差的最大值确定。

指示表（分辨力为0.001mm）任意0.2mm的示值误差，由正行程0~1mm范围内任意相邻两点误差之差的最大值确定。

指示表（分辨力为0.001mm）任意0.2mm的示值误差，由正行程0~3mm范围内任意0.2mm段所得误差中的最大值与最小值之差的最大值确定。

在示值误差检定完后，取正、反行程同一点误差之差的最大值为回程误差。

12. 示值漂移

把指示表测杆固定在工作行程内任意位置上，观察指示表示值在1h内的变化。

数显式指示表的测杆在任意位置时，1小时内的示值漂移不大于其分辨力。

13. 检定结果处理

经过检定符合本规程要求的指示表发给检定证书；不符合本规程要求的指示表发给检定结果通知书，并注明不合格项目。

14. 检定周期

指示表的检定周期一般不超过1年。

6.4 指示表故障判断与维修

6.4.1 指示表的使用和维护保养

1. 指示表的正确使用

（1）使用前，应检查测量杆活动的灵活性。即轻轻推动测量杆时，测量杆在套筒内的移动要灵活，没有任何轧卡现象，且每次放松后，指针能回到原来的刻度位置。

（2）使用百分表或千分表时，必须把它固定在可靠的夹持架上（如固定在万能表架或磁性表座上，如图6-13所示），夹持架要安放平稳，以免使测量结果不准确或摔坏百分表。

用夹持百分表的套筒来固定百分表时，夹紧力不要过大，以免因套筒变形而使测量杆活动不灵活。

（3）用百分表或千分表测量零件时，测量杆必须垂直于被测量表面（如图6-14所示），即使测量杆的轴线与被测量尺寸的方向一致，否则将使测量杆活动不灵活或使测量结果不准确。

图 6-13　安装在专用夹持架上的百分表

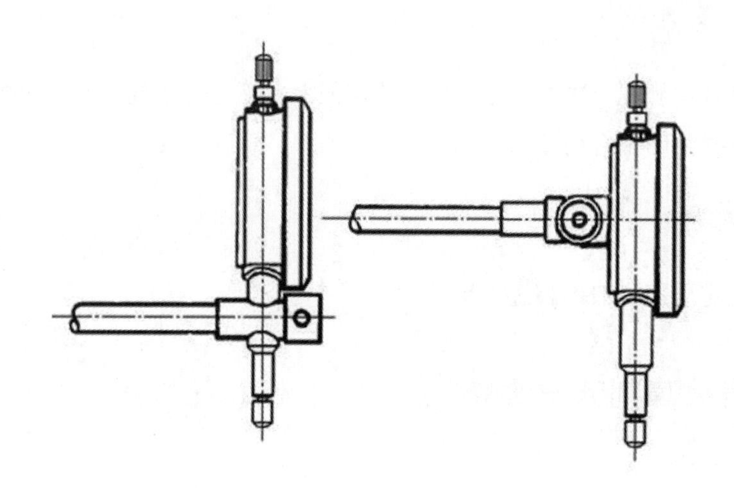

图 6-14　百分表安装方法

（4）测量时，不要使测量杆的行程超过它的测量范围；不要使测量头突然撞在零件上；不要使百分表和千分表受到剧烈的震动和撞击，亦不要把零件强迫推入测量头下，免得损坏百分表和千分表的机件而使其失去精度。因此，用百分表测量表面粗糙或有显著凹凸不平的零件是错误的。

（5）用百分表校正或测量零件时，如图 6-15 所示，应当使测量杆有一定的初始测力，即在测量头与零件表面接触时，测量杆应有 0.3～1mm 的压缩量（千分表可小一点，有 0.1mm 即可），使指针转过半圈左右，然后转动表盘，使表盘的零位刻线对准指针。轻轻地拉动手提测量杆的圆头，拉起和放松几次，检查指针所指的零位有无改变，当指针的零位稳定后，再开始测量或校正零件的工作。如果是校正零件，此时开始改变零件的相对位置，读出指针的偏摆值，就是零件安装的偏差数值。

（6）检查工件平整度或平行度时，如图 6-16 所示，将工件放在平台上，使测量头与

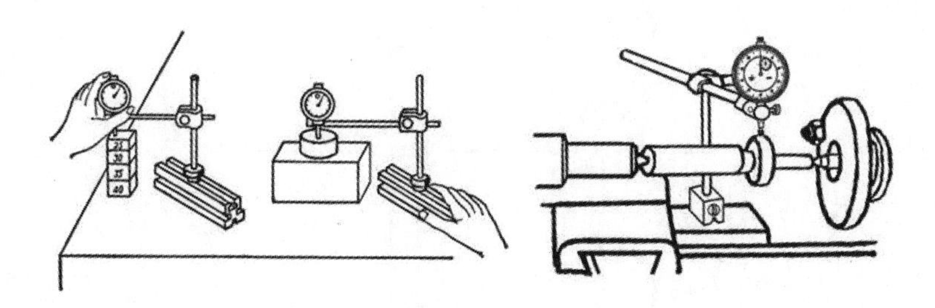

图 6-15　百分表尺寸校正与检验方法

工件表面接触，调整指针使其摆动，然后将刻度盘零位对准指针，跟着慢慢地移动表座或工件，当指针顺时针摆动时，说明工件偏高；逆时针摆动时，说明工件偏低了。

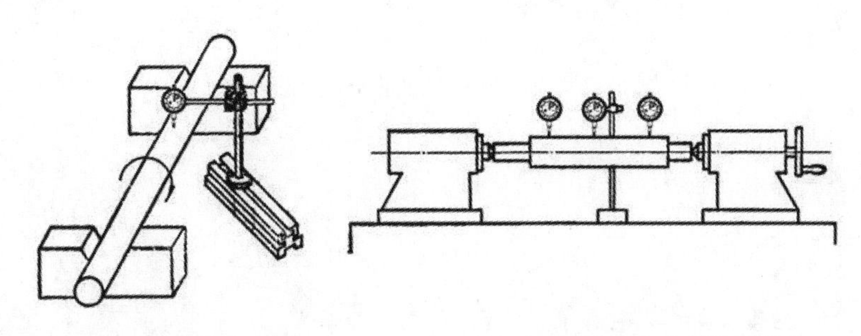

（a）工件放在 V 形铁上　　（b）工件放在专用检验架上

图 6-16　轴类零件圆度、圆柱度及跳动

当进行轴测的时候，是以指针摆动最大数字（最高点）为读数，测量孔的时候，是以指针摆动最小数字（最低点）为读数。

检验工件的偏心度时，如果偏心距较小，可按图 6-17 所示方法测量偏心距，把被测轴装在两顶尖之间，使百分表的测量头在偏心部位上（最高点）接触，用手转动轴，百分表上指示出的最大数字和最小数字（最低点）之差就等于偏心距的实际尺寸。偏心套的偏心距也可用上述方法来测量，但必须将偏心套装在偏心轴上进行测量。

偏心距较大的工件，因受到百分表测量范围的限制，就不能用上述方法测量。这时可用如图 6-18 所示的间接测量偏心距的方法。

测量时，把 V 形铁放在平板上，并把工件放在 V 形铁中，转动偏心轴，用百分表测量出偏心轴的最高点，找出最高点后，工件固定不动。再将百分表水平移动，测出偏心轴外圆到基准外圆之间的距离 a，然后用下式计算出偏心距 e：

$$\frac{D}{2} = e + \frac{d}{2} + a \tag{6-2}$$

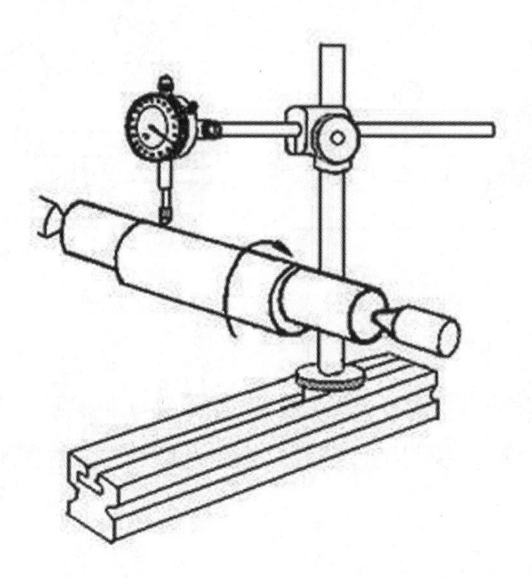

图 6-17　在两顶尖上测量偏心距的方法

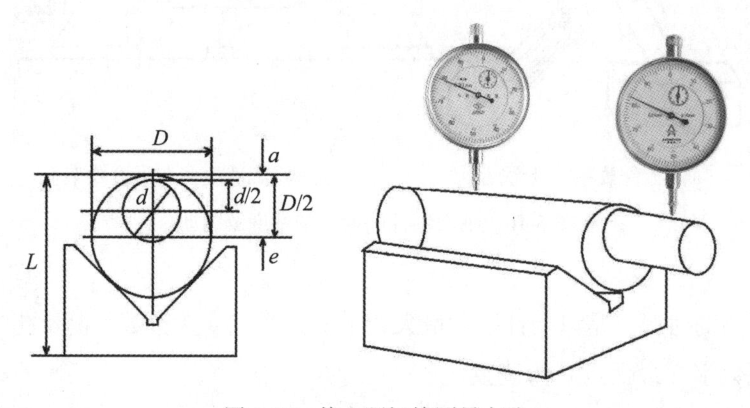

图 6-18　偏心距间接测量方法

$$e=\frac{D}{2}-\frac{d}{2}-a \tag{6-3}$$

式中：e ——偏心距（mm）；

D ——基准轴外径（mm）；

d ——偏心轴直径（mm）；

a ——基准轴外圆到偏心轴外圆之间最小距离（mm）。

用上述方法，必须把基准轴直径和偏心轴直径用百分尺测量出正确的实际尺寸，否则计算时会产生误差。

（7）检验车床主轴轴线对刀架移动的平行度时，在主轴锥孔中插入一检验棒，把百分表固定在刀架上，使百分表测头触及检验棒表面，如图 6-19 所示。

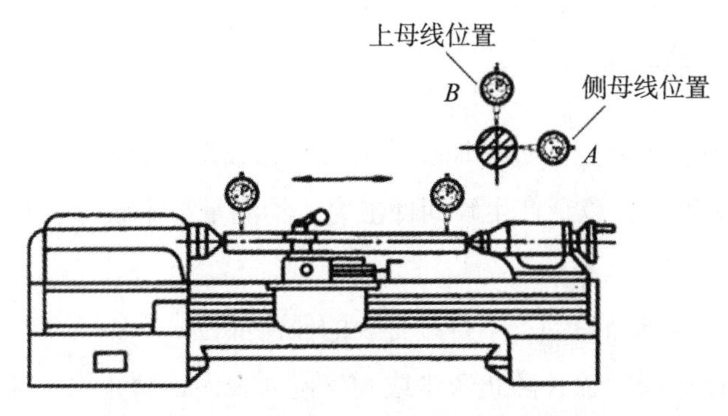

图 6-19 主轴轴线对刀架移动的平行度检验

移动刀架，分别对侧母线 A 和上母线 B 进行检验，记录百分表读数的最大差值。为消除检验棒轴线与旋转轴线不重合对测量的影响，必须旋转主轴 180°，再同样检验一次 A、B 的误差分别计算，两次测量结果的代数和的一半就是主轴轴线对刀架移动的平行度误差。要求水平面内的平行度允差只许向前偏，即检验棒前端偏向操作者；垂直平面内的平行度允差只许向上偏。

（8）检验刀架移动在水平面内的直线度时，将百分表固定在刀架上，使其测头顶在主轴和尾座顶尖间的检验棒侧母线上（图 6-20 位置 A），调整尾座，使百分表在检验棒两端的读数相等。然后移动刀架，在全行程上检验。百分表在全行程上读数的最大代数差值，就是水平面内的直线度误差。

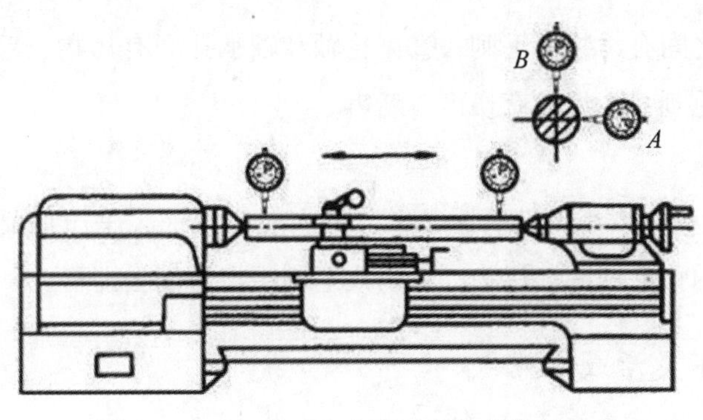

图 6-20 刀架移动在水平面内的直线度检验

（9）在使用百分表和千分表的过程中，要严格防止水、油和灰尘渗入表内，测量杆上也不要加油，免得粘有灰尘的油污进入表内，影响表的灵活性。

（10）百分表和千分表不使用时，应使测量杆处于自由状态，以免使表内的弹簧失效。如内径百分表上的百分表，不使用时，应拆下来保存。

2. 指示表的维护保养

（1）要轻拿轻放，不要空着过多地拨动测头使它做无效的运动，以防机件产生不必要的磨损；不要使测头跌落，以免产生瞬间冲击力，给测量带来误差，也有可能撞击坏表内的机件。

（2）不要使表受到剧烈震动，不得敲打表的任何部位。

（3）不允许拆卸表的后盖，防止灰尘或潮气侵入表内。禁止水、油或其他液体侵入表内，严禁把表泡在冷却液或任何液体内。

（4）用完后要把表擦净放回盒内，但不得在测量杆上涂凡士林或其他油类，否则会使测量杆和套筒黏结，造成活动不灵活。

（5）不使用时，应让测量杆自由放松，使表处于自由状态，避免其内部机件受到外力作用的影响，以保持其精度。

（6）百分表应放置在干燥、无磁性、无酸气的地方保存。

（7）百分表要严格实行周期检定。

6.4.2　指示表的常用故障判断与维修

1. 跳针、测杆移动不灵活和卡死

1）故障原因

①齿轮啮合面之间有污物、毛刺；②齿轮轴和轴承孔间有污物、毛刺；③导杆和导槽间有污物、锈蚀或毛刺；④齿轮有伤齿、断齿。

2）修理方法

把表卸下放进10cm大小的玻璃器皿中，倒入航空汽油，手压住要清洗的零件左右摇动几次或用不掉毛的猪毛刷刷去污物，有锈或毛刺用小刀刮去即可。

2. 测杆移动不灵活或卡死

1）故障原因

①测杆弯曲；②测杆与导孔间有污物、锈蚀、毛刺或各配合面上有污物；③套筒松动及上下套筒不同心；④导杆和导槽块松动；⑤导杆过长或弯曲；⑥齿轮两轴孔不同心；⑦

齿轮端面和轴承之间的间隙过小；⑧齿条和齿轮啮合太紧；⑨表体扭曲变形。

2）修理方法

①矫直测杆；②清洗、除锈或去毛刺；③固紧和校准套筒同心度；④固紧导杆和导槽块；⑤修短和矫直导杆；⑥校准轴承座位置；⑦在轴承上加垫；⑧调整圆座板的位置；⑨矫正表体。

修理前应仔细观察确定要修理的部位，以达到事半功倍的效果。

3. 百分表测头磨损

将测杆夹在包有紫铜皮的台钳上，测头帽露在台钳上面，用紫铜小锤子或木柄轻敲测头钢球的侧面几下，使其发生转动，将磨损部分敲进去。

4. 测杆有径向摆动及轴向窜动

这是由于测杆上下套筒磨损而产生间隙所致的，当用手对垂直测杆前后左右施加压力时，指针随之发生变动，说明稳定性不好，这种故障是产生示值变化的一个常见因素，修理办法为更换套筒。

5. 指针不稳定游丝未预紧或预紧力不够

指针不稳定游丝未预紧或预紧力不够，指针处于松弛状态，可能停在一定范围内的任何位置上出现指针不稳定的现象。

游丝的预紧力是由预紧圈数决定的，一般是在游丝松弛（自由）状态下，将长指针转5圈左右（即游丝预紧为1圈左右）为宜。游丝长度会受温度的变化而改变，另外游丝表面的锈蚀和碰伤等都会影响传动平稳性，因此，最好选用膨胀系数小、弹性好、能抗磁、耐锈蚀的磷青铜或青铜的游丝为好。

6. 百分表示值不稳定

1）测杆出现卡死或移动不灵活现象时，说明齿条或轴齿轮有损坏和断齿现象。

修理办法：①可能是齿条间或轴齿轮间有毛刺，用刮刀刮去毛刺，清洗后再进行装配便可排除故障；②将活动齿条拆下，上下颠倒180°避开损坏部分进行装配，一般可达到要求；③出现齿轮断齿时，换同规格的齿轮，如果没有新齿轮也可以用换下的旧齿轮代替。根据百分表的传动原理，更换不同规格的百分表齿轮，以及更换量程小的齿轮与量程大的齿轮（将测量范围是0~5mm或0~10mm的与测量范围是0~3mm的互换，将测量范围是0~5mm或0~10mm的齿轮断齿部位装在0~3mm齿轮的不工作部位），即可达到要求。

2）百分表示值超差的原因有示值普遍超差、回程示值超差和个别示值超差。

（1）示值普遍超差为正值：①游丝张力太大，修理方法是更换游丝；②弹簧测力大，修理方法是用手将弹簧两端稍稍向外拉伸使弹簧拉长一段或更换细一点的弹簧，即可达到要求。

（2）示值普遍超差为负值：①游丝张力太小，修理方法是剪掉一段游丝或更换游丝；②弹簧测力小，修理方法是剪掉一段弹簧或更换粗大一点的弹簧，即可达到要求。

回程示值的修理方法就是游丝、弹簧的修理。

个别示值超差为正的修理方法是：清洗齿条或齿轮间某个部位的污物或刮掉毛刺即可达到要求。个别示值超差为负的修理方法是：齿条或齿轮间某个部位磨损大，更换齿条或齿轮，即可达到要求。

建议在检定中不要把报废百分表扔掉，因为也许在以后的修理中某个零件还可以派上用场。既利用了废品，又可以节约资金。

6.5　指示表检定注意事项

在进行指示表的检定过程中，操作人员应注意以下事项：

（1）每次检定前必须将紧固螺钉固紧。

（2）在检定过程中，转动定位盘时，需要注意：①转动要慢；②用力要均匀；③不要将定位盘转过头。

（3）在检定过程中，必须旋动转动定位盘，不允许旋动测微丝杆测微头。

（4）储藏在环境空气相对湿度不大于 80%的室内，周围空气中不应含有腐蚀仪器的有害气体或杂质。

6.6　长度计量知识习题及解答（三）

6.6.1　判断题

1. 使用中的百分表的示值误差，可按 20 个分度间隔进行检定，如果检定结果接近规程技术要求，则还须进行补点检定。(　　)

答案：对。

2. 指示表中正行程的最大测力值即为指示表的最大测力。(　　)

答案：对。

3. 指示表（百分表、千分表）装夹套筒直径的上偏差必须为零，下偏差为 0.015mm。(　　)

答案：对。

4. 测量误差按其性质可分为随机误差和系统误差。(　　)

答案：对。

5. 新出厂的量具也需要进行首次检定。(　　)

答案：对。

6. 新出厂的量具也需要进行首次检定，判断其是否合格。(　　)

答案：对。

7. 后续检定是指计量器具首次检定后的任何一种检定。(　　)

答案：对。

8. 强制性周期检定属于后续检定。(　　)

答案：对。

9. 修理后检定属于后续检定。(　　)

答案：对。

10. 使用杠杆表时，要使杠杆表的位置状态与检定其示值误差时的状态一致，否则会产生测量误差。(　　)

答案：对。

11. 新制的杠杆表必须按 1 级要求检定。(　　)

答案：对。

12. 百分表进行补点检定时，必须保持受检表原装夹位置不变。(　　)

答案：对。

13. 指示表是利用齿条与齿轮或杠杆与齿轮传动，将测杆的直线位移变为指针角位移的计量器具。(　　)

答案：对。

14. 百分表的指针末端上表面至表盘之间的距离应不大于 0.7mm。(　　)

答案：对。

15. 检定前受检指示表在检定室内应平衡温度 2 小时。(　　)

答案：对。

16. 不论百分表还是千分表，其大指针的末端应盖住表盘短刻线长度的 30%～80%。(　　)

答案：对。

17. 百分表检定环境室内温度应不超过（20±10）℃。(　　)

答案：对。

6.6.2 单项选择题

1. 指示表是利用齿条与齿轮或(　　)传动，将测杆的直线位移变为指针角位移的计量器具。

A. 齿条与杠杆　　B. 杠杆与表盘　　C. 杠杆与棘轮　　D. 杠杆与齿轮

答案：D。

2. 下列关于指示表类量具分类不正确的是(　　)。

A. 百分表　　B. 千分表　　C. 杠杆表　　D. 高度表

答案：D。

3. 指示表的传动放大机构，通常有两种，一种是(　　)传动放大机构，另一种是杠杆与齿轮传动放大机构。

A. 杠杆与表盘　　B. 杠杆与齿轮　　C. 杠杆与棘轮　　D. 齿条与齿轮

答案：D。

4. 百分表的指针末端上表面至表盘之间的距离应不大于(　　)。

A. 0.7mm　　B. 0.6mm　　C. 0.5mm　　D. 0.8mm

答案：A。

5. 百分表的指针末端上表面至表盘之间的距离应不大于 0.7mm，其目的是控制(　　)。

A. 绝对误差　　B. 相对误差　　C. 系统误差　　D. 视差

答案：D。

6. 检定前受检指示表在检定室内应平衡温度(　　)小时。

A. 1　　B. 3　　C. 2　　D. 4

答案：C。

7. 检定前受检指示表在检定室内应平衡温度 2 小时，检定室内每小时温度变化不大于(　　)度。

A. 5　　B. 4　　C. 2　　D. 3

答案：C。

8. 不论百分表还是千分表，其大指针的末端应盖住表盘短刻线长度的(　　)。

A. 20%~50%　　B. 30%~50%　　C. 30%~80%　　D. 40%~80%

答案：C。

9. 分度值为0.01mm的百分表，其刻线宽度为(　　)。

A. 0.15～0.25mm　　B. 0.10～0.15mm　　C. 0.25～0.35mm　　D. 0.35～0.45mm

答案：A。

10. 百分表内装有游丝是为了(　　)。

A. 减少测力　　B. 产生测力　　C. 控制测力　　D. 消除齿轮侧隙

答案：D。

11. 百分表大指针与刻度盘距离应不大于(　　)。

A. 0.7mm　　B. 0.5mm　　C. 0.2mm　　D. 1mm

答案：A。

12. 百分表指针在原始位置时应在测杆位置的(　　)。

A. 左边30°～90°　　B. 左边15°～20°　　C. 右边15°～20°　　D. 右边30°～90°

答案：A。

13. 数显式百分表示值漂移在任意位置时1小时内应不大于(　　)。

A. 分辨力　　B. 0.01mm　　C. 0.05mm　　D. 0.1mm

答案：A。

14. 百分表检定环境室内温度应不超于20℃的(　　)。

A. ±2　　B. ±5　　C. ±10　　D. ±15

答案：C。

15. 百分表的测量头表面粗糙度用(　　)检定。

A. 手感　　B. 干涉显微镜　　C. 光切显微镜　　D. 表面粗糙度样块

答案：D。

16. 百分表测力，使用测力仪在百分表(　　)位置进行检定。

A. 末端　　B. 始端　　C. 中端　　D. 始、中、末端

答案：D。

17. 百分表的检定周期为(　　)。

A. 半年　　B. 三个月　　C. 两年　　D. 一年

答案：D。

18. 检定指示类量具的室内温度应为（20±10)℃，每小时温度变化不大于(　　)。

A. 2℃　　B. 8℃　　C. 5℃　　D. 10℃

答案：A。

19. 内径百分表的测量范围是通过更换(　　)来确定的。

A. 表盘　　B. 检验杆　　C. 长指针　　D. 可换测头

答案：D。

20. 测量前，需调整内径百分表的(　　)

A. 百位　　B. 个位　　C. 十位　　D. 零位

答案：D。

21. 杠杆表指针末端及表盘刻线宽度为(　　)。

A. 0. 10~0. 20mm　　B. 0. 15~0. 25mm　　C. 0. 12~0. 20mm　　D. 0. 15~0. 30mm

答案：A。

22. 深度百分表的示值误差不应大于(　　)。

A. 12μm　　B. 10μm　　C. 14μm　　D. 16μm

答案：A。

23. 深度百分表的示值变动性不应大于(　　)。

A. 5μm　　B. 4μm　　C. 3μm　　D. 8μm

答案：A。

24. 指示表（百分表、千分表）钢测头测量面的表面粗糙度 Ra 应不超过(　　)。

A. 0. 1μm　　B. 0. 2μm　　C. 0. 05μm　　D. 0. 3μm

答案：A。

25. 指示表（百分表、千分表）测杆受径向力对示值影响的检定所用的检定器具是(　　)。

A. 半径为 10mm 半圆柱侧块　　B. 尺寸为 10mm 五等量块

C. 径向力工具　　D. 半径为 35mm 半圆柱侧块

答案：A。

26. 千分表大指针的末端应盖住表盘短刻线长(　　)。

A. 20%~80%　　B. 30%~70%　　C. 30%~80%　　D. 40%~80%

答案：C。

27. 表盘刻度型式为 50 或 100 个分度的指示表（百分表）大指针末端上表面至表盘刻度面之间的距离应不超过(　　)。

A. 0. 9mm　　B. 0. 7mm　　C. 1. 2mm　　D. 1. 5mm

答案：B。

28. 下列关于百分表的测量范围不正确的是(　　)。

A. 0~4mm　　B. 0~3mm　　C. 0~5mm　　D. 0~10mm

答案：A。

29. 杠杆式卡规的测量面的平面度应不大于(　　)。

A. 0.3μm　　B. 0.6μm　　C. 1.0μm　　D. 1.5μm

答案：A。

30. 杠杆百分表的回程误差，1 级不超过（　　）。

A. 3μm　　B. 2μm　　C. 1μm　　D. 4μm

答案：A。

31. 0~10mm 百分表的回程误差应不超过（　　）。

A. 3μm　　B. 2μm　　C. 1μm　　D. 5μm

答案：A。

32. 0~1mm 千分表的回程误差应不超过（　　）。

A. 2μm　　B. 1μm　　C. 3μm　　D. 5μm

答案：A。

33. 杠杆千分表的回程误差应不超过（　　）。

A. 3μm　　B. 2μm　　C. 1μm　　D. 5μm

答案：A。

34. 测量范围 0~3mm 的百分表，测杆总行程至少应超过工作行程终点（　　）。

A. 0.3mm　　B. 0.2mm　　C. 0.1mm　　D. 0.4mm

答案：A。

35. 测量范围为 0~5mm 和 0~10mm 的百分表，至少应超过行程终点（　　）。

A. 0.5mm　　B. 0.3mm　　C. 0.1mm　　D. 1.0mm

答案：A。

36. 杠杆卡规在检定示值误差时，对每受检点应至少按动拨动器（　　）次，取其读数的平均值测得值。

A. 1　　B. 2　　C. 3　　D. 4

答案：C。

37. 杠杆或卡规调到零位，卡规处于任意方位，指针位置应（　　）。

A. 不变　　B. 左偏 1 格　　C. 右偏 1 格　　D. 左右摆动

答案：A。

38. 杠杆千分表在任意 0.02mm 范围内的示值误差不超过（　　）。

A. 4μm　　B. 3μm　　C. 2μm　　D. 5μm

答案：A。

39. 杠杆百分表的回程误差应不超过（　　）。

A. 5μm　　B. 6μm　　C. 8μm　　D. 10μm

答案：A。

40. 0~3mm 百分表的示值误差不应大于(　　)。

A. 14μm　　B. 12μm　　C. 10μm　　D. 16μm

答案：A。

41. 0~5mm 百分表的最大允许误差不应大于(　　)。

A. 16μm　　B. 12μm　　C. 14μm　　D. 10μm

答案：A。

42. 指示表（百分表、千分表）合金测头测量面的表面粗糙度 Ra 应不超过(　　)。

A. 0. 2μm　　B. 0. 1μm　　C. 0. 05μm　　D. 0. 3μm

答案：A。

43. 杠杆式卡规的测量面的平面度应不大于(　　)。

A. 0. 3μm　　B. 0. 6μm　　C. 1. 0μm　　D. 1. 5μm

答案：A。

44. 内径千分表的示值误差受检点是每隔(　　)检一点。

A. 0. 05mm　　B. 0. 02mm　　C. 0. 1mm　　D. 0. 01mm

答案：A。

45. 内径量表示值误差是在工作行程(　　)进行检定。

A. 回程　　B. 反向

C. 正、反向　　D. 正向（测头压缩）

答案：D。

46. 杠杆百分表，在任意 0. 1mm 范围内的示值误差不超过(　　)。

A. 8μm　　B. 12μm　　C. 5μm　　D. 6μm

答案：A。

47. 检定钢球式内径百分表示值误差时，对所有钢球测头，(　　)应进行详细的逐点检定。

A. 每 1 个　　B. 每 3 点　　C. 每 5 点　　D. 每 6 点

答案：A。

48. 检定涨簧式内径百分表，对所有涨簧测头，只要取其中一个作详细的逐点检定，其他测头只需检定其(　　)即可。

A. 测量上限　　B. 测量下限

C. 中间值　　D. 测量上限和测量下限尺寸

答案：D。

49. 指示表在整个示值误差检定过程中，中途不得改变测杆的移动方向，也不应对受检表和检定仪做任何调整。从而决定反行程误差的正负号和正行程的(　　)。

A. 相反　　B. 不同　　C. 相同　　D. 以上均不正确

答案：C。

50. 百分表的示值误差是在正反行程的方向上每间隔(　　)进行检定。

A. 10 个分度　　B. 15 个分度　　C. 20 个分度　　D. 5 个分度

答案：A。

51. 千分表是在正反行程的方向上每间隔(　　)进行检定。

A. 50 个分度　　B. 15 个分度　　C. 10 个分度　　D. 20 个分度

答案：A。

52. 在检定指示表示值误差时，检定仪移动规定分度后，在指示表上读取各点相应误差值，直到工作行程终点，继续压缩测杆，使指针转过(　　)，接着进行反向检定。

A. 10 个分度　　B. 15 个分度　　C. 20 个分度　　D. 50 个分度

答案：A。

53. 指示表的测力用分度值不大于(　　)的测力计进行测定。

A. 0. 1N　　B. 0. 3N　　C. 0. 2N　　D. 0. 4N

答案：A。

54. 指示表的测力，用测力计在指示表工作行程的(　　)三个位置上检定。

A. 上、中、下　　B. 左、中、右

C. 前、中、后　　D. 零刻度、中点和工作行程中点附近

答案：D。

55. 指示表的测力，正行程检定完后继续使指针转过约(　　)个分度，再进行反行程检定。

A. 3　　B. 10　　C. 5　　D. 20

答案：C。

56. 杠杆千分尺指示表调零范围应不小于(　　)个分度，指针末端上表面到表盘刻线面的距离应不超过 0. 7mm。

A. ±3　　B. ±10　　C. ±5　　D. ±20

答案：C。

57. 使用中的杠杆百分表，其测力为 0. 2~0. 5N，测杆的扭力为(　　)。

A. 3~8N　　B. 2~8N　　C. 2~5N　　D. 3~10N

答案：A。

6.6.3 多项选择题

1. 分度值为0.05mm，读数可以为多少，正确的有(　　)。

A. 0.95mm　　B. 1.9mm　　C. 1mm　　D. 1.95mm

答案：AD。

2. 分度值为0.02mm，读数可以为(　　)。

A. 0.955mm　　B. 0.98mm　　C. 1.02mm　　D. 1.00mm

答案：BCD。

3. 关于百分表的维护保养不正确的是(　　)。

A. 定期拆卸擦拭内部零件　　B. 定期向齿轮涂抹防锈油

C. 定期用汽油清洗表玻璃　　D. 严禁用油擦拭百分表内部齿轮

答案：ABC。

4. 计量标准考核的原则为(　　)。

A. 执行考核规范的原则　　B. 逐项进行考评的原则

C. 考评员考评的原则　　D. 现场考核及时考核的原则

答案：ABC。

5. 关于百分表的修理，正确的是(　　)。

A. 调整指针　　B. 清洁齿轮　　C. 清洁表蒙　　D. 在游丝上上油

答案：ABC。

6. 在示值检定过程中，除了正行程到达受检刻度段终点须改变行程外，中途不能(　　)，否则对示值误差将造成很大影响。

A. 改变测杆移动方向　　B. 回零

C. 测量回程　　D. 反复测量某一点

答案：ACD。

7. 下面百分表的使用错误的包括(　　)。

A. 用百分表测量表面粗糙或有显著凹凸不平的零件

B. 不能使用百分表测量表面粗糙或有显著凹凸不平的零件

C. 用百分表测量尖状零件

D. 用百分表测量不规则物体

答案：ACD。

8. 力矩单位“牛顿米”，用计量单位符号表示，下列中正确的包括(　　)。

A. m · N　　B. mN　　C. Nm　　D. N · m

答案：CD。

9. 下列有关测量仪器的说法中，正确的有(　　)。

A. 用于测量以获得被测对象量值的大小

B. 既可以是实物量具也可以是测量系统

C. 既可用于科学研究也可用于生产活动

D. 测量仪器只有经过计量机构检定校准方可使用

答案：ABC。

6.6.4 简答题

1. 指示表检定后出具的证书一般有哪两种？

答案：检定证书和检定结果通知书。

2. 指示表按照分度值一般分为哪两类？

答案：百分表和千分表。

3. 指示表检定的环境要求是什么？

答案：环境温度（20±10)℃，相对湿度≤80%。

4. 杠杆表指针末端宽度是如何规定的？

答案：杠杆表指针末端宽度为0.10~0.20mm。

5. 大量程百分表表盘刻线宽度是如何规定的？

答案：杠杆表表盘刻线宽度为0.15~0.25mm。

6. 内径百分表的示值误差要求是什么？

答案：内径百分表的示值误差不应大于12μm。

7. 指示表（百分表、千分表）钢测头测量面的表面粗糙度Ra要求是什么？

答案：应不超过0.1μm。

8. 指示表（百分表、千分表）测杆受径向力对示值影响的检定所用的检定器具要求是什么？

答案：用半径为10mm半圆柱侧块。

9. 指示表按结构形式分为哪几种？

答案：指针式和数显式。

10. 指示表的测杆在自由位置时，指针零刻线的要求是什么？

答案：指示表的测杆在自由位置时，调整刻度盘零线和测杆轴线重合，指针处于零刻线逆时针方向的30°~90°范围内。

11. 0.01mm的指针式指示表行程要求是什么？

答案：指针式指示表的行程应超过其测量范围上限，当指示表的测量上限不大于 3mm 时，其行程超过量不小于 0.3mm；当指示表的测量上限在 3~10mm 范围内时，其行程超过量不小于 0.5mm。

12. 数显式指示表行程要求是什么？

答案：数显式指示表应超过测量范围上限，超过量不小于 0.5mm。

13. 分度值为 0.01mm、量程为 3mm 的指针式指示表的最大允许误差要求是什么？

答案：任意 0.1mm 内其最大示值误差不大于 0.005mm；任意 1mm 内其最大示值误差不大于 0.010mm；全量程内其最大示值误差不大于 0.014mm。

14. 分度值为 0.01mm、量程为 5mm 的指针式指示表的最大允许误差要求是什么？

答案：任意 0.1mm 内其最大示值误差不大于 0.005mm；任意 1mm 内其最大示值误差不大于 0.010mm；全量程内其最大示值误差不大于 0.016mm。

15. 分度值为 0.01mm、量程为 10mm 的指针式指示表的最大允许误差要求是什么？

答案：任意 0.1mm 内其最大示值误差不大于 0.005mm；任意 1mm 内其最大示值误差不大于 0.010mm；全量程内其最大示值误差不大于 0.020mm。

16. 分度值为 0.01mm、量程为 10mm 的指针式指示表的回程误差要求是什么？

答案：不应大于 0.003mm。

17. 数显式指示表的示值漂移要求是什么？

答案：数显式指示表的测杆在任意位置时，1 小时内的示值漂移不大于其分辨力。

18. 工作行程为 10mm、分度值为 0.01mm 的指针式指示表的检定间隔要求是什么？

答案：首次检定时，检定间隔为 0.1mm；后续检定时，检定间隔为 0.2mm。

19. 工作行程为 5mm、分度值为 0.001mm 的指针式指示表的检定间隔要求是什么？

答案：首次检定时，检定间隔为 0.05mm；后续检定时，工作行程为 0~1mm 时，检定间隔为 0.05mm，工作行程为 1~5mm 时，检定间隔为 0.1mm。

20. 指示表（分度值为 0.01mm）任意 0.1mm 的示值误差如何确定？

答案：由全量程正行程范围内任意相邻两点误差之差的最大值确定。

21. 指示表（分度值为 0.01mm）任意 1mm 的示值误差如何确定？

答案：由正行程范围内任意 1mm 段所得误差中的最大值与最小值之差的最大值确定。

22. 指示表测量头的表面粗糙度检定方法是什么？

答案：用表面粗糙度比较样块进行比较检定。

23. 指示表的行程检定方法是什么？

答案：用试验和目力观察进行。

24. 常见的大量程百分表有哪些量程？

答案：0~30mm、0~50mm、0~100mm。

25. 大量程百分表的检定周期是多少？

答案：一般不超过1年。

6.6.5 计算题

1. 有一指针式指示表，分度值为0.01mm，量程为10mm，请问首次检定中，共需要设定检定多少个点？共需要检定多少个数据？

答案：

在首次检定中，分度值为0.01mm的指示表，其检定间隔为0.1mm，故正行程需要设定的检定点为：10mm/0.1mm=100，由于检定过程需要正反行程，故需要检定数据100×2=200个。

2. 有一指针式指示表，分度值为0.01mm，量程为5mm，请问后续检定中，共需要设定检定多少个点？共需要检定多少个数据？

答案：

在后续检定中，分度值为0.01mm的指示表，其检定间隔为0.2mm，故正行程需要设定的检定点为：5mm/0.2mm=25个，由于检定过程需要正反行程，故需要检定数据25×2=50个。

3. 有一数显式指示表，分度值为0.01mm，量程为10mm，请问后续检定中，共需要设定检定多少个点？共需要检定多少个数据？

答案：

在后续检定中，分度值为0.01mm的数显指示表，其检定间隔为0.2mm，故正行程需要设定的检定点为：10mm/0.2mm=50个，由于检定过程需要正反行程，故需要检定数据50×2=100个。

4. 有一数显式指示表，分度值为0.001mm，量程为3mm，请问后续检定中，共需要设定检定多少个点？共需要检定多少个数据？

答案：

在后续检定中，分度值为0.001mm的数显指示表，当在0~1mm段内时，其检定间隔为0.02mm，故此段正行程需要设定的检定点为：1mm/0.02mm=50个；当在1~3mm段内时，其检定间隔为0.05mm，故此段正行程需要设定的检定点为：2mm/0.05mm=40个；由于检定过程需要正反行程，故需要检定数据(50+40)×2=180个。

5. 有一数显式指示表，分度值为0.001mm，量程为5mm，请问后续检定中，共需要设定检定多少个点？共需要检定多少个数据？

答案：

在后续检定中，分度值为 0.001mm 的数显指示表，当在 0~1mm 段内时，其检定间隔为 0.02mm，故此段正行程需要设定的检定点为：1mm/0.02mm = 50 个；当在 1~3mm 段内时，其检定间隔为 0.05mm，故此段正行程需要设定的检定点为：2mm/0.05mm = 40 个；当在 3~5mm 段内时，其检定间隔为 0.5mm，故此段正行程需要设定的检定点为：2mm/0.5mm = 4 个；由于检定过程需要正反行程，故需要检定数据（50+40+4）×2 = 188 个。

第 7 章　数字多用表计量

7.1　数字多用表计量基础知识

7.1.1　数字多用表计量术语

（1）示值误差：数字多用表的显示值与校准仪输出的标准值之差值。

（2）最大允许误差：技术规范、规程、说明书中规定的测量器具的允许误差极限值。

（3）检定：由法定计量技术机构确定并证实测量器具是否完全满足规定要求而做的全部工作。

（4）校准：在规定条件下，为确定计量器具示值误差的一组操作。是在规定条件下，为确定计量仪器或测量系统的示值，或实物量具或标准物质的值，与相对应的被测量的已知值之间关系的一组操作。

（5）显示位数：数字仪表最多能显示的位数，能够显示 1～9 所有数字的位数称为 1 位，只能显示 0 或 1 两个数字的位数称为半位，如 $3^{1/2}$ 位数字多用表能显示的最大数字是 1999，$4^{1/2}$ 位数字多用表能显示的最大数字是 19999。

（6）分辨力：能够显示的被测量值的最小变化值。对数字式显示装置而言，就是当变化一个最小有效数字时，其示值的变化。分辨力用被测量的最小增量值表示。如若 $6^{1/2}$ 位直流数字电压表的最小量程为 100mV，则它的分辨力为 0.1μV。分辨力是准确度的先决条件，分辨力引入的测量不确定度与其允许误差极限的比一般应小于 1/5。

（7）量程：标称范围两极限值之差的模。例如对从 -10V 到 +10V 的标称范围，其量程为 20V。

（8）测量范围：使测量器具的误差处在规定极限范围内的一组被测量的值，也叫工作范围。误差是按约定真值确定的。

（9）标称值：表明测量器具的特性并用于指导其使用的量值。

（10）周期校准：根据校准规程要求，按照一定的时间间隔和规定程序，对计量器具定期进行的一种校准。

7.1.2　数字多用表简介

1. 数字多用表概述

所谓数字仪表，就是将被测的连续量自动地转换成离散量，然后进行数字编码，并将测量结果以数字形式进行显示的电测仪表。许多物理量是随着时间而连续变化的，这些随时间连续变化的量叫“模拟量”。数字仪表是以数字显示的，而数字是一种“离散量”（数字量）。因此，必须有一种把模拟量转换为数字量的转换器，一般称为模-数转换器（即 A/D 转换器）。只有通过 A/D 转换器才能实现对模拟量的数字化测量。所以，数字仪表也可以理解为 A/D 转换器加电子计数器，其核心为 A/D 转换器。

数字电压表（简称 DVM）出现于 21 世纪初，它的出现不仅是电压表发展史上的一件大事，而且也是电子测量技术的一项重大突破。它的出现，一方面是由于电子计算机的应用逐渐推广到系统的自动控制及实验研究的领域，提出了将各种被测量或被控制量转换成数码的要求，即为了实现控制和数据处理的需要；另一方面，也正是由于电子计算机的发展，带动了数字技术的进步，为数字化仪表的出现提供了条件。所以，数字仪表的产生和发展是与电子计算机的发展密切相关的。

数字多用表是在数字电压表基础上发展起来的数字仪表，以数字形式显示测量结果，测量直流电压、电流，交流电压、电流以及直流电阻，所有量值直接读出。数字多用表按结构可以分为台式数字三用表和手持式数字三用表；按其位数还可以划分为 3 位半数字多用表、4 位半数字多用表等。

2. 数字多用表的分类

数字多用表可根据量程、用途、使用场合等进行详细分类。

1）按照量程转换方式分类

数字多用表按照量程转换方式可分为手动量程数字多用表和自动量程数字多用表等。

（1）手动量程

手动量程数字多用表只能依靠手动操作切换量程和功能，一般价格较低，但操作比较复杂，若量程、功能等选择不合适，很容易使仪表过载或烧坏。

（2）自动量程

自动量程数字多用表可根据输入量值自动选择量程和功能，大大简化了操作步骤，可有效避免过载，有些性能优异的自动量程数字多用表可自动选择最佳量程，从而提高了测量准确度与分辨力，通常自动量程数字多用表的价格较高。

2）按照功能用途分类

数字多用表按照功能用途可分为简单型数字多用表、多功能型数字多用表、智能型数字多用表、多重显示数字多用表、专用数字多用表等。

（1）简单型数字多用表

简单型数字多用表一般指 $3^{1/2}$ 位以下的普及型仪表，功能比较简单，价格较便宜，与指针式万用表相当。典型产品有 DT810 型、DT830C 型、DT830D 型等。

（2）多功能型数字多用表

多功能型数字多用表主要包括多用途型、多位数型和语音功能型数字多用表。多用途型数字多用表一般设有电容挡、测温挡、频率挡，有的还增加了高阻挡和电导挡，典型产品有 DT890C、DT890C+型 $3^{1/2}$ 位数字多用表。$4^{1/2}$ 位以上的数字多用表可统称为多位数型数字仪表，准确度较高，功能较全，适合实验室测量用，典型产品有 DT930F 型、DT980 型、DT1000 型 $4^{1/2}$ 位手持式数字多用表，VC8045 型 $4^{1/2}$ 位台式数字多用表，Agilent34401A 型 $6^{1/2}$ 位台式数字多用表。语音功能型数字多用表内含语音合成电路，在显示数字的同时还能用语音播报测量结果，典型产品有 VC93 型 $3^{1/2}$ 位数字多用表等。

（3）智能型数字多用表

智能型数字多用表主要分为中档和高档智能型数字多用表。中档智能型数字多用表一般采用 4 位单片机，带 RS-232 接口，典型产品有 BY1941A 型 $4^{1/2}$ 位数字多用表。高档智能数字多用表一般内含 8~16 位单片机，具有数据处理、自动校准、故障自检等多种功能，典型产品有 HP3458A、FLUKE8588A 型 $8^{1/2}$ 位台式数字多用表。

（4）多重显示数字多用表

多重显示数字多用表一般分为双显示和多显示数字多用表。双显示数字多用表的特点是在 $3^{1/2}$ 位数显的基础上增加了模拟条图显示器，后者能迅速反映被测量的变化过程及变化趋势，典型产品有 DT960T 型、EDM81B 型数字多用表。多显示数字多用表是在双显示数字多用表的基础上发展而成的，它能同时显示三组或三组以上的数据（例如最大值、最小值、即时值、平均值），典型产品有美国 FLUKE 公司生产的 87 型、88 型数字多用表。

（5）专用数字多用表

专用数字多用表指有一些专用测量功能的数字仪表，如 DM6243 型数字电感电容表、DM6902 型数字温度计、3210 型数字钳形表等。

3）按照使用场合分类

数字多用表按照使用场合一般可分为实验室数字多用表、台式/系统数字多用表、手持式数字多用表等。

（1）实验室数字多用表

实验室数字多用表通常是五功能的数字多用表，能测量直流电压、交流电压、直流电流、交流电流、电阻等，通常具有最高等级的准确度和分辨率。它们能显示多达 $8^{1/2}$ 位的测量读数，并且通常能通过其 IEEE-488 总线兼容的系统接口，用闭环的方法自动进行校准。数字多用表测量直流电压、直流电流和电阻的原理基本类似，测量交流电压和交流电流的原理更加复杂。数字多用表显示的读数是按照理想正弦波的数值给出的，所以校准器输出的校准信号必须是纯正的正弦波量值。实验室数字多用表使用了当代最先进的技术和元件，如微处理器和计算机存储器芯片，能进行复杂的数学计算，如可储存数字多用表所有功能和所有量程的全部校正常数，可以不用打开数字多用表的机箱进行物理校正调整，就能够对数字多用表进行有效校准。

（2）台式/系统数字多用表

台式/系统数字多用表通常和实验室数字多用表一样，也具备相同的五种功能，但准确度和分辨率要低一些，通常为 $4^{1/2}$ 或 $5^{1/2}$ 位。这种数字多用表有些带有 IEEE-488 总线或者 RS-232 接口，对于无通信接口的数字多用表，传统上只能通过手动方法进行校准，但近两年来一些国防计量站利用主控计算机、机械臂和摄像头等设备开发出无通信接口的数字多用表自动校准系统，较好地解决了手动校准烦琐、易出错等问题。

（3）手持式数字多用表

手持式数字多用表是社会各行业领域应用最广泛、使用最频繁的数字仪表，一般包括五种主要的电学量，部分也有频率、通断检查、二极管测试、峰值电压测量和保持、停留时间、温度、电容和波形测量等特殊功能，通常具有 $3^{1/2}$ 位或者 $4^{1/2}$ 位的数字显示，有的还带有模拟读出指示及用于通断测量的蜂鸣声等功能。手持式数字多用表应用极为广泛，从复杂的电子电路测试到汽车等工具设备维修，从航空航天到工矿企业，从高精度测量到业余爱好者功能测试等，具有体积小、坚固耐用、使用电池工作便于携带等突出功能。

3. 数字多用表使用注意事项

1）工作条件注意事项

（1）严禁在高温、阳光直射、寒冷、潮湿、灰尘多的环境下使用或存放数字多用表，以免损坏液晶显示器和其他元器件。液晶屏长期处于高温环境下表面会发黑，会造成永久性损坏。潮湿环境则容易造成集成电路和印制电路板的漏电，使测量误差明显增大，甚至引发其他故障。

（2）不得随意打开仪表拆卸电路，以免造成人为故障或改变仪表的技术指标。有的仪表内部有屏蔽层或屏蔽罩，需注意其应接触良好，否则容易引入外界干扰，造成仪表跳数。

（3）如果开机后不显示任何数字，应首先检查9V叠层电池是否已失效，还需检查电池引线有无断线，电池夹是否接触牢靠。若显示出低电压标志符，应及时更换新电池。倘若仅最高位显示数字“1”，其他位均消隐，证明仪表已发生过载，应选择更高的量程。有些数字多用表带读数保持开关或者按键，平时应置于关断位置，以免影响正常测量。一些新型数字多用表增加了自动关机功能，当仪表停止使用或停于某一挡位的时间超过15min时，能自动切断电源，使仪表处于低功耗的“休眠”状态，而并非出现故障。此时只需重新启动电源即可恢复正常工作。

2）操作使用注意事项

（1）使用数字多用表时不得超过所规定的极限值。最高DCV（直流电压）挡的输入电压极限值为1000V，最高ACV（交流电压）挡则为700V或750V（有效值）。当被测交流电压上叠加有直流电压时，两者电压之和不得超过所用ACV挡的输入电压极限值。必要时可增加隔直电容器使直流分量无法进入仪表。

（2）数字多用表电压挡的输入阻抗很高，一般为10MΩ。当两支表笔开路时很容易从外界引入干扰信号，使仪表在低位上出现没有变化规律的数字，这属于正常现象。干扰源包括正在工作的电冰箱、空调机等家用电器以及空间电磁场、电火花。上述干扰均属于高内阻信号，只要被测电压源的内阻较低，干扰信号即可被短路，并不影响正常测量。

（3）测量交流电压时，应当用黑表笔接被测电压的低电位端（如被测信号源的公共地、机壳、220V交流电的零线端等），以消除仪表输入端对地分布电容的影响，减小测量误差。

（4）假如误用交流电压挡去测直流电压，或者用直流电压挡去测交流电压，仪表将显示“000”或在低位出现跳数现象。

（5）测量直流电压（或直流电流）时，仪表能自动判定并显示出电压（或电流）的极性，因此可不必考虑表笔的接法。

（6）测量大电流时须使用“10A”或“20A”插孔，该插孔未加保护装置，因此测量大电流的时间不允许超过10~15s，否则锰铜丝分流电阻发热后其电阻值改变，会影响读数的准确性。

（7）数字多用表的红表笔带正电，黑表笔带负电，这与指针式万用表电阻挡的极性恰好相反。测量有极性的元器件时，必须注意表笔的极性。

（8）用200Ω挡测量低阻时，应首先将表笔短路，测出两根表笔引线的电阻值，一般为0.1~0.3Ω，视仪表而定。每次测量完毕需将测量结果减去此值，才是实际电阻值。使用高电阻挡时表笔引线电阻可忽略不计。

（9）少数仪表增设了200MΩ高电阻挡，该挡存在1MΩ的零点误差。测量高电阻时应从读数中扣除初始值，才是实际电阻值。

（10）由于数字万用表电阻挡的测试电流很小，测量二极管、晶体管正向电阻时，要比使用指针式万用表电阻挡的测量值高出几倍甚至几十倍。此时建议改用二极管挡去测量PN结的正向压降以获得准确结果。

（11）测量电阻时两手不得碰触表笔的金属端或元件的引出端，以免引入人体电阻，影响测量结果。严禁在被测线路带电的情况下测量电阻。

（12）电导挡在开路时显示值为“000”，对应的被测电阻值为无穷大。测高电阻时，仪表插孔之间的漏电阻会影响测量结果。

（13）用电容挡测量电解电容器时，被测电容器的极性应与电容插座所标明的极性保持一致。测量之前必须将电容器放电，以免损坏仪表。

（14）利用数字多用表的频率挡测量频率时，被测信号电压的有效值应在50mV～10V范围内。必要时可增加一级前置放大器或者电压衰减器，使仪表输入电压符合上述条件。

（15）设计hFE（三极管电流放大倍数）挡时未考虑穿透电流（ICEO）的影响，在测量穿透电流较大的锗晶体管时，测量值会偏高。

（16）由于欧美国家大多采用60Hz交流电，因此进口数字多用表抗60Hz干扰的能力强，而对50Hz干扰的抑制能力较差。必要时可调整单片A/D转换器的时钟频率，使之恰好等于50Hz的整倍数。

（17）数字多用表发生故障后应参照实际电路进行检修，或送给有经验的技术人员修理。修理完毕，需要对仪表重新进行校准。

7.2　数字多用表计量标准装置

7.2.1　测量标准装置概述

以下介绍三种型号的测量标准装置：JH-3C型多功能校准仪、DO30-3型多功能校准仪、JH-50型交直流标准源。

1. JH-3C型多功能校准仪简介

1）实物示意

本测量标准装置由JH-3C型多功能校准仪（以下简称校准仪）及其附件组成，多功能校准仪实物图如图7-1所示。

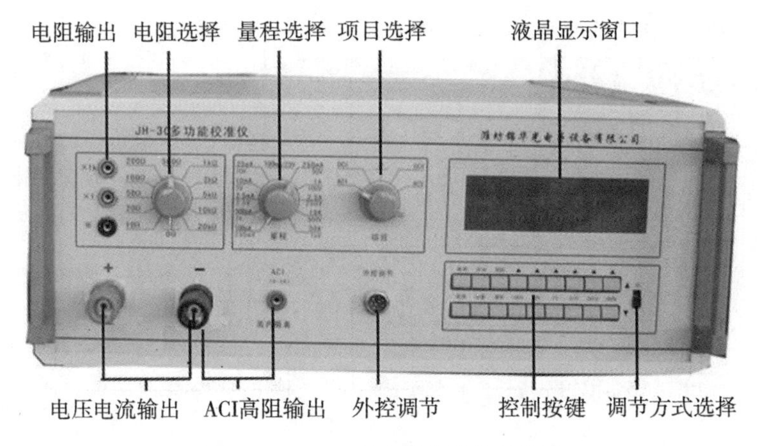

图 7-1 JH-3C 多功能校准仪实物图

2）功能简介

JH-3C 型多功能校准仪是一种大屏幕 LCD 显示的数字式交直流标准电压、电流发生器，整机采用“闭环”控制，输出稳定度高，可用于校准各种数字式、指针式三用表及直流 0.2 级、交流 0.5 级以下各类表头。

校准仪电压输出 11 挡（0～1000V），电流输出 11 挡（0～50A），输出电阻 11×2 挡（10Ω～20MΩ），输出交流频率 50Hz、60Hz、400Hz、1kHz。以上项目及量程变换均通过内部精密开关转换，LCD 窗口同时显示输出实际值、百分比值、量限、误差。可选择被检表的量限值，并可根据被检表的刻度选择步长。输出调节可采用“按位”调节，也可采用“百分比”调节。

2. DO30-3 型多功能校准仪简介

1）实物示意

本测量标准装置由 DO30-3 型数字式多功能校准仪（以下简称校准仪）及其附件组成，多功能校准仪实物图如图 7-2 所示。

2）功能简介

DO30-3 型数字式多功能校准仪是一种大屏幕 LED 显示的数字式交直流标准电压、电流发生器，整机采用“闭环”控制，输出稳定度高，可用于校准各种数字式、指针式三用表及直流 0.2 级、交流 0.5 级以下各类表头。

本校准仪电压输出 11 挡（0～1000V），电流输出 11 挡（0～50A），输出电阻 11×2 挡（10Ω～20MΩ），交流频率 50Hz、50Hz（同步）、60Hz、400Hz、1kHz（数字合成，按键选

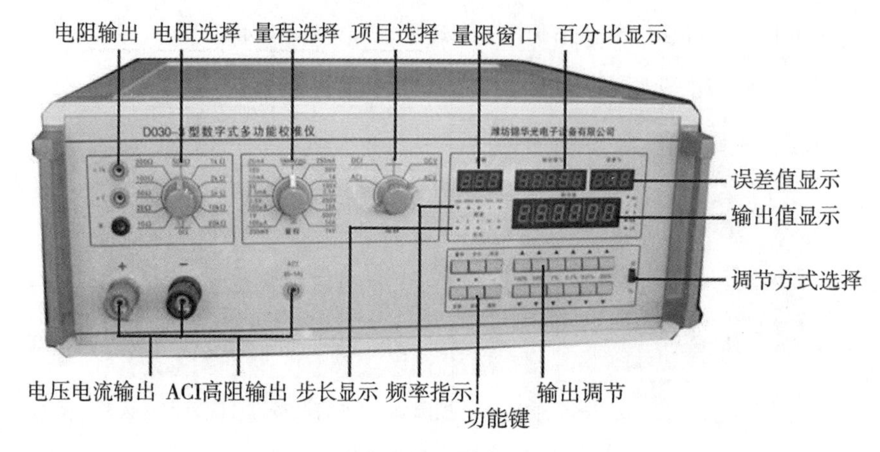

图 7-2　DO30-3 多功能校准仪实物图

择)，以上项目及量程变换均通过内部精密开关转换。四窗口同时显示输出实际值、百分比、量程、误差。可选择指针式三用表的量程值，并可根据指针式三用表的刻度选择步长。输出调节既可采用“按位”调节，也可采用“百分比”调节。

3. JH-50 型交直流标准源简介

1）实物示意

本测量标准装置由 JH-50 型交直流标准源（以下简称标准源）及其附件组成，交直流标准源实物图如图 7-3 所示。

2）功能简介

JH-50 型交直流标准源是一种 LED $5^{1/2}$位数字式交直流标准电压、电流发生器，整机采用“闭环”控制，输出稳定度高，可用于校准数字式、指针式三用表及交直流 0.5 级以下各类表头。

标准源电压输出 11 挡（0~1000V），电流输出 11 挡（0~50A），交流频率 40~200Hz，调节细度 0.01Hz，以上项目及量程变换均通过内部精密开关转换。外置电阻盒输出电阻 11×2 挡（10Ω~20MΩ）。

7.2.2　测量标准装置使用注意事项

1. JH-3C 型多功能校准仪使用注意事项

(1) JH-3C 型多功能校准仪开关机时，应将“项目”旋钮置于“0”位置。

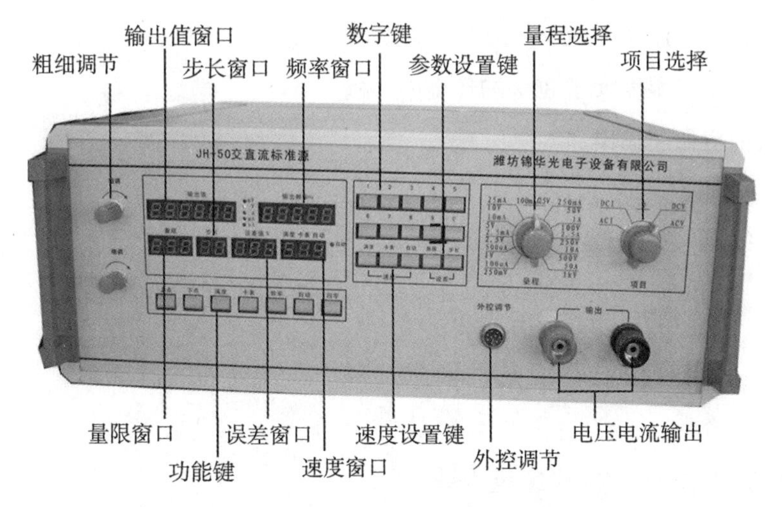

图 7-3 JH-50 型交直流标准源实物图

(2) 有输出时，严禁转动各种旋钮。

(3) 校准交流项目时，严禁在输出情况下切换频率。

(4) 最大输出电压达 1000V，操作时应注意人身安全。

(5) 严禁在相对湿度大于 80%的环境中开机。

(6) 关机前应切断输出。

2. DO30-3 型多功能校准仪使用注意事项

(1) DO30-3 型多功能校准仪开关机时，应将“项目”旋钮置于“0”位置。

(2) 有输出时，严禁转动各种旋钮。

(3) 校准交流项目时，严禁在输出情况下切换频率。

(4) 最大输出电压达 1000V，操作时应注意人身安全。

(5) 严禁在相对湿度大于 80%的环境中开机。

(6) 关机前应切断输出。

3. JH-50 型交直流标准源使用注意事项

(1) JH-50 型交直流标准源开关机时，应将“项目”旋钮置于“0”位置。

(2) 有输出时，严禁转动各种旋钮。

(3) 校准交流项目时，严禁在输出情况下切换频率。

(4) 当出现“超载”时，数码管显示“OVER”，进入保护状态，输出为零，此时请检查输出接线是否有误，待查明原因以后，重新进行测试。

（5）最大输出电压达1050V，操作时应注意人身安全。

（6）严禁在相对湿度大于80%的环境中开机。

（7）关机前应切断输出。

7.3 数字多用表计量校准

7.3.1 数字多用表校准环境条件要求

1. 数字多用表校准工作环境要求

（1）温度：(20±2)℃。

（2）相对湿度：≤75%。

（3）测量标准装置电源电压：（220±22）V，（50±1）Hz。

（4）周围无强电磁场干扰和机械振动。

2. 设备连接和通电要求

（1）将220V电源线与校准仪电源插孔连接。

（2）将校准仪“项目”旋钮置于“0”位置，其他转换开关置于任意位置，按下校准仪后面的电源开关，启动校准仪。

（3）工作前应开机预热30分钟。

3. 校准项目

数字多用表周期校准项目主要包括外观及附件的检查、工作正常性的检查、示值误差的校准和直流分辨力的检查等。

7.3.2 数字多用表校准步骤

按照数字多用表校准规范规定的校准内容，以VC9801A+型数字多用表为例，详细叙述其校准步骤和方法，其他型号数字多用表以及各种数字式交直流电压表、交直流电流表、数字式欧姆表的校准步骤和方法与此相似，按照各种型号数字多用表及各种数字表头对应的原始记录提供的校准点进行校准。

1. 外观及附件的检查

（1）数字多用表外形结构完好，面板指示、读数机构、制造厂、仪表编号、型号等均应有明确标记。

（2）数字多用表是否有松动、机械损伤等，附件、输入线、电源线是否齐全，开关旋钮是否能正常转动。

2. 工作正常性的检查

（1）接通数字多用表，观察显示屏，发现显示屏有低电压显示、显示数字跳动或屏幕亮度不稳等现象时，应打开电池盒，测量电池电压小于电池标称电压的90%时，应及时更换电池。

（2）数字多用表各开关、旋钮放于正确位置，输入信号的种类（如直流电压、交流电压、电阻、电流）一定要和数字多用表的测量功能相对应。

（3）数字多用表的量程和测量范围，从低量程到高量程依次输入适当的信号，检查手动、自动量程切换和工作是否正常。

（4）改变数字多用表输入信号，观察显示读数是否连续，有无叠字、不显示等现象。

（5）改变数字多用表输入信号极性，检查能否作+、-极性显示。

3. 示值误差的校准

1）直流电流挡

（1）连接数字多用表输入端口“mA，COM”，对应校准仪输出端口“+，-”。

（2）数字多用表切换到直流电流“20μA”挡位。

（3）校准仪“项目”旋钮转换到“DCI”位置，“量程”旋钮置于“100μA”位置，“调节方式选择”开关置于“位”位置。

（4）校准仪检查无误后，按“通断”键，输出显示器显示“通”。

（5）按动校准仪“输出值显示”显示窗口对应的上升键，缓慢地增加校准仪输出的电流值至“19μA”，读取数字多用表显示的读数，即为数字多用表的正极性显示值，并记录。

（6）按校准仪“通断”键，断开校准仪电流输出。

（7）调整数字多用表输入端口极性，重复上述(4)～(6)步骤，即为数字多用表的负极性显示值并记录。

（8）将数字多用表分别置于“200μA”“2mA”“20mA”“200mA”“2A”挡位，校准

仪“量程”旋钮分别置于“500μA”“2.5mA”“25mA”“250mA”“2.5A”位置，对应测量“190μA”“1.9mA”“2mA，10mA，19mA”“190mA”“1.9A”校准点，重复上述(4)～(7)步骤可获得校准数据并记录。

(9)连接数字多用表输入端口“20A，COM”，对应校准仪输出端口“+，-”。

(10)数字多用表切换到直流电流“20A”挡位。

(11)数字多用表置于“20A”挡位，校准仪“量程”旋钮置于“50A”位置，对应测量“10A”校准点，重复上述(4)～(7)步骤，即可获得校准数据并记录。

2)交流电流挡

(1)连接数字多用表输入端口“mA，COM”，对应校准仪输出端口“+，-”。

(2)数字多用表切换到交流电流“20mA”挡位。

(3)校准仪“项目”旋钮转换到“ACI”位置，“量程”旋钮置于“25mA”位置，“频率”键切换到“50Hz”位置；将“调节方式选择”开关置于“位”位置。

(4)校准仪检查无误后，按“通断”键，输出显示器显示“通”。

(5)按动校准仪“输出值显示”显示窗口对应的上升键，缓慢地增加校准仪输出的电流值至“19mA”，读取数字多用表显示的读数，即为数字多用表“19mA，50Hz”的显示值，并记录。

(6)按校准仪“通断”键，断开校准仪电流输出。

(7)分别调整校准仪“频率”键置于“60Hz”“400Hz”挡位，重复上述(4)～(6)步骤，即为数字多用表交流电流“20mA”挡位“19mA，60Hz”“19mA，400Hz”的显示值并记录。

(8)数字多用表分别置于“200mA”“2A”挡位，校准仪“量程”旋钮分别置于“250mA”“2.5A”位置，将频率键分别切换到“50Hz”“60Hz”“400Hz”位置；对应测量“20mA，100mA，190mA”“1.9 A”校准点，重复上述(4)～(7)步骤，即可获得校准数据并记录。

(9)连接数字多用表输入端口“20A，COM”，对应校准仪输出端口“+，-”。

(10)数字多用表切换到交流电流“20 A”挡位。

(11)数字多用表置于“20A”挡位，校准仪“量程”旋钮置于“50A”位置，对应测量“10A”校准点，重复上述(4)～(7)步骤，可获得校准数据并记录。

3)交流电压挡

(1)连接数字多用表输入端口“V，COM”，对应校准仪输出端口“+，-”。

(2)数字多用表切换到交流电压“2V”挡位。

(3)校准仪“项目”旋钮转换到“ACV”位置，“量程”旋钮置于“2.5V”位置，

“频率”键切换到“50Hz”位置，“调节方式选择”开关置于“位”位置。

（4）校准仪检查无误后，按“通断”键，输出显示器显示“通”。

（5）按动校准仪“输出值显示”显示窗口对应的上升键，缓慢地增加校准仪输出的电压值至“1.9V”，读取数字多用表显示的读数，即为数字多用表“50Hz”的显示值，并记录。

（6）按校准仪“通断”键，断开校准仪电压输出。

（7）分别调整校准仪“频率”键置于“60Hz”“400Hz”位置，重复上述（4）~（6）步骤，即为数字多用表“1.9V，60Hz”“1.9V，400Hz”的显示值并记录。

（8）数字多用表分别置于“20V”“200V”“750V”挡位，校准仪“量程”旋钮分别置于“25V”“250V”“1kV”位置，将频率键分别切换到“50Hz”“60Hz”“400Hz”位置；对应测量“19V”“20V，100V，190V”“740V”校准点，重复上述（4）~（7）步骤，即可获得校准数据并记录。

4）直流电压挡

（1）连接数字多用表输入端口“V，COM”，对应校准仪输出端口“+，−”。

（2）数字多用表切换到直流电压“200 mV”挡位。

（3）校准仪“项目”旋钮转换到“DCV”位置，“量程”旋钮置于“250mV”位置，“调节方式选择”开关置于“位”位置。

（4）校准仪检查无误后，按“通断”键，输出显示器显示“通”。

（5）按动校准仪“输出值显示”显示窗口对应的上升键，缓慢地增加校准仪输出的电压值至“190mV”，读取数字多用表显示的读数，即为数字多用表的正极性显示值，并记录。

（6）按校准仪“通断”键，断开校准仪电流输出。

（7）调整数字多用表输入端口极性，重复上述（4）~（6）步骤，即为数字多用表的负极性显示值并记录。

（8）数字多用表分别置于“2V”“20V”“200V”“1000V”挡位，校准仪“量程”旋钮分别置于“2.5V”“25V”“250V”“1kV”位置，对应测量“1.9V”“19V”“20V，100V，190V”“990V”校准点，重复上述（4）~（7）步骤可获得校准数据并记录。

5）直流电阻挡

（1）校准仪“项目转换”旋钮转换到“0”位置。

（2）数字多用表切换到电阻“200Ω”挡位。

（3）将校准仪“电阻选择”旋钮顺时针方向转换到“100Ω”位置。

（4）连接数字多用表输入端口“Ω，COM”，对应校准仪电阻输出端口（测量20kΩ

以下电阻时，连接数字多用表输入端口“Ω，COM”，对应校准仪电阻输出端口“×1，＊”。测量 20kΩ 以上电阻时，连接数字多用表输入端口“Ω，COM”，对应校准仪电阻输出端口“×1k，＊”）。

（5）读取数字多用表显示的读数，即为数字多用表电阻显示值，并记录。

（6）将校准仪“电阻选择”旋钮逆时针方向转换到“0”位置。

（7）数字多用表分别置于“2kΩ”“20kΩ”“200kΩ”“2MΩ”“200MΩ”挡位，校准仪“电阻选择”旋钮分别置于“0.2kΩ，0.5kΩ，1kΩ”“10kΩ”“100kΩ”“1MΩ”“100MΩ”位置，对应测量“0.2kΩ，0.5kΩ，1kΩ”“10kΩ”“100kΩ”“1MΩ”“100MΩ”校准点，重复上述（4）~（6）步骤可获得上述校准数据并记录。

6）直流分辨力的检查

数字多用表直流分辨力的检查：选择直流电压最小量程，选择 200mV 量程。

（1）数字多用表切换到直流电压挡相应量程位置。

（2）校准仪“项目”旋钮转换到“DCV”位置，“量程”旋钮置于“250mV”位置，“调节方式选择”开关置于“位”位置。

（3）校准仪检查无误后，按“通断”键，输出显示器显示“通”。

（4）按动校准仪“输出值显示”显示窗口对应的上升键，缓慢地增加校准仪输出的电压值至“190mV”，即为数字多用表的显示值，读出此时校准仪输出值为 U_1。

（5）微调校准仪的输出直流电压值，使数字三用表显示值在末位上变化一个字，读出此时校准仪输出值为 U_2，则两次输出值之差 $\Delta U = | U_2 - U_1 |$ 即为数字多用表直流分辨力，进行记录。

（6）按校准仪“通断”键，断开校准仪电压输出。

4. 校准结果的处理

1）示值误差的计算

示值误差按公式（7-1）计算：

$$\Delta_{示} = X_X - X_0 \tag{7-1}$$

式中：X_X——数字多用表的显示值；

X_0——校准仪输出的标准值。

2）最大允许误差的计算

最大允许误差按公式（7-2）计算：

$$\Delta_{最} = \pm (a\% X_X + b\% X_m + n) \tag{7-2}$$

式中：X_X——数字多用表的显示值；

X_m——数字多用表相应挡位满量程值；

a ——数字多用表显示值有关的误差系数（说明书给定）；

b ——数字多用表相应挡位满量程值有关的误差系数（说明书给定）；

n——固定项的字数。

3）结果判定

（1）判定公式

数字多用表的校准数据满足公式（7-3）的要求即判定合格，否则为不合格。

$$|\Delta_{示}| \leqslant |\Delta_{最}| \quad (7\text{-}3)$$

式中：$\Delta_{示}$——数字多用表校准点的示值误差；

$\Delta_{最}$——数字多用表校准点的最大允许误差。

（2）结论给定

数字多用表每个挡位所有校准点均合格的，出具校准证书，判定合格，粘贴合格证；如果有两个以下（含两个）挡位有不合格校准点的，出具校准证书，判定限用，并注明限用的挡位，粘贴限用证；如果有两个以上挡位有不合格校准点的，出具校准结果通知书，判定停用，粘贴停用证。

（3）计算实例

【例 1】 最大允许误差计算实例。

有一台 3 位半数字多用表，2V 量程示值误差为±（0.2% X_a+2 个字），X_a 为测量点，“字”为分辨力，试计算 2V 和 0.2V 点的最大允许误差。

计算过程：3 位半数字多用表，2V 量程满量程显示值为 1.999V，分辨力为 0.001V，1 个字就是 0.001V，2 个字就是 2×0.001V=0.002V。因此：

2V 点，$\Delta_{最} = \pm(0.2\% \times 2 + 0.002) = \pm 0.006V$；

0.2V 点，$\Delta_{最} = \pm(0.2\% \times 0.2 + 0.002) = \pm 0.0024V \approx \pm 0.003V$。

说明：2V 量程分辨力是 0.001V，0.2V 最大允许误差应保留与分辨力一致，最大允许误差数据修约时，舍去的位数不为 0 就要进位，因此 $\Delta_{0.2V}$ 为 ±0.003V。

【例 2】 校准点结果判定实例。

以上述 3 位半数字多用表为例，2V 量程在 2V 点的显示值为 1.998V，在 0.2V 点的显示值为 0.204，试判定此两点是否合格。

计算过程：

2V 点，$|\Delta_{示}| = (1.998-2)V = 0.002V \leqslant |\Delta_{最}| = 0.006V$，因此该点判定合格；

0.2V 点，$|\Delta_{示}| = (0.204-0.2)V = 0.004V \leqslant |\Delta_{最}| = 0.003V$，因此该点判定不合格。

5. 校准周期

数字多用表的复校时间间隔建议为 1 年。送校单位也可根据实际使用情况自主决定复校时间间隔。

7.4　电磁学计量基础知识习题及解答

7.4.1　填空题

1. 统一全国量值的最高依据是(　　)。

答案：计量基准。

2. 计量是实现(　　)，量值准确可靠的活动。

答案：单位统一。

3. 制定《中华人民共和国计量法》的目的，是为了保障国家(　　)的统一和量值的准确可靠。

答案：计量单位制。

4. (　　)是作为确定计量器具合格与否的法定性文件。

答案：计量检定规程。

5. 测量不确定度的评定方法分为(　　)。

答案：A 类和 B 类。

6. 计量的准确性是指测量结果与被(　　)的接近程度。

答案：测量真值。

7. 测量仪器准确度等级划分的主要依据是测量仪器示值的(　　)。

答案：最大允许误差。

8. 计量器具合格与否检定的依据是按法定程序审批公布的(　　)。

答案：计量检定规程。

9. 我国《计量法》规定，我国法定计量单位由两部分单位组成：(　　)和国家选定的其他计量单位。

答案：国际单位制计量单位。

10. 对检定结论为不合格的计量器具，应出具(　　)。

答案：检定结果通知书。

11. 依据计量检定规程进行非强制检定计量器具的相关部分的校准，出具的证书名称为(　　)。

答案：校准证书。

12. 计量技术机构进行计量检定必须配备(　　)。

答案：计量标准。

13. 测量误差按其性质可分为(　　)和系统误差。

答案：随机误差。

14. 由合成标准不确定度的倍数（一般为2~3倍）得到的不确定度称为(　　)。

答案：扩展不确定度。

15. 扩展不确定度用符号(　　)表示。

答案：U。

16. 时间的国际单位制的单位名称是(　　)。

答案：秒。

17. 电流的国际单位制的单位名称是(　　)。

答案：安培。

18. (　　)是反映实际电路器件耗能电磁特性的理想电路元件。

答案：电阻元件。

19. (　　)是反映实际电路器件储存磁场能量特性的理想电路元件。

答案：电感元件。

20. (　　)是反映实际电路器件储存电场能量特性的理想电路元件。

答案：电容元件。

21. 具有直流电压、直流电流、直流电阻、交流电压和交流电流测量功能的数字多用表的校准工作，依据性文件是中华人民共和国计量技术规范 JJF 1587—2016(　　)。

答案：《数字多用表校准规范》。

22. JJF 1587—2016《数字多用表校准规范》适用于具有直流电压、直流电流、直流电阻、交流电压和交流电流测量功能的(　　)的校准，也适用于具有上述单一测量功能或组合测量功能的仪表的校准。

答案：数字多用表。

23. 数字多用表适用于测量(　　)，并以十进制数字显示测量值的电子式多量限、多功能的测量仪表。

答案：电压、电流、电阻。

24. (　　)功能是数字多用表直流电流和直流电阻功能的基础。

答案：直流电压。

25. 数字多用表直流电流的测量是通过直流电流-电压变换器，将(　　)转换成电压量测量的方式来实现的。

答案：电流量。

26. 数字多用表直流电阻的测量是通过电阻-电压变换器，将(　　)转换成电压量测量的方式来实现的。

答案：电阻量。

27. 数字多用表按(　　)分为三位半、四位半、五位半、六位半、七位半、八位半等。

答案：显示位数。

28. 数字多用表的校准环境条件为，环境温度：(　　)；相对湿度：≤75%；交流供电电压：（220±22）V。

答案：(20±2)℃。

29. 数字多用表校准时，校准装置对应功能的最大允许误差绝对值（或不确定度）应不大于被校数字多用表相应功能最大允许误差绝对值的(　　)。

答案：1/3。

30. 根据 JJF 1587—2016《数字多用表校准规范》，数字多用表的校准项目包括：外观及通电检查、(　　)、直流电流的示值误差、直流电阻的示值误差、交流电压的示值误差、交流电流的示值误差。

答案：直流电压的示值误差。

31. 直接作用模拟指示直流和交流电流表、电压表、功率表和电阻表以及测量电流、电压及电阻的万用表的检定依据性文件是 JJG 124—2005 (　　)

答案：《电流表、电压表、功率表及电阻表检定规程》。

32. JJG 124—2005《电流表、电压表、功率表及电阻表检定规程》适用于直接作用模拟指示直流和交流电流表、电压表、功率表和电阻表以及测量电流、电压及电阻的(　　)的首次检定、后续检定和使用中检定。

答案：万用表。

33. 指针式万用表由(　　)和测量机构两部分组成。

答案：测量线路。

34. 指针式万用表的工作原理：当被测量通过测量线路变成测量机构所能接受的量时，该量驱动(　　)运动，从而指出被测量的大小。

答案：测量机构。

35. 由于驱动方式不同，常用指针式万用表可分为(　　)、电磁系、电动系、静电系及整流系等。

答案：磁电系。

36. 指针式万用表的准确度等级和(　　)相对应。

答案：最大允许误差。

37. 指针式万用表的基本误差在标度尺测量范围内所有分度线上，不应超过相对应的(　　)。

答案：最大允许误差。

38. 检定指针式万用表时，由标准器、辅助设备及环境条件等所引起的测量扩展不确定度（k 取 2）应小于被检表最大允许误差的(　　)。

答案：1/3。

39. 根据 JJG 124—2005《电流表、电压表、功率表及电阻表检定规程》规定，指针式万用表周期检定的检定项目包括：外观检查、(　　)、升降变差、偏离零位。

答案：基本误差。

40. 常用的指针式万用表的准确度等级主要包括 0.1 级、0.2 级、0.5 级、1.0 级、(　　)、2.0 级、2.5 级、5.0 级、10.0 级等。

答案：1.5 级。

7.4.2 单项选择题

1. 计量是实现(　　)，量值准确可靠的活动。

A. 量值传递　　B. 测量统一　　C. 定量确认　　D. 单位统一

答案：D。

2. 国家计量检定规程和国家计量检定系统表可用汉语拼音缩写表示，编号规则为(　　)。

A. 编号为 JJG××××-××××　　B. 编号为 JJF××××-××××

C. 编号为 GJB××××-××××　　D. 编号为 GB××××-××××

答案：A。

3. 国家计量技术规范如校准规程等可用汉语拼音缩写表示为(　　)。

A. JJG　　B. JJF　　C. GJB　　D. GB

答案：B。

4. 制定《中华人民共和国计量法》的目的，是为了保障国家(　　)的统一和量值的准确可靠。

A. 计量　　B. 单位　　C. 计量单位　　D. 计量单位制

答案：D。

5. 法定计量检定机构不得从事以下哪些行为(　　)。

A. 按计量检定规程进行计量检定

B. 开展授权的法定计量检定工作

C. 指派取得计量检定员证的人员开展计量检定工作

D. 使用超过有效期的计量标准开展计量检定工作

答案：D。

6. 一台数字电压表的技术指标描述规范的是(　　)。

A. ±（1×10^{-6}×量程 + 2×10^{-6}×读数）　　B. ±（1×10^{-6}×量程 ± 2×10^{-6}×读数）

C. ±1×10%×量程 ± 2×10^{-6}×读数　　D. 1×10^{-6}×量程 ± 2×10^{-6}×读数

答案：A。

7. 标准不确定度可用符号(　　)表示。

A. UP　　B. u　　C. U　　D. v

答案：B。

8. 扩展不确定度可用符号(　　)表示。

A. u_c　　B. U　　C. u　　D. v

答案：B。

9. 计量标准器具是指(　　)。

A. 标准低于计量基准的计量器具

B. 用以检定其他计量标准的计量器具

C. 准确度低于计量基准的计量器具

D. 准确度低于计量基准、用于检定其他计量标准或工作计量器具的计量器具

答案：D。

10. 对计量标准考核的目的是(　　)。

A. 确认准确度　　B. 对其稳定性进行考核

C. 评定其计量性能　　D. 确认其开展量值传递的资格

答案：D。

11. 法定计量单位是由(　　)承认、具有法定地位的计量单位。

A. 国家政策　　B. 政府计量行政主管部门

C. 政府机关　　D. 国家法律

答案：D。

12. 检定一台准确度等级为 2.5 级、上限为 100A 的电流表，发现在 50A 时的示值误

差为2A，且为各被检点示值误差中的最大值，该电流表检定结果的引用误差不大于(　　)。

A. −2.5%　　B. +4%　　C. +2%　　D. −2%

答案：C。

13. 国际单位制是在(　　)的基础上发展起来的一种一贯单位制。

A. 基本单位　　B. 导出单位　　C. 长度单位制　　D. 米制

答案：D。

14. 国际单位制的通用符号为(　　)。

A. SJ　　B. SI　　C. S　　D. SH

答案：B。

15. 我国的法定计量单位与国际上大多数国家一样，都是以(　　)为基础。

A. SI（国际单位制）　B. SI 导出单位　　C. SI 基本单位　　D. 非 SI

答案：A。

16. SI 导出单位是用 SI 基本单位以(　　)形式表示的单位。

A. 运算　　B. 数字　　C. 计算　　D. 代数

答案：D。

17. 下列单位符号中，属于国际单位制的 7 个基本量之一的是(　　)。

A. Hz　　B. mol　　C. T　　D. N

答案：B。

18. 法定计量单位的名称，一般指法定计量单位的(　　)。

A. 拉丁字母　　B. 英文名称　　C. 希腊字母　　D. 中文名称

答案：D。

19. 下列计量单位名称中，属于国际单位制 7 个基本单位之一的是(　　)。

A. 克　　B. 伏　　C. 摄氏度　　D. 坎德拉

答案：D。

20. 5.20 世界计量日是为了纪念(　　)。

A. 国际单位制的执行　　B. 国际法制计量局的成立

C. 国际法制计量组织的成立　　D.《米制公约》的签署

答案：D。

21. 电阻用色环表示时，黑色代表数字(　　)。

A. 2　　B. 1　　C. 0　　D. 3

答案：C。

22. 电阻用色环表示时，棕色代表数字(　　)。

A. 0　　B. 2　　C. 1　　D. 3

答案：C。

23. 电阻用色环表示时，紫色代表数字(　　)。

A. 6　　B. 8　　C. 7　　D. 9

答案：C。

24. 电容是一种常见的电子元件，它的符号用(　　)表示。

A. D　　B. C　　C. V　　D. I

答案：B。

25. 电阻是一种常见的电子元件，它的符号用(　　)表示。

A. D　　B. R　　C. V　　D. Ω

答案：B。

26. 电感是一种常见的电子元件，它的符号用(　　)表示。

A. D　　B. L　　C. V　　D. Ω

答案：B。

27. 以下哪个为电压单位(　　)。

A. A　　B. V　　C. S　　D. Pa

答案：B。

28. 期间核查是指(　　)。

A. 在检定周期内对计量标准进行检定或校准

B. 质量控制

C. 正常的检定、校准工作

D. 为了保证计量标准保持其检定、校准状态的可信度

答案：D。

29. 以标准装置中的计量标准器或其反映的参量名称作为命名标识，命名为(　　)。

A. 检定或校准+被检或被校计量器具名称+标准器组

B. 被检或被校计量器具或参量名称+检定或校准装置

C. 计量标准器名称+标准器（或标准器组）

D. 计量标准器或参量名称+标准装置

答案：D。

30. 以下(　　)属于质量体系文件。

A. 设备使用手册　　B. 人事管理制度　　C. 月出勤报表　　D. 作业指导书

答案：D。

7.4.3 多项选择题

1. 计量立法的宗旨是(　　)。

A. 加强计量监督管理，保障计量单位制的统一和量值的准确可靠

B. 有利于生产、贸易和科学技术的发展

C. 适应社会主义现代化建设的需要

D. 维护国家、人民的利益

答案：ABCD。

2. 计量检定规程可由以下部门制定，正确的是(　　)。

A. 国务院计量行政部门

B. 省、自治区、直辖市人民政府计量行政部门

C. 国务院有关主管部门

D. 企业

答案：ABCD。

3. 计量器具校准结果可出具相关证书报告，以下答案中正确的有(　　)。

A. 校准证书　　B. 校准报告　　C. 检测分析报告　　D. 检测后合格证书

答案：AB。

4. 检定一般可分为两类，正确的有(　　)。

A. 首次检定　　B. 修理后开展检定　　C. 后续检定　　D. 使用中检定

答案：AC。

5. 根据计量的作用与地位，计量可分为(　　)。

A. 科学计量　　B. 医学或化学计量　　C. 工程计量　　D. 法制计量

答案：ACD。

6. 计量的特点是(　　)。

A. 准确性　　B. 一致性　　C. 溯源性　　D. 法制性

答案：ABCD。

7. 国际单位制（SI）单位是由(　　)组成的。

A. SI 单位的倍数单位　　B. SI 基本单位

C. 具有专用名称 SI 导出单位　　D. 组合形式的 SI 导出单位

答案：ABCD。

8. 下列计量单位中，属于法定计量单位的有(　　)。

A. 公两、公钱、公吨　　B. 公升、立升

C. 公顷　　D. 公斤

答案：CD。

9. 以下表述中，不正确的是(　　)。

A. 220(1±10%)V　　B. 50±0.5Hz　　C. 10～11A　　D. 10～15%

答案：BCD。

10. 下列关于计量标准描述正确的是(　　)。

A. 计量标准是指准确度低于计量基准，用于检定或校准其他下一级计量标准或工作计量器具的计量器具

B. 计量标准的准确度应比被检定或被校准的计量器具的准确度高

C. 计量标准在我国量值传递（溯源）中处于中间环节，起着承上启下的作用

D. 并非只有单位最高计量标准才有资格开展量值传递

答案：ABCD。

11. 下列有关测量仪器的说法中，正确的是(　　)。

A. 用于测量以获得被测对象量值的大小

B. 既可以是实物量具也可以是测量系统

C. 既可用于科学研究也可用于生产活动

D. 测量仪器只有经过计量机构检定校准方可使用

答案：ABC。

12. 下列哪些是国家计量检定规程主要内容(　　)。

A. 计量性能要求　　B. 测量不确定度评定示例

C. 计量器具控制　　D. 通用技术要求

答案：ACD。

13. 检定工作完成后，经检定人员在原始记录上签字后交核验人员审核，以下选项描述的情况中，核验人员没有尽到职责的是(　　)。

A. 经核验人员检查，在检定规程中要求的检定项目都已完成，核验人员就在原始记录上签名

B. 核验人员发现数据和结论有问题，要求检定人员现场划改后，马上签字

C. 由于对检定人员的信任，核验人员即刻在原始记录上签名

D. 核验人员发现检定未依据最新有效版本的检定规程进行，原始记录中如实填写了老版本，核验人员要求检定员在原始记录中改写为新版本号后进行签字

答案：ABCD。

14. 下列关于计量标准的稳定性描述中，正确的是(　　)。

A. 若计量标准在使用中采用标称值或示值，则稳定性应当小于计量标准的最大允许误差的绝对值

B. 若计量标准需要加修正值使用，则稳定性应当小于计量标准修正值的扩展标准不确定度

C. 经常在用的计量标准，也要进行稳定性考核

D. 新建计量标准一般应当经过半年以上的稳定性考核，证明其所复现的量值稳定可靠后，方能申请计量标准考核

答案：ABCD。

15. 下列关于检定或校准证书报告的要求中，描述正确的是(　　)。

A. 有规定的格式，使用A4纸，用计算机打印

B. 术语规范，用字正确，无遗漏，无涂改，数据准确、清晰、客观

C. 经检定/校准/检测人员、审核人员、批准人员签字、盖章后发出

D. 每一种计量器具的检定证书应符合其计量检定规程的要求

答案：ABCD。

16. 测量不确定度可以表征测得值的有(　　)。

A. 准确性或符合性　B. 分散程度　C. 可靠性程度　D. 可信程度

答案：BD。

17. 下列所列因素中，评定测量不确定度时需要考虑的因素为(　　)。

A. 粗大误差和系统误差　B. 被测参量

C. 测量方法　D. 影响参量

答案：BCD。

18. 补偿系统误差时，可采取的形式有(　　)

A. 减去修正值　B. 从修正值表得到　C. 除以修正因子　D. 从修正曲线得到

答案：BD。

19. 下列技术文件中，属于计量技术规范的有(　　)

A. 计量器具型式评价大纲　B. 计量校准技术规范

C. 通用计量术语定义　D. 计量标准操作程序和操作方法

答案：BC。

7.4.4 判断题

1. 计量是实现单位统一，量值准确可靠的活动。(　　)

答案：对。

2. 测量不确定度的评定方法分为B类和C类。(　　)

答案：错，A类和B类。

3. 统一全国量值的最高依据是计量基准。(　　)

答案：对。

4. 扩展不确定度用符号u表示。(　　)

答案：错，用符号U表示。

5. 由合成标准不确定度的倍数（一般为2~3倍）得到的不确定度称为总不确定度。(　　)

答案：错，称为扩展不确定度。

6. 制定《中华人民共和国计量法》的目的，是为了保障国家计量单位制的统一和量值的准确可靠。(　　)

答案：对。

7. 计量检定规程是作为确定计量器具合格与否的法定性文件。(　　)

答案：对。

8. 时间的国际单位制的单位名称是秒，单位是S。(　　)

答案：错，单位是s。

9. 电流的国际单位制的单位名称是安培，单位是a。(　　)

答案：错，单位是A。

10. 计量的准确性是指测量结果与被测量真值的接近程度。(　　)

答案：对。

11. 测量仪器准确度等级划分的主要依据是测量仪器示值的最大允许误差。(　　)

答案：对。

12. 检定的依据是按法定程序审批公布的计量检定规程，汉语拼音缩写为JJF。(　　)

答案：错，缩写为JJG。

13. 对检定结论为不合格的计量器具，应出具检定结果通知书。(　　)

答案：对。

14. 依据计量检定规程进行非强制检定计量器具的相关部分的校准，出具的证书名称为校准证书。(　　)

答案：对。

15. 电阻元件是反映实际电路器件耗能电磁特性的理想电路元件，单位为Ω（欧姆），

符号为 RI。(　　)

答案：错，符号为 R。

16. 电感元件是反映实际电路器件储存磁场能量特性的理想电路元件，单位为 H（亨利），符号是 I。(　　)

答案：错，符号为 L。

17. 电容元件反映实际电路器件储存电场能量特性的理想电路元件，单位是 V（容量），符号是 C。

答案：错，单位是 F（法拉）。

18. 计量技术机构进行计量检定必须配备计量标准。(　　)

答案：对。

19. 测量误差按其性质可分为随机误差和系统误差。(　　)

答案：对。

20. 国家计量检定规程和国家计量检定系统表可用汉语拼音缩写表示，编号规则为 GJB××××-××××。(　　)

答案：错，编号为 JJG××××-××××。

21. 法定计量检定机构应当按照计量检定规程开展计量检定工作。(　　)

答案：对。

22. 某台数字多用表某个直流电压挡位的技术指标按规范化要求，书写为±（$1\times10^{-6}\times$量程 ± $2\times10^{-6}\times$读数）。(　　)

答案：错，书写为±（$1\times10^{-6}\times$量程 + $2\times10^{-6}\times$读数）。

23. 测量误差的两种基本表现形式为相对误差和绝对误差。(　　)

答案：对。

24. 计量标准器具是指准确度低于计量基准、用于检定其他计量标准或工作计量器具。(　　)

答案：对。

25. 对计量标准考核的目的是确认其开展量值传递的资格。(　　)

答案：对。

26. 法定计量单位是由国家法律承认，具有法定地位的计量单位。(　　)

答案：对。

27. 检定一台准确度等级为 2.5 级、上限为 100A 的电流表，发现在 50A 的示值误差为 2A，且为各被检示值中最大，所以该电流表检定结果的引用误差不大于-2%。(　　)

答案：错，不大于 2%。

28. SI 导出单位是用 SI 基本单位以相乘形式表示的单位。(　　)

答案：错，以代数形式表示。

29. 频率（Hz）属于国际单位制的 7 个基本量之一。(　　)

答案：错，频率（Hz）不属于国际单位制基本量。

30. 法定计量单位的名称，一般指法定计量单位的中文名称。(　　)

答案：对。

31. 5. 20 世界计量日是为了纪念国际单位制的执行。(　　)

答案：错，纪念《米制公约》的签署。

32. 根据计量法的规定，计量检定规程分为三类，即国家计量检定规程、部门计量检定规程和地方计量检定规程。(　　)

答案：对。

33. 计量检定规程是为进行计量检定，评价计量器具计量性能，判断计量器具是否合格而制定的法定性技术文件。(　　)

答案：对。

34. 计量技术法规包括计量检定规程、国家计量检定系统表和计量技术规范。(　　)

答案：对。

35. 国家计量检定规程可用于计量器具的周期检定、计量器具的修理后的检定、计量器具的仲裁检定。(　　)

答案：对。

参考文献

[1] 温文博，黄运来，赵焕兴．通用设备及工量具检定作业指导手册[M]．武汉：武汉理工大学出版社，2021.

[2] 甘大方．压力仪表故障分析100例[M]．北京：中国计量出版社，2006.

[3] 林景星，陈丹英．计量基础知识[M]．3版．北京：中国标准出版社，2015.

[4] 甘大方．通用量具及检具[M]．北京：中国质检出版社，1998.

[5] 贺晓辉，张克．压力计量检测技术与应用[M]．北京：机械工业出版社，2021.

[6] 顾小玲．量具、量仪与测量技术[M]．北京：机械工业出版社，2020.

[7] 冯占岭．数字电压表及数字多用表检测技术[M]．北京：机械工业出版社，2003.

[8] 国家质量监督检验检疫总局计量司，上海市计量测试技术研究院．长度计量[M]．北京：中国计量出版社，2012.

[9] 中国北车股份有限公司．长度计量工[M]．北京：中国铁道出版社，2015.

[10] 李涛，张智敏．JJG 707—2014 扭矩扳子检定规程[S]．北京：国家质量监督检验检疫总局，2014.

[11] 屠立猛，胡安伦，周春龙，等．JJG 49—2013 弹性元件式精密压力表和真空表[S]．北京：国家质量监督检验检疫总局，2013.

[12] 屠立猛，胡安伦，周春龙，等．JJG 52—2013 弹性元件式一般压力表、压力真空表和真空表[S]．北京：国家质量监督检验检疫总局，2013.

[13] 常青，张辉，张晓芬．JJG 30—2012 通用卡尺[S]．北京：国家质量监督检验检疫总局，2012.

[14] 张黎平，马钟焕，窦艳红．JJG 21—2008 千分尺检定规程[S]．北京：国家质量监督检验检疫总局，2008.

[15] 陈永康，朱绯红，冉庆，等．JJG 34—2008 指示表(指针式、数显式)检定规程[S]．北京：国家质量监督检验检疫总局，2008.

[16] 刘钺．JJF 1587—2016 数字多用表校准规范[S]．北京：国家质量监督检验检疫总局，2017.